# 오늘도
# 나는 과학을
# 꿈꾼다

# 오늘도
# 나는 과학을
# 꿈꾼다

세계적인 화학자
진정일 교수가 걸어온
과학자의 길 70년

진정일 지음

궁리
KungRee

# 머리말

'오늘도 나는 과학을 꿈꾼다'라고 책 제목을 정하고는 또 한 번 망설였다. 계속 써야 하나? 나 자신과 주변의 얘기들이 독자들에게 어떤 재미와 의미를 줄 수 있을까? 계속 주저하면서도 한 편, 두 편. 조각글들을 모아갔다.

몇 년 전 출간한 『과학자는 이렇게 태어난다』(궁리, 2017)는 내 제자들이 나를 어떻게 생각하는지 잘 보여준다. 반면 이번 책은 내가 세상과 나를 어떻게 보아왔는지를 잘 엿볼 수 있게 하리라 믿는다.

내가 기억을 더듬을 수 있는 과거를 따져보니 대략 70여 년이 될 듯했다. 물론 아득한 옛일일수록 마음속에 짙게 남아 있는 추억거리가 드물어 안타깝기도 했지만 정성껏 과거를 더듬어보았다. 어차피 처음부터 육하원칙을 좇기는 불가능하리라 생각해 내 개인의 철저한 정리사와는 거리가 있는 수상(隨想)의 글들을 써내려갔다.

나는 참으로 많은 시간을 과학 연구와 실험에 쏟아부었다. 연구실에서 밤을 새워가며 실험에 전념한 적도 많았다. 연구실에서의 시간이 너무 길어서일까. 가끔 연구를 수행하는 꿈을 꾸기도 했다.

평생 동안 잊지 못할 어느 꿈에서는 '부처님'의 계시도 받은 듯했다. 요즈음도 나는 종종 꿈을 꾼다. 그래서 이 책의 제목인 '오늘도 나는 과학을 꿈꾼다'는 내 삶의 일부를 잘 표현하는 말이 아닐까 싶다. 최고의 과학자를 꿈꾸며 그 목표를 향해 쉼없이 달렸던, 젊은 시절의 추억들은 나의 과거를 아름답게 수놓고 있다. 요즈음에는 우리 사회에 보다 널리 과학의 중요성을 알리는 것이 목표가 되었다. 그래서 지금도 내 꿈은 현재진행형이다.

한국에서 걸어야 하는 '과학자의 길'은 때로는 매캐한 먼지를 들이마셔야 하고 진흙탕에 발이 쑥 빠지기도 하며, 자갈들 때문에 발바닥이 아파오기도 한다. 때로는 맞서고, 때로는 우회하면서 모질고 울퉁불퉁한 길을 끈질기게 걸어왔다. 다행히 열정과 노력과 인내가 의지와 목적을 뒷받침해줄 때가 많았다. 물론 좌절의 아픔도 많았으나, 단련의 경험으로 받아들였다. 그 시절을 떠올리다보니 도반이 되어주었던 여러 스승, 동료, 후배, 제자들의 얼굴이 눈앞에 어른거린다. 본의 아니게 내 글이 그분들의 마음을 건드리는 내용이 있다면 본론에 앞서 미리 용서를 빈다.

부모님과 안사람, 형제 · 자매와 두 아들의 끊임없는 지원과 격려로 넘기 힘든 언덕을 그나마 수월하게 건너왔다. 큰일을 혼자서 해낼 수 있는 경우는 별로 없음을 깨달으며 성장하고 성숙해왔다. 이제 남은 길은 어른의 길이다. 나는 이 새로운 길을 찾아 나서려 한다.

어려운 시대를 살아온 한 과학자의 발자취가 그 시대적 배경과 섞여 회상되는 과정에서, 지나치게 주관적으로 판단될까 조심스러워 거리를 두려 노력했으나 얼마나 성공적이었는지는 잘 모르겠다. 따져보니 70년이라는 세월이 짧지만은 않음을 이 글들을 쓰면서 다시 느꼈다.

아직도 쓰고 싶은 얘깃거리가 끝없이 계속 떠오른다. 이미 100여 편의 글이 모였건만…. 이번에는 우선 57편만 엮기로 마음먹었다. 이 글모음이 과학을 아끼는 독자들에게 과학자들은 무슨 재미로, 어떤 삶을 사는지 엿볼 수 있게 해주길 바란다. 나머지 글들의 활자화는 우선 뒤로 미루어놓기로 했다.

과학자로 살아온 이야기를 책으로 엮고 싶다는 내 의사를 흔쾌히 수용해주고, 또 이끌어주신 궁리출판의 이갑수 사장님, 김현숙 주간님, 또 편집부의 여러분들께 진심으로 감사한다. 몇 번씩 원고를 검토하고 정리하고 글들을 가다듬어준 김도희 양의 도움과 노고에도 큰 고마움을 표한다.

2019년 1월

진정일

## 차례

## 2부 • 가르침의 의미



## 3부 • 사랑은 힘이 세다

## 4부 • 시련도 나의 스승



## 5부 • 내 인생을 풍요롭게 한 만남들

## 6부 • 아련히 남아 있는 소소한 기억들

# 1부

# 나만의 길을 달리다

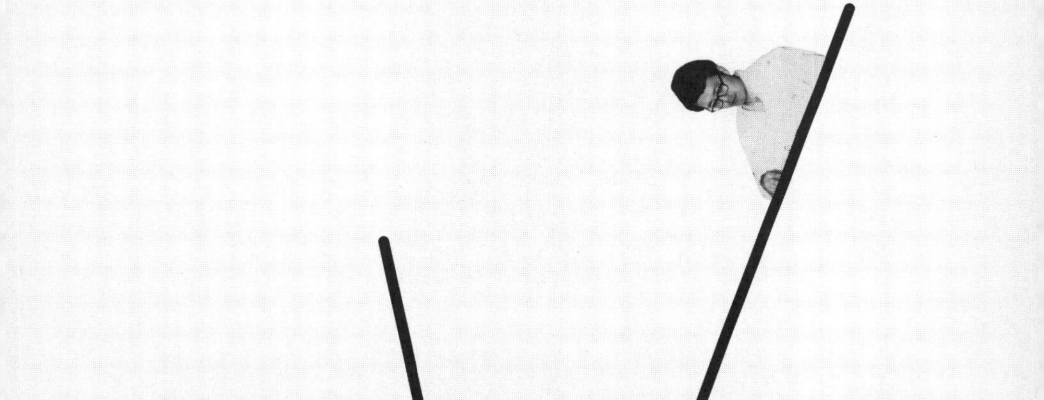

1 서울대 화학과 건물 앞에서. 대학원 1학년 때. 1964년 9월 30일.

2 서울대 석사학위를 받고 가족과 함께 찍은 사진. 1966년 2월 26일.

**3** 미국 뉴욕시립대 연구실에서 친구 잭 노보도프와 함께. 1968년 9월 10일.

**4** 박사과정 시절 기체크로마토그래프 앞에서. 1969년.

**5** 미국 뉴욕시립대 박사학위 수여식. 1969년 6월 5일.

**6** 고려대 연구실에서 존 블랙웰 교수와 함께.

**7** 영국 케임브리지대 클레어칼리지 앞에서 앤드루 홈즈 교수와 함께. 1997년.

**8** 둘째아들 현욱의 고려대 석사학위 수여식. 고려대 본관 앞에서. 1999년 2월 25일.

**9** '나노구조 고분자재료의 진보'를 주제로 한 회갑기념 심포지움. 2002년 4월 20일.

**10** 베이징에서 열린 IUPAC MACRO 2002에서 환영사를 하는 모습. 2002년 7월 11일.

**11** 고려대 대학원장 시절. 2003년.

**12** 평양에서 열린 민족화학학술토론회에서. 2007년 5월 8일.

**13** 베이징 인민궁전에서 중국 우의장(友宜奬)을 받는 모습. 장더장 부총리와 함께. 2010년 9월 30일.

**14** 미국화학회(ACS) 펠로패. 2016년 봄.

# 화학과 화학공학 사이에서

1960년 초 고등학교 졸업식이 다가오고 있었다. 그러나 졸업의 설렘보다는 어느 대학교의 어떤 학과를 지망해 입학시험을 치를까를 결정해야 하는 힘든 문제가 내 앞에 있었다.

'정일아, 마음 정했니? 잘될 테니 너무 걱정하지 말아라.' 담임선생님*의 말씀이다. 그 당시에는 고등학생들이 문과반과 이과반으로 나뉘어 공부하면서 대학입시를 준비하고 있었고, 나는 이과반에 소속되어 있었다. 졸업예정자 421명 중 가장 앞선 그룹에 속해 있던 나는 어느 대학, 무슨 학과를 가든 합격할 자신이 있었다! 그러나 내 마음속을 들락거리던 갈등은 공과대학과 문리과대학 이학부 중 어디를 선택할까 하는 고민이었다. 화학공학과 아니면 화학과를 가겠다는 생각은 이미 굳어 있었다.

* 고 김성진 선생, 후에 성신여자대학 대학원장 역임.

'정일아, 화학공학과로 가거라. 너의 미래를 위해 가장 적합하다고 생각하거든.' 기하학을 가르치던 유영근 선생님(서울대 공과대학 광산공학과 출신)은 매번 화학공학도의 길을 택하라고 추천하셨다.

'에이… 무슨 말이야! 네가 화공과를 나와 공장에서 기름때 묻은 옷 입고 근무할 거냐? 너는 학자가 되어야 해. 문리대 화학과로 진학해 유능한 화학자가 되어야지.' 서울대 문리대 철학과를 졸업한 김영도 독일어 선생님*의 말씀이다. 영어를 가르치던 김유탁 선생님**도 비슷한 말씀을 하셨다. 막상 화학을 가르치던 정진걸 선생님은 중립적이었다.

결국 나는 기름때 옷보다는 분필가루를 택해 문리대 화학과에 진학했다. 지금 생각해보니 매우 잘한 진로선택이었다. 교육내용이 일부 겹치고 진로상 구별이 확연치 않을 때도 있으나 화학과 화학공학 사이에는 커다란 차이가 있다. 요즈음 중 · 고등학생들을 위한 진로지도 강연에 참여하면 종종 그 차이점이 무엇이냐는 질문을 받는다. 화학은 화학공학에 비해 훨씬 새로운 지식 창출에 무게를 두며, 화학공학은 화학적 지식의 실용적 응용에 더 중점을 둔다. 때때로 학생들에게 '화학자는 노벨상을 받지만 화학공학자는 그렇지 못한다.'라고 설명하기도 한다. 물론 내가 고등학교 다닐 때도 선생님들은 이 차이를 명확히 설명해주지 않았다. 그래서 나는 선택에 더 어려움을 겪었던 모양이다.

오랜 세월이 흘렀다. 1950년 6 · 25전쟁 후 나라 사정은 매우 어

* 1977년 에베레스트 원정 대장, 대한산악연맹 회장, 제9대 국회의원.

** 서울대 문리대 정치학과 졸업, 후에 제7~10대 4선 국회의원.

려웠다. 일할 자리가 그리 많지 않아 소위 명문대 출신이라도 고등학교 교사자리라도 하나 맡으면 다행으로 생각할 정도였다. 그 덕분(?)에 우리들은 서울대학교 졸업생 여러 분을 선생으로 모실 수 있는 행운을 누렸으며, 지금도 그분들 얘기를 나누곤 한다. 고등학교 1학년 담임인 이익춘 선생님은 대수과목을 가르치셨는데, 후에 그분이 서울대학교 화학과를 졸업한 화학자였다는 사실을 알게 되었다. 그분은 우리나라에서 유명한 과학자로(2016년에 타계) 존경을 받던 분이었다. 훗날 자주 찾아뵙게 되었다.

하루는 교문을 들어서는데 담임선생님이 걸어오셨다. 이런저런 얘기를 나누던 중 선생님은 주머니에 있던 영자신문을 꺼내어 주시며 '정일아, 너도 이런 거 읽기 시작하거라!'라며 시사영어를 접하도록 도와주셨다. 심부름으로 교무실에 들르면 선생님이 《리더스 다이제스트(Readers Digest)》를 읽고 계신 모습도 자주 보았다. 후에 선생님은 국제원자력기구 장학생으로 영국런던대학(College of London)으로 유학 가셨다는 얘기를 들었으나 화학공부를 하러 가셨던 사실은 내가 대학 3학년이 되었을 때까지도 몰랐다. 그분을 수학자로만 생각했다!

한 가지 불가사의한 일을 경험하기도 했다. 어찌된 일인지 영어선생님이 결근하면 당시 대수선생이던 담임께서 대강을 하시고, 화학선생이 안 오시면 또 담임이 대신 수업을 해주셨다. 어찌나 신기하던지…. 먼 훗날 가서야 화학자는 그렇게 할 수 있음을 깨달았다.

평생 엄격하시면서도 인자하셨던, 또 이 세상을 등지는 날까지 연구를 놓지 않으셨던 훌륭한 과학자 이익춘 선생님의 명복을 빈다. 마지막 논문을 완성해놓으셔서 제자들이 정리해 투고하기로 결정하기로 했다는 소식을 들었다. 우리나라의 과학자들이 이익춘 선생님의 학문하는 태도를 절반이라도 따랐다면 우리나라 과학은 훨씬 더 발전했으리라 믿는다. 그분이 평생 발표한 학술논문이 700여 편이나 되며 이는 우리나라 자연과학 역사상 최다수이다. 아직도 건강하신 김영도 선생님(2016년 현재 90세)께는 가끔 연락도 드리고 함께 자리를 나누며 옛이야기 꽃을 피운다.

사람이 평생 걷는 길은 수많은 요소에 의해 좌우되며, 굽이굽이 속에서 우리가 만드는 결정은 순간적일 수밖에 없다. 순간이 영원을 좌우하기에 올바른 결정을 위해 꿈 많은 준비를 하게 된다. 자신의 취미, 희망, 가정환경, 국가와 이 세상의 미래, 친구, 선배, 스승과 부모의 조언과 추천 등이 마음을 흔든다. 그러나 결국 주인공 자신의 최종 결정이 가장 큰 무게를 차지하게 되므로, 스스로의 분석력과 미래를 보는 눈이 중요하다. 전쟁 후 중 · 고교를 다닌 우리 세대는 모든 것이 흔들리고 있었기에, 나에게는 선생(스승)들의 충고와 조언이 매우 중요할 수밖에 없었다. 고마웠던 선생님들. 이제 거의 모두가 타계해 찾아뵐 수 없어 안타까울 뿐이다. 고교 3학년 담임이셨던 김성진 선생님이 2015년 8월에 돌아가셨다는 소식을 사모님으로부터 며칠 전에 들었다. 찾아뵙겠다는 생각만 되풀이했음을 후회한다.

'화학'을 택한 배경에는 빼놓을 수 없는 얘깃거리가 하나 더 있다. 1950년 6 · 25전쟁 때까지 부친은 당시 서울 성동구 성수1가에 있었던 고무신 공장의 공장장으로 일하고 계셨다. 고무신 상표가 비행기표로 국내에서는 꽤 알려진 회사였다.

소위 생고무라고 부르던 수입산 천연고무를 가공해 고무신이나 장화 등 고무제품을 제조하는 전 과정을 어린 나는 신기한 눈으로 보았다. 커다란 가황가마 속에서 고무신을 꺼내는 광경 등이 매우 인상적이었다. 더구나 당시 부친 공장은 파리약과 고무 반창고를 개발하고 있었다. 따라서 실험실에서 여러 가지 화학실험이 진행되고 있었다. 연구원들의 사랑을 많이 받던 나는 실험실을 자주 들러 여러 종류의 실험기구들이 하는 일을 호기심 어린 시선으로 구경하였을 뿐 아니라, 일부는 집에까지 가져가 놀았다. 플라스크, 비커, 저으개 등이 내 눈을 사로잡았다. 이때의 추억이 지금까지도 내 머리 깊숙이 자리 잡고 있을 정도라 다른 어느 분야보다 '화학'이라는 분야가 일찍이 내 갈 길을 잡아놓았다고 생각한다. 지금도 내 인생에서 화학을 선택한 일이 가장 잘한 일이라 여기며, 화학자의 길을 얼마나 내가 즐겼는가 회상하며 행복한 미소에 잠기곤 한다.

21세기는 융합시대라 부른다. 넓은 의미로는 소위 인문학(사회과학 포함)과 자연과학(공학 포함)의 융합의 필요성과 필연성이 강조되는 시대라고 생각한다. 단편적 사고방식과 지식만으로는 다기화하고 복잡화되는 인류문제를 해결하는 답을 찾기에 부족함이 많기 때문에 이와 같은 문명사조의 변화가 왔다고 믿는다. 인류의 문제들을 전체적으로 보고 답을 찾는 노력을 해야 한다는 뜻이다. 그러기 위해서는 우선 과학기술의 융합이 선행해야 한다. 화학이라는 학문 분야는 이런 시대적 · 사회적 요구를 가장 잘 받아들일 수 있다. 이미 대학의 화학과에서는 전통적인 물리화학, 유기화학, 분석화학 및 무기화학에 덧붙여 화학물리, 생(물)화학, 고체화학, 고분자화학, 환경화학, 계산화학 등을 배우고 있어 인접과학(예컨대 물리, 생물학 분야)과 쉽게 융합이 가능하며, 공학 분야와도 협업이 비교적 쉽다. 그중에서 고분자화학은 특히 그렇다. 그런 의미에서 고분자화학을 전공한 나는 전문 분야의 선택에 크게 만족한다. 미국에서 고분자화학을 전공하게 된 계기는 매우 우연한 인연 때문이었으나(이 부분은 다음 글에서 자세히 얘기하려 한다.) 옳은 전문 분야의 선택이 매우 중요함을 강조하고 싶다.

# 고분자화학에 발을 담그다

화학자의 길을 걸으며 나는 정말 행복했고, 그중에서도 고분자과학도로 살아온 행운은 더 큰 만족과 보람을 느끼게 해주었다. 모든 학문 분야가 다 그런 면을 지니고 있겠으나, 그렇게도 낯설던 고분자과학이 내 앞에 놓이게 된 우연은 정말 놀랍다.

"진 군, 이 편지를 좀 보게나."

석사과정의 지도교수였고 학부 때 유기화학을 가르쳐주셨던 장세희 선생님이 파란색의 항공봉합엽서 한 장을 내미셨다. 발신자는 미국 뉴욕시립대 화학과 교수인 리처드 와일리(Richard Wiley).

"새 학기 시작도 멀지 않았기에 혹시나 하고 고려대 화학과에 들렀더니 내 박사학위 지도교수인 와일리 교수가 이 편지를 고려대 화학과로 보냈어. 몇 달 묵은 편지야." 1965년 늦여름 어느 날의 일이었다.

장 선생님의 주소를 모르셨던 와일리 교수는 막연히 한국대학교라 생각하면서 한국대학교(University of Korea)로 편지를 보냈고, 그 편지는 우여곡절 끝에 고려대 화학과 우편함에 꽂혀 있었던 모양이다.

찬찬히 편지를 읽어보았다. '친애하는 세희에게(Dear Sae-Hee)'로 시작된 편지내용인즉 자기가 루이빌 대학에서 뉴욕시립대로 옮겨 화학과장을 하고 있고, 고분자화학이나 광화학에 관심 있는 학생을 추천하면 연구조교(research assistant) 장학금을 주겠다는 것이다. 학비는 면제고…. 흥분하기보다는 두 가지가 가장 내 마음에 걸렸다.

"여기가 어떤 대학이죠, 선생님. 이름을 별로 들어본 적이 없는데요."

"그렇겠지. 그러나 비교적 좋은 대학일세. 뉴욕시에 있는 여러 캠퍼스를 합쳐 뉴욕시립대를 만들었지."

"네. 그런데 고분자화학과 광화학은 워낙 낯설고 아는 바가 없어서요."

"모르니까 배우러 가는 거지."

"네. 조금 더 생각해보겠습니다, 선생님."

그렇지 않아도 다음해 졸업 후 미국으로 유학을 꿈꾸고 있던 터라 최소 뉴욕시립대에는 갈 수 있겠구나 생각하며 광화문 근처의 과학서적센터를 찾았다. 기본 고분자화학(과학)과 광화학 책을 찾아보고 싶었기 때문이었다. 쉽게 찾지 못했다. 두리번거린 끝에 프레드 빌마이어(Fred W. Billmeyer)가 쓴 『고분자과학 교재(Textbook of Polymer Science)』 한 권을 찾아 사들고 와 들여다보았다. 내용을 이해하기도 어려웠고 재미있다고 느끼지도 못했다. 사람들은 흔히 자기에게 익숙하지 않으면 거리를 두려 한다. 호기심이 많은 사람들은 다르겠지만.

'선생님, 광화학에서는 무엇을 공부하지요?' 화학과에서 학부 4학년, 석사과정 2년을 공부했으나 고분자화학이나 광화학 얘기는 별로 들어본 적이 없어 막막하기만 했다. 반면 고분자과학에 관한 책은 보다 쉽게 찾을 수 있었고, 또 그 책을 통해 내용을 조금은 알 수 있었다. 그렇기에 생판 모르는 광화학보다는 고분자화학이 낫겠다는 막연한 생각을 하게 되었다. 또한 실용성에서 고분자화학이 뛰어나리라 판단했다. 더불어 주위에 고분자화학 박사는 없으므로 내가 공부를 마치면 몇 안 되는 고분자화학 박사가 되기에 희소가치가 있을지도 모르겠다는 어린 생각으로 전공 분야를 정해버렸다. 당시 우리나라는 정부주도적 투자가 중화학공업에 시작되어 울산화학공업단지가 조성되기 시작되던 때라 석유화학산업의 중심에 있는 고분자공업의 장래에 대한 희미한 기대감도 함께 섞여 있었다.

결국 1966년 9월 7일 뉴욕에 도착해 9월 10일부터 뉴욕시립대학에서 고분자화학 분야의 박사과정을 밟기 시작했다. 2년 7개월 후인 1969년 4월 23일 박사학위 최종 구두시험을 마치고 나오니, 심사위원 중 와이넨(Joseph Wijnen) 교수가 제일 먼저 나와 '축하해, 진 박사!(Congratulations, Dr. Jin!)' 하며 악수를 청했다.

유기합성을 전공하려던 나의 원래 꿈에서 아주 멀어지지는 않았으며, 고분자유기화학이 내 평생의 모자가 되었다. 고려대학교에서 평생 고분자화학과 유기화학을 가르쳤다. 연구는 고분자화학 분야에 치중했다. 새로운 유기고분자물의 합성 및 특성연구가 주를 이루었다. 석사과정 중 빠져들었던 유기합성과 후에 관심을 두게 된 재료과학적 특성을 융합시킨 새로운 기능성 유기고분자의 구조-특성 간의 상관관계 규명이 연구의 주 대상이었다. 넓은 의미에서 나는 유기화학에 가까운 고분자화학자로 분류된다. 비록 현재에는 이러한 분류가 정확하지도 않고, 그렇게 분류할 필요조차 없지만….

그러나 내 박사학위 최종 심사용지에는 '물리(고분자)화학 박사'(Ph.D in Physical(Polymer) Chemistry)로 명기되어 있다. 유기화학(Organic Chemistry)이라는 표현은 어디에서도 찾아볼 수 없다. 물론 지도교수인 와일리 박사도 유명한 유기화학자셨다. 어찌된 일일까?

박사과정 중 유기화학 쪽으로 수강신청을 많이 했고, 전공도 유기(고분자)화학으로 정해져 있었다. 그러나 박사학위 자격시험제도가 내 마음을 흔들었다. 유기화학 박사학위 취득을 위해서는 여러 번 자격시험을 합격해야 했다. 아마 다섯 번으로 기억한다. 이에 비해 물리화학 박사학위 과정은 여러 시간이었지만 한 번만 합격하면 되었기에 나는 후자가 더욱 쉽다고 생각했다. 지도교수와 상의한 후 그 길을 택했다. 이렇게 해서 내 전공이 유기화학에서 물리화학으로 바뀌었다. 그러나 이 선택이 내 인생에 더 도움을 주었으면 주었지 불이익을 준 적이 없었다고 믿는다. 어차피 학문 사이의 재래식 벽은 허물어지고 있지 않은가!

박사학위 수여식은 1969년 6월 5일에 있었다. 박사학위 과정을 밟는 중 석사학위는 그냥(?) 얻을 수 있다고 해서 신청했더니 박사학위기보다 더 큰 석사학위기가 1969년 2월에 지내고 있던 아파트로 배달되었다. 학위명칭은 문학석사(Master of Arts(MA))로 되어 있다. 따라서 공식적으로는 석사학위 취득 후 4개월 만에 박사학위를 취득한 꼴이 되었다.

뉴욕 이민국 직원의 충언이 고맙다. 영주권을 얻어야 취업이 쉽다며, '미국에 와서 무언가 마쳤다는 기록이 중요합니다. 박사학위 취득이 얼마 남지 않았다니 가능하면 석사학위를 빨리 받아보시지요.'라고 했다. 그 충고대로 뒤늦게 석사학위를 신청해 받은 후 영주권 신청을 했다. 그 사실만으로 취업도 가능해 미국에서의 직장생활이 시작되었다.

박사학위 취득 후 스타우퍼 화학회사(Stauffer Chemical Company)의 동부연구센터에서 5년간 고분자 관련 실용적 연구경험을 쌓았다. 내 인생에 가장 의미가 큰 경험의 연속이었으며, 이는 귀국 후에도 매우 유익하게 쓰였다. 기업에서 요구하는 연구내용뿐만 아니라 실용연구의 중요성과 실행방법 등을 배운 시기였다. 고분자물질은 셀룰로오스(면), 천연고무, 양모, 비단, 녹말, 단백질 등 천연물로 생명현상에 깊이 관여하고 있는가 하면, 플라스틱, 섬유, 합성고무, 접착제, 코팅제 등 합성소재로 현대사회의 주요 재료로 쓰이고 있다. 더구나 그 중요성이 커지는 소위 첨단소재들이 고분자재료에 의존하고 있다. 21세기를 고분자시대라고 부르고 있을 정도로 고분자과학은 중요하다. 이렇게 중요한 분야를 전공하게 된 동기는 앞에서 얘기했듯이 치밀한 미래 설계나 조사와 고민 끝에 만들어진 일이 아니었다. 지도교수의 혜안이 나에게 큰 길을 가르쳐주었다. 이것 또한 잊지 못할 큰 행운에 속한다. 그러나 그 결정이 내 인생에서 가장 중요한 결정이었다고 고백한다. 순간적 결정이었지만 긴 시간 나에게 만족과 행복을 안겨준 인생 경험이었다. 치밀한 계획과 계산에 따른 결정이 아니더라도 자신에게 찾아온 기회의 가치를 최대한으로 이용하고 얼마나 즐기며 행동하는가에 따라 결과의 크기가 달라진다. 이 깨달음은 내 인생의 지침에서 중요한 일부가 되었다.

## 잘 모르겠습니다, 더 연구해보겠습니다

학자, 좁게 말해 과학자가 국제적으로 인정받으며 국제적 활동에 적극적으로 참여하기란 결코 쉽지 않은 일이다. 우선 학문적으로 우수성을 보여야 하며 다른 과학자들과 편하게 소통할 수 있어야 한다. 더구나 모든 국제학술대회와 국제회의들이 영어로 진행되므로 우리에겐 언어장벽이 항상 존재한다. 경험마저 미천한 초년병이 커다란 국제학술대회의 청중들 앞에서 잘 발표하려면 여간한 담력 없이는 상상하기 힘든 일이다.

미국 스타우퍼 화학회사의 동부연구센터에서 일하던 시절이다. 1974년 미국화학회 봄 학술대회가 로스엔젤레스에서 열릴 계획이었다. 황의 가소화(plasticization of sulfur)가 심포지움의 주제였다. 마침 관련 연구를 하고 있었고, 재미있는 결과도 얻었기에 연구발표하기를 원한다며 심포지움 조직책임자에게 편지와 함께 초록을 보냈다.

내가 얼마나 큰 일을 벌이고 있는지 처음에는 몰랐다. 발표논문 초록을 보내니 놀랍게도 심포지움의 첫 초청연사로 개회발표(opening presentation)를 해달라는 요청이 왔다. 연구소장(Jesse Hwa 박사)에게 초청장을 들고 뛰어갔다.

"정(나를 정일 또는 정이라 불렀다.), 축하해. 그런데 일을 거꾸로 하고 있는 거 알아?"

"무슨 말씀이신지요?"

"사전에 허락을 받았어야지! 너도 알다시피 회사연구내용을 외부에 발표하려면 내 승인은 물론이고 본사의 허락까지 받아야 하거든."

"아, 제가 실수를 했군요. 용서해주십시오. 지금부터 허락을 신청해도 될까요?"

"그렇게 하지, 정!"

여러 번의 수정을 거쳐 최종 발표내용을 심포지움 주최측(Lon J, Mathias와 Charles E. Carraher, Jr.)에 보냈다. 발표준비를 철저히 한다고 했으나, 이렇게 큰 모임에서 첫 발표자라는 중압감 때문에 나는 더욱 긴장했다. 또 내 연구내용을 청중들이 어떻게 받아들일지도 매우 궁금했다. 당시 미국에서 과잉생산되고 있던 (유)황이 골칫거리였고, 황을 황색도료 페인트로 사용할 수 있는지에 대한 연구를 3M사와 함께 진행하고 있었다. 그런 가운데 발견된 몇 가지로 강연내용을 꾸렸다.

강단 위에 선 나는 극도로 긴장했고, 두 다리마저 떨리는 듯했다. 비교적 소심한 성격인 나에게는 정말 힘들었던 경험이었다. 항상 그렇듯 모든 발표는 서두를 어떻게 시작하느냐에 따라 연사를 포함한 전체 분위기가 결정된다. 나는 제일 먼저 '심포지움 조직자들의 초청에 감사하고, 이런 기회를 갖게 되어 매우 큰 영광으로 생각합니다.' 정도로 시작해 '지난 몇 년간 스타우퍼 화학회사에서 경험한 내용을 이 시간에 여러분들과 공유하고 싶습니다. 스타우퍼에게도 감사합니다.'로 서두를 끝내려 계획했다.

그러나 문제가 발생했다. 그 당시는 발표물을 2×2 크기의 슬라이드로 만들어 프로젝터를 통해 스크린에 띄웠는데, 프로젝터에 약간의 문제가 발생하여 내 발표가 지연될 수밖에 없었다. 따라서 내 긴장감은 더욱 커졌다. 몇 분 뒤 조직위에서 내 발표가 시작됨을 알렸고, 내 시작은 엉망이 되었다. 준비한 인사말은 한마디도 못했다. 발표는 믿기지 않는 방향으로 시작되었다. 나는 얼떨결에 '첫 슬라이드 부탁합니다!(First slide, please!)'라고 도우미에게 말했다. 그리고 강단 위에서 내려다보니 100여 명이 넘는 청중들의 눈이 나를 향해 있었다. 순간적으로 '무섭다!'고 느꼈다.

정신없이 발표를 끝내고 나니 온몸이 식은땀에 젖은 듯했다. 혀는 바짝 말라가고 입술은 아래 위가 들러붙는 것 같았으며 그렇지 않아도 능숙하지 못한 영어발음과 표현이 더욱 마음에 걸렸다. 물론 시간이 지남에 따라 마음도 가라앉고 청중들의 표정도 눈에 들어오기 시작했지만, 내 인생 첫 초청강연은 '망쳤다!'는 표현 그 자체였다. 지금도 그때의 심포지움 책을 열어볼 때마다 당황하기만 했던 그날이 떠오른다.

회사연구소에서 그렇게 많이 발표할 기회가 있었고, 매일 영어를 사용하며 지냈는데도 훈련과 담력이 여전히 모자랐다. 발표내용에 대한 자신감도 부족했기 때문에 이와 같은 가슴 아픈 경험을 했다고 생각한다. 사실 발표 후 몇 사람들에게 내 발표가 어떠했냐고 물으니 한결같이 "너, 발표 잘 했고 훌륭했어!"라고 말해주었으나 그저 친절한 찬사정도로 받아들였다.

'다음 국제학술대회에서는 더 잘하자!'

다짐을 단단히 했다.

지금도 그렇지만 미국화학회(ACS)는 회원수가 10만 명을 넘는, 세계에서 가장 큰 학회이며, 외국인 회원도 많다. ACS 학술대회는 세계대회처럼 느껴질 정도로 세계에서 유명한 과학자들이 많이 참여한다. 그러나 우리나라에서 먼 거리를 온 화학자는 다섯손가락에 꼽힐 정도로 극소수였다. 그중에는 후배인 고려대 최동식 교수가 발표자로 와 있었다. 새로운 액체구조이론을 발표하기 위해서였다.

우여곡절 끝에 같은 해(1974) 여름에 갑자기 귀국해보니 내 사정은 더 막막했다. 연구를 할 여건이 안 되어 있었으며, 국제학술대회 참가는 거의 불가능했다. 한국에서 미국이나 유럽까지의 여행비용을 조달할 수 없었고 발표할 거리도 축적되지 못했다. 당시 연구비는 그 액수가 작았고 출장비가 포함되어 있지도 않았다. 따라서 내 결심을 실현할 기회는 점점 멀어지고 있었다. 그러나 국내에서 개최하는 학술대회, 특히 대한화학회와 한국고분자학회의 연차대회에는 열심히 참가했고, 하나둘 졸업하는 석사과정생들의 연구발표도 열심히 도와주었다. 물론 당시 모든 구두발표는 우리말로 했으나 발표자료는 영어를 많이 사용하고 있었다.

귀국 후 연구내용 선택도 그리 쉽지 않았다. 비싼 화학약품도 구매가 어려웠고, 연구시설의 제약도 컸다. 여러 가지를 고려해 착수한 연구 중 미국에서 유행하던 상이동촉매(phase-transfer catalyst)를 축합중합에 이용하는 연구가 꽤 잘 진전되고 있었다. 연구에 참여한 장진해, 이광섭, 이명수 등 학생들이 매우 열심히 해 꽤 좋은 결과를 얻고 있었다. 연구결과가 쌓여 국제학술대회에 발표할 기회만을 엿보는 중이었다. 그러던 중 1981년 한 광고가 눈에 들어왔다.

미국의 마티아스(Lon J. Mathias) 교수와 캐러허(Charles E. Carraher. jr.) 교수가 공동주최하는 국제심포지움에 연사를 초청한다는 것이었다. 학술심포지움 이름은 고분자과학에 크라운 에테르와 상이동 촉매에 관한 국제심포지움(International Symposium on Crown Ethers and Phase Transfer Catalysis in Polymer Science(March 30-April 5, 1982, Las Vegas, Nevada))으로 바로 내가 마음먹고 있던 주제였다. 심포지움은 미국화학회 학술발표대회 중 개최예정이었다. 마티아스 교수에게 편지와 함께 초록을 보냈다. 흔쾌히 초청연사로 초청하겠다는 답이 왔다.

"와, 한국에서 수행한 연구를 드디어 국제학술심포지움에서 초청강연으로 발표하게 되었다!"

하늘을 날듯한 기쁨이었다. 그때까지 한국 고분자과학자가 국제심포지움에서 초청강연을 했다는 얘기를 들은 적이 없었다.

후에 1979~1980년에는 미국 매사추세츠대학(UMASS, Amherst)의 렌츠(Robert W. Lenz) 연구실에서 방문과학자로 액정중합체 연구를 진행하며 영어도 다시 연마한 터였다. 1980년 여름에 이탈리아의 피사대학(University of Pisa), 독일 프라이부르크대학(Freiburg University) 등을 방문해 세미나도 하는 등 경험을 쌓아 영어발표에도 훨씬 자신감이 붙어 있었다. 또한 연구내용과 질에서도 자신감이 스며 있었다. 세계 최초로 'Phase-Transfer Polymerization'(상이동

중합)이라는 술어도 제안할 생각이었다.

발표는 만족스럽게 진행되었다. 청중들의 반응도 좋았다고 느꼈다. 내 발표내용과 관련이 깊은 연구결과를 발표한 프랑스의 부알로(Sylvie Boileau) 교수로부터 걱정하던 질문이 나왔다. 그녀는 우리들이 합성한 고분자들의 절대분자량과 분자량 분포에 대한 정보가 있느냐며 질문했다. 그 정보를 갖고 있지 않았다. 당시 연구실에는 GPC라는 분자량 분석기가 없었고, 내 연구의 가장 큰 약점을 묻는 질문이었다. 앞으로 그 데이터를 더 얻겠다는 답 대신 나는 엉뚱하게도 '제가 시료들을 보내드릴 터이니 측정 좀 해주시겠습니까?' 하고 응답했다. 발표장의 분위기가 순식간에 싸늘해짐을 느꼈다. 내 대답을 잘못된 농담으로 들었던 모양이다. 그들의 입장에서 GPC 기계를 가지고 있지 않은 채 연구를 진행하는 고분자과학연구실이 세상에 어디 있겠는가?! 또 한 번 아차 했다. 각 나라마다 같은 표현이라도 이해하거나 느끼는 뉘앙스가 다른지라 국제학술대회에서는 발언을 가다듬어야 한다는 가르침을 받은 경험이었다. 다행히 부알로(Boileau) 교수는 후에도 국제학술대회에서 여러 번 만났으며 그녀와는 좋은 관계를 유지해왔다.

국제학술대회 참가와 해외체류경험 중 터득한 중요한 태도는 동·서양에 관계없이 겸손해야 하며 동시에 확실치 않을 때에는 지나치게 말을 앞세우지 말아야 한다는 점이다. 또 모르는 것이 있을 때에는 '잘 모르겠습니다. 더 연구해보겠습니다.'라고 솔직히 말하는 습관을 키워야 한다는 점이다. 아무리 자신 있고 남보다 앞서 있는 내용이라도 당당하기는 하되 절대 자만하지 않아야 한다.

'글쎄…. 잘 모르겠습니다. 미안합니다.'라고 서슴지 않고 답하던 노벨상 수상자들을 수없이 보았다. 최근에 국내에서 개최된 한 국제학술대회에서 어떤 중국학생이 기조강연자인 노벨상 수상자에게 질문하였다.

"어, 참 좋은 질문이네요. 저는 그 점을 전혀 고려하지 않았거든요. 같이 생각해보겠습니다."

사람은 누구나 모르는 것이 있기 마련이고, 생각해보지 못한 것도 있기 마련이다. 노벨상 수상자의 솔직하고 겸손한 대답은 연구자로서의 성숙한 모습을 잘 보여준다.

# 이 잘못을 세상에
# 어떻게 알리지?

고분자화학 분야에서는 세계에서 가장 권위를 자랑하는 미국화학회(American Chemical Society, ACS)의 《매크로몰리큘스(Macromolecules, 고분자)》지에 새로운 복합형 액정고분자에 관한 내 연구실의 논문이 실렸다. 우리 연구실의 또 한 번의 쾌거였다.

X-선 회절법을 이용해 새로운 고분자들의 구조를 분석하고 관련된 여러 특성들도 조사한 내용이었다. 결론은 주사슬과 곁가지에 있는 막대성분구조들이 생선뼈처럼 중앙에 길게, 곁가지는 짧게 배열하고 있다는 설명이었다. 멋진 연구결과라는 찬사를 주위로부터 심심치 않게 받던 중 걱정거리가 생겼다. 고분자의 X-선 구조분석의 리더이자 나와 친분이 있는 미국의 존 블랙웰(John Blackwell) 교수도 좋은 논문이라고 평했는데, 필 가일(Phil Guile)교수—나와 여러 편의 논문을 함께 발표했고 폴리에틸렌 단결정 구조를 세계에서 최초로 밝힌 과학자—가 후에 나에게 말했다.

"정일. 네 논문 재미있게 잘 읽었어. 축하해! 그런데 구조분석에 문제가 있어 보여."

"그래? 그러면 안 되지. 어떤 내용인지 알려주게나."

"곁가지에 있는 메소겐이 주사슬에 대략 평행하게 곁가지가 구부러져 있어야 될 것 같거든…."

"음, 그럴 수도 있겠구나. 곁가지의 메소겐과 주사슬 사이의 인력이 클 터이니까…. 적외선 분석으로 그 부분을 다시 검토해볼게. 고마워 필!"

귀국 후 부지런히 논문내용을 면밀히 검토했다. 학생에게 추가 실험 및 기존 데이터의 재검토도 지시했다. 결과는 필의 의견과 일치했다. X-선 회절에 의한 구조분석의 허점을 다시 경험한 예였다. 잘못된 모형을 선택해 이런 실수를 했다. X-선 회절 분석에는 위험이 항상 따라다닌다.

'그러면, 이 잘못은 어떻게 고쳐야 할까?'

이런저런 고민을 하였다. 가장 중요한 점은 시급성이었다. 잘못된 내용을 다른 사람들이 활용하거나, 또 더 많은 과학자들이 알아버린다면 과학자로서 내 명예에 큰 흠집이 생길 일이었기 때문이다.

문득 대한화학회의 《뷸레틴(Bulletin)》 영문지가 생각났다.

'옳다. 여기에 투고하자. 짧은 노트로 하면 심사도 짧게 걸릴 거고, 인쇄도 빨리 되니 내가 원하는 바를 이룰 수 있겠군. 더구나 《뷸레틴》지가 SCI(Science Citiation Index)학술지이니 더 잘 됐고….'

물론 두 번째 논문에서는 첫 번째 논문의 어느 부분이 오류였는지 명확히 서술하였고, 어떻게 그 오류를 바로 잡았는지 자세히 논의했다. 인쇄도 깔끔했고, 무엇보다 단시간 내에 발간되었다는 점이 가장 기뻤다. 그러나 연구수행 책임을 맡았던 학생에 대한 원망은 좀처럼 삭지 않았다.

“김 군. 자네는 어떻게 한 가지 연구로 논문을 두 편이나 만드나?!”

“네, 교수님. 죄송합니다.”

하지만 궁극적으로 책임은 나에게 있었으니 누구를 원망할 수도 없는 처지였다.

“앞으로 사회에 나가서도 이런 일 또 생기면 자네의 과학인으로서의 생명은 위험하네!”

다행히 김 군은 매우 우수한 과학자로 잘 뻗어나가고 있다.

내가 직접 관련된 일은 아니지만, 과학자들과 과학논문들의 진실성이 자주 논란이 되고 있어 한 예를 더 붙이고 싶다. 우리나라에서도 여러 해 전 생명과학 분야에서 끔찍한 일이 생겨 세계를 놀라게 했다. 심지어 우리나라 과학계의 신뢰성까지도 심각하게 손상된 사건이었다.

“정일, 제이(가명) 논문의 합성법에 따라 합성해보니 최종생성물이 얻어지지 않더라는 불평을 두어 사람에게 들었어. 어떻게 된 일인지….”

“밥. 제이에게 그 얘기를 전하고 어떻게 된 거냐고 물어보지 그래.”

“음. 이미 그렇게 했는데 제이가 바쁜지 아직 반응이 없어….”

“문의한 사람들께는 무어라고 답했는데….”

“그 합성이 원래 매우 까다로워 재현이 쉽지 않으리라고 답해줬

지!"

1980년대, 방학이 되면 자주 방문해 연구를 행했던 미국의 한 대학에서의 일이었다. 박사과정생 중 한 명이 모든 시험에 합격하고 최종적으로 박사학위 논문을 제출하지 않은 채 취업해 근무 중이었다. 매우 열심히 연구를 수행하는 학생이라 생각하던 터라 방금 들은 얘기는 믿기 어려웠다.

지도교수 밥은 제이에게 박사학위 논문을 속히 제출하라고 여러 번 독촉했으나 회사일이 바쁘다며 계속 제출을 미루었다. 드디어 밥이 제이의 행동을 이상히 여겨 제이의 연구공책을 철저히 검토하기 시작했다. 검토 결과는 아찔했다. 이 논문의 내용은 '사기'였다. 밥은 즉시 제이의 박사학위 회수 절차를 밟았다. 동시에 출판사에 연락해 제이가 주저자였던 모든 논문을 취소했다. 후담이지만 제이가 지나치게 자기 연구내용을 연구실의 다른 학생들에게 숨기는 듯싶었고, 정규 발표시를 제외하고는 논의도 일체 없었기에 조금 이상하다고 생각했던 기억이 남아 있다. 제이의 소식은 지금까지도 전혀 듣지 못하고 있다. 나에게는 근면한 젊은이라는 인상을 짙게 주었던 그가 그런 끔찍한 짓을 했다니….

학생들에게 꾸준히 음으로 양으로 과학윤리(Science ethics)를 강조해온 나에게도 아슬아슬한 경우가 있었다. 이웃나라에서 유학 온 이 여학생은 매우 똑똑했다. 화학지식도 그런대로 좋았고, 열심히 연구를 수행해 석사학위 논문내용을 ACS 《매크로몰리큘스》지에 실릴 수 있었다. 그러나 그 과정이 평탄하지만은 않았다. 연구수행방법에 큰 흠이 발견되었기 때문이다. 여러 단계의 합성경로가 포함된 연구내용이었는데, 각 단계에서 합성된 생성물의 철저한 정제과정을 연구노트에서 찾아볼 수가 없었다. 연구발표시 보여준 여러 데이터는 분명 정제된 화합물들의 것이었는데….

현미경적 검토를 통해 여기저기 데이터에 손을 댔다는 심증을 갖게 되었다. 전체적 연구 흐름과 결과는 석사학위 수준이 된다고 판단해 석사학위 취소 과정은 밟지 않았다. 지체없이 내 불만은 이 여학생에게 전달되었고 용서를 비는 답도 받았다. '교수님, 먼저 대학에서 정제법을 배운 적이 없었습니다.'라는 그 학생의 변명이 지금도 내 귀를 울린다. 대신 큰 대가를 치른 것도 사실이었다. 다른 학생에게 그 합성을 반복하게 했고, 생성물의 정제도 철저히 해 다시 데이터를 모으게 했다. 다행히 극히 미세한 부분의 수정만이 필요했고, 결국 두 학생의 이름이 들어간 훌륭한 논문을 발표할 수 있었다.

과학자들도 의도하지 않은 잘못을 저지를 수 있으나, 의도적으로 윤리 파괴적인 행동은 처벌을 받아야 한다. 처벌보다 더 좋은 처방은 사전방지다. 과학의 오류는 인류의 재앙이 될 수 있음을 과학자들과 과학도가 될 학생들이 철저히 인식해야 한다. 얼마 전에는 세계적으로 명성이 높은 한 학술잡지가 한국 생명과학자들이 타인의 연구결과를 도용해 논문을 발표했다는 기사를 실었다. 그들의 이름을 명시적으로 발표해 우리를 부끄럽게 만들었던 고발내용이었다.

다행히 우리 과학계는 자정의 노력과 교육을 통해 전보다 훨씬 과학윤리를 지키고 있다고 자부한다. 특히 미래과학기술계를 이끌어갈 청소년들에게 과학윤리의 중요성을 깊이 각인시켜줄 수 있는 노력이 필요하다는 점을 다시 한 번 강조하고 싶다.

## 너희 같은 후배는 원치 않아!

중 · 고교에서 심심치 않게 강의요청이 들어온다. 내가 하는 강의는 주로 고분자재료의 과학 및 진로선택(미래직업)과 관련된 내용, 미래사회와 과학기술, 21세기는 융합시대, 과학기술의 당면과제 등이다. 나는 강연주제를 먼저 제시하고 초청 주체가 원하는 주제를 선택하게 한다. 특히 영재학교에서 강의를 할 때는 꼭 학부모도 함께 초청하도록 요청하기 때문에 수백 명이 내 강의를 들을 때도 있다. 과학고등학교에서는 다른 때보다 강의 중 질의응답에 시간을 많이 할애한다. 그만큼 학생들의 태도에 질서가 잡혀 있고, 강의주제에 대해 미리 공부해오기 때문에 이같은 강연이 더 효과적이다. 학부모와 일반인들을 상대로 한 강연도 진행하고 있으며 3~5회 강의를 매주 두어 번 두 시간씩 하기도 한다. 인문사회계열 대학학과를 졸업했으나 과학적 소양을 키우기 위해 오신 학부모나 일반인들을 만날 때 나는 큰 즐거움을 느낀다. 소위 과학의 대중화에는 이런 프로그램이 효과적이라고 생각되기 때문이다. 대중매체의 홍수 속에 살고 있는 현대인들에게도 직면(face-to-face) 강의가 가장 큰 교육 효과가 있다는 사실은 잘 알려져 있다.

고교를 졸업한 지도 조금 더 있으면 60년이 된다. 그러나 후배들, 특히 재학생들과는 이렇다 할 교류나 상호작용이 별로 없었다. 졸업 후 30여 년 만에 모교로부터 강연 요청이 들어와 고등학교 2학년을 대상으로 미래사회와 진로에 관한 강연을 강당에서 한 적이 있다. 이로부터 20여 년이 더 지나 대학에서 정년을 한 후에 또 한 번 초청이 왔다. 이번에는 한 반 30여 명의 학생들을 대상으로 급속도로 발전하는 과학기술과 미래사회에서 과학의 중요성을 강조하는 내용으로 강연을 했다. 고등학생들의 무질서한 수업태도에 대해서는 이미 많이 들었을 뿐 아니라, 강연 직전 담당선생님도 그 점을 다시 한 번 상기시켜주었다. 나는 마음속으로 단단히 각오를 다졌다.

'대학 강의실에서 그랬듯이 엄하게 해야지! 아무렴 자기들 진로에 대한 내용이고, 또 과학자의 길에 관심이 있는 학생들만 모아놓았으니 수업태도가 더 낫겠지!'

조그마한 강의실에 들어서니 학생들이 조용히 앉아 기다리고 있었다. 그 학생들의 모습에 나는 걱정을 한시름 놓았다.

"여러분, 이렇게 만나볼 수 있게 되어 반갑습니다. 저는 1960년에 이 고등학교를 졸업한 9회의 진정일입니다."

나를 쳐다보고 있던 학생들이 일제히 박수로 나를 반겨주었다.

"저는 1974년부터 2009년까지 35년간 고려대학교 화학과에서 교수로 지낸 사람입니다. 지금은 고려대학교 융합대학원에 석좌교수로 있습니다. 여러분들은 모두 미래의 과학자를 꿈꾸고 있다고 담당선생님의 말씀을 들었습니다. 미래사회에서 과학기술의 중요성은 더 커질 것입니다. 뿐만 아니라 그 발전 속도는 더욱 빨라지며, 점점 과학기술인들에게 융합적 사고방식과 지식을 요구하고 있습니다."

대부분의 학생들은 내 강연을 경청했고, 첫줄 마지막 자리에는 담당선생님이 자리를 지키고 있었다. 단지 암막시설이 좋지 않아 파워포인트 슬라이드가 선명하지 않았다는 점이 흠이었다.

어느 정도 강연이 진행되었을 때 맨 뒤 구석자리에 앉은 학생이 엎드린 채로 스마트폰에 집중하고 있었다.

"학생! 그 스마트폰 당장 끄고 집어넣길 바라네."

그 학생은 자신의 행동을 반성하기는커녕 나를 조롱하듯 자세를 바꾸지도 않은 채 계속해서 스마트폰을 손에 들고 있었다. 드디어 나에게서 불호령이 터져 나왔다.

"야! 내 강의 듣기 싫으면 당장 나가! 나는 자네 같은 후배 필요 없고, 내 강의 들어달라고 애원하기도 싫어! 내가 한가해서 자네들 앞에 서 있는지 아나?"

뒤에 앉아 내 강연을 듣던 담당선생님은 화들짝 자리에서 일어나 문제의 학생에게 다가가 주의를 주고는 다시 자리로 돌아갔다. 그런데 내 목소리가 너무 컸는지—그렇다. 나는 흔히 강의할 때는 한 옥타브를 높여 목소리를 내는 듯하다. 대학에서 주로 대규모 강의를 진행했고, 대규모 강의에 익숙해져 그런가 보다. 아니면 학생들의 주의를 끌거나 분위기를 제압하려고 그러는 점도 있다고 믿는다.—특별수업을 점검하며 돌던 교감선생님이 내가 주의를 주고 있던 현장 상황에 놀란 듯 싶었다. 살며시 뒷문을 열고 담당선생님과 짧게 이야기를 나누시고는 사라지셨다.

한바탕 폭풍이 지나간 뒤 교실의 분위기가 다시 정리되었다.

"여러분, 여러분은 매우 귀한 시간을 저와 함께하였습니다. 저는 여러분들이 모교의 후배이기에 남다른 애정을 갖고 값진 시간을 함께 나누기를 원했습니다. 저의 이런 뜻이 여러분께 조금이라도 전달되었기를 바랍니다. 여러분의 장래에 큰 영광이 함께하길 기원하며 제 강의는 여기서 마치겠습니다. 혹시 질문이 있으면 주저하지 말고 해주십시오."

잠시 교실이 물 끼얹은 듯 조용하더니 담당선생님이 시작한 박수가 전 교실에 터졌다.

"우리나라의 과학과 화학수준은 세계에서 어떤 위치에 있나요?"

"융합시대에서 화학의 중요성은 어떻게 될까요?"

"고분자화학이 고등학교 교과과정에서 별로 다루어지지 않고 있는 까닭은 무엇이라고 생각하십니까?"

연이은 질문들이 이 학생, 저 학생에게서 쏟아져 나왔다. 나를 가장 기쁘게 해준 마지막 부분이었다.

"진 교수, 내가 듣기는 진 교수 강의가 학생들에게 가장 인기가 많았다는데…. 학생들이 진 교수의 강의가 가장 인상 깊고 좋았다고 말하더군. 도움이 많이 되었대."

한참 시간이 지난 후 그날 학생들 강의에 함께 참여했던 산업체 중역 출신의 친구가 내게 말을 전해주었다.

"그래? 나는 후배놈 하나 잡은 기억밖에 안 나는데…."

"제대로 잡은 모양이지?"

"글쎄. 요즈음엔 학생들이 수업시간에 잠을 자든 만화책을 보든 수업을 방해하지 않고, 시끄럽게만 하지 않으면 선생들이 가만히 둔대."

"그러게 말일세. 참 큰일이야!"

"어느 중학교에 진로지도교육차 강의하러 갔거던. 그런데 담당 선생이 '수업 중 여기저기 옮겨다니는 학생도 있고 떠드는 학생도 있을 터이니 그렇게 이해해달라.'고 하더라. 아니 '이해'해달라는 게 무슨 뜻이지? 그래서 강의를 시작하기 전에 나는 그런 학생은 교실에서 쫓아내버리겠다고 엄포를 놓고 강의를 시작했지. 애들 수업태도가 어찌나 좋던지, 칭찬해주고 끝냈지."

"잘했어, 진 교수. 역시 진 교수는 고수야!"

"고수는 무슨 고수. 내가 할 일을 하는 거지. 허수아비가 강단에서 있고 녹음기가 얘기하는 건 아니잖아. 감동을 주면서 이끌어야지!"

요즈음 '재미'만 강조하는 교육현장이 나는 매우 불만이다. 배움이 얼마나 힘든 과정이며, 그러기에 배움 끝에 느끼는 만족과 보람이 얼마나 소중한지 후배들이 깨달을 수 있도록 계속 정진하려 한다.

# 예비 선생님이 되어보니

"선생님, 안녕하세요!"

내가 학교 정문에 막 들어설 때, 학생들이 서로 앞다투며 달려와 인사를 건넸다.

"응, 여러분들도 좋은 하루 보내길 바랍니다."

등굣길 학생들과 밝은 아침인사를 나누었다.

대학교 4학년 때 교생실습으로 진명여중에서 한 달여 간 학생들과 함께 지낸 적이 있다. 학교가 당시에는 효자동에 있었다. 대학 졸업 후 취업이 쉽지 않던 때라 만약을 위한 준비로 교직과목을 이수하고 있었다. 이런저런 교양과목보다 교육 관련 과목을 집중적으로 수강해 2급중등교사자격증을 얻을 수 있었다. 이 과정에서 중등학교 실습은 필수였다. 당시 나는 진명여중으로 배정받았고, 나 이외에도 서울대생 몇몇이 함께 실습을 갔다. 가정교사 경험도 있었지만 다수의 학생들, 더구나 어린 여중생들을 대하기란 편치 않았다.

내가 주로 가르쳤던 남학생들과는 사뭇 다르게 느껴졌기 때문이다.

교생실습이 시작되던 날, 교장선생님의 인사말씀이 있었다. 진명(進明)이라는 교명이 진덕계명(進德啓明: 덕을 키우고 깨우침을 열게 함)의 준말이라는 설명도 들었다. 이날 이후 내 머릿속에는 진덕계명이라는 멋진 표현이 깊게 자리잡고 있다. 나 같은 교육자가 꼭 기억해야 할 가르침이라 생각한다.

교생담당 선생님은 교생실습계획, 주의사항, 실습생들의 평가방침 등에 관해 설명해주셨다. 여중이라 그런지 복장에 관해서도 길게 주의를 주었다. 물론 모든 학생들은 교복을 입고 학교배지를 달고 다녔다. 교내에서는 이름표도 달아야 했다.

이 학교는 학생들에게 비교적 엄격한 도덕규율을 따르게 했다. 부장선생님은 단정함을 매우 중요시했고, 요즈음에 특히나 눈에 띄는 짙은 화장은 생각도 하지 못했다. 당시에는 심지어 학생들의 머리 손질까지도 통제했다.

교생실습은 수업진행을 직 · 간접적으로 체험할 뿐만 아니라 학생들의 학습진도에 맞추어 교안을 작성해야 했고, 하루 일정이 끝나기 전에는 일지를 쓰도록 되어 있었다. 일지는 담당선생님뿐만 아니라 교장선생님도 읽고 계신 듯했다.

교생실습 중 어느날 아침, 진명여중 교문으로 들어서는데 뒤에서 두어 명의 여학생이 소리를 높여 무어라 말하는데 잘 듣지 못했다. 잠시 걸음을 멈추고 뒤쪽을 쳐다보았다. 그 때 나는 당황스러운 경험을 했다. 한 학생이 내 앞에 도착하자마자 벌러덩 넘어졌고, 등굣길 학생들은 모두 내 주위로 몰려들었다.

"괜찮아요, 학생? 어디 다치지 않았어요?"

"아뇨, 선생님!"

"왜 그렇게 급하게 뛰었니? 늦지도 않았는데…."

"…."

일어선 학생은 쭈뼛거리며 무엇인가 말하려다 그저 얼굴만 붉힌 채 사라졌다.

"학생, 저 학생은 왜 넘어졌어요? 누가 밀었나요?"

"아뇨. 선생님께 인사드리려고 뛰어오다가 넘어진 거예요. 걱정 마세요, 선생님. 선생님 얼굴 보면서 인사했으니 됐어요."

어린 여중생들의 어리광스러운 행동을 호기심에 가득 찬 여학생들이 아직 젊은 남자대학생들을 향해 표현하던 애교로 보아주었다. 하지만 때로는 이해가 잘 되지 않는 면도 있었다.

나는 그날 일지에 넘어진 학생과의 경험을 그대로 적어 제출했다. 다음날 아침, 돌려받은 일지에는 교장선생님의 짧은 논평이 적혀 있었다.

'어린 여학생들의 경망함을 경험하셨군요!'

시범수업은 교생실습에서 가장 중요한 부분이었다. 긴장되었다. 나를 향한 학생들의 눈동자가 총알처럼 느껴졌다. 자연히 내 행동은 매우 부자연스러웠다. 판서도 평소보다 잘 되지 않았다. 수업이 끝나고 나서는 수업이 끝났다는 안도감과 함께 아쉬움도 섞인 뒷맛을 느꼈다. 동시에 교육이란 단순히 가르침, 지식의 전달에 끝나지 않으며 학생들을 전인격적으로 성숙할 수 있도록 지도해야 함을 깊이 느꼈다.

시범수업의 평가는 대체로 만족스러웠다. 그러나 한 가지 시정을

요한다는 평가가 내 눈길을 끌었다. 복장에 관한 내용이었다. 어떻게 복장을 할지 궁리 끝에 흰 와이셔츠에 정장차림으로 옷을 입고, 넥타이를 하지 않았다. 넥타이를 착용하지 않았다는 점이 지적되었다.

'나를 쳐다보고 있는 청중들을 대접하는 의미에서도 발표자는 남 앞에 내놓을 만하게(presentable) 복장을 해야 합니다.'

미국에서 생활할 때 학술대회를 준비하던 나에게 한 상사의 충고가 지금도 내 머릿속에 남아 있다. 지금도 나는 그 철학을 지키려고 노력한다. 제자들과 후배들에게도 같은 말을 반복한다. 반바지에 슬리퍼를 질질 끌고 교단에 서는 일부 후배교수들의 복장은 좀 못마땅하다.

지금의 중학교는 모든 면에서 내가 교생실습하던 시절의 중학교와는 사뭇 다른 모습이리라 추측한다. 요즈음 나를 도와주고 있는 도희가 한 여중에서 교생실습을 막 끝냈다. 어떤 경험을 했는지 궁금했다. 나는 과거 교생실습의 경험을 말해주었다. 또 그녀의 표정에 대해 약간의 충고도 아끼지 않았다. 똑똑한 도희인지라 교생실습을 잘 마친 듯했다. 나는 그녀에게 물었다.

"도희야, 교생실습 경험 중 가장 기억에 남는 점은 무엇이니?"

도희의 답은 나의 예상과 많이 달랐다. 더구나 그녀가 말한 내용은 다시금 나를 걱정에 휩싸이게 만들었다.

"교수님. 학생들과의 면담시간이 있었는데요, 학생들의 고민에 대해 솔직한 설명을 들을 수 있었어요."

"그래? 그것 참 좋은 경험이었겠구나. 어떤 얘기들을 하던?"

내가 교생실습을 할 때는 학생들과의 1:1 면담은 따로 없었다. 그래서 도희의 경험담이 나의 관심을 끌었다. 머지않아 손녀 채언이도 중학생이 될 예정이 아니던가!

"조금은 예상되던 일이었는데요. 첫째는 학업성적, 두 번째는 교우관계, 세 번째는 엄마와의 관계였어요!"

"그렇구나. 우선 두 번째 교우관계에 대해 말해주렴. 주로 왕따 얘기니?"

"그와 관련이 있어요. 보통 친한 친구들끼리 그룹 지어 다니나봐요. 그런데 때때로 이런저런 이유로 다른 그룹의 친구들과 어울리고 싶어해요."

"물론 그렇겠지. 그런데 그게 왜 문제가 되는 거니?"

"우선, 원래 속해 있던 그룹에서 나온 뒤에 어울리고 싶은 다른 그룹에서 받아준다는 보장이 없고요. 또 다른 새 그룹에서 받아주지 않은 사실이 알려지면 원래 그룹에서도 배척을 받을 테니, 걱정을 많이 하더라고요."

"어느 그룹에 꼭 속해야 하니? 다양한 친구들과 자유롭게 사귈 분위기가 아닌가봐?"

"음…. 그렇지 않은가 봐요."

도희의 말을 듣고 요즈음 자주 듣는 '인성교육의 중요성'에 더욱 동감하게 되었다. 요즘 시대에는 바른 성품에 대한 교육이 더욱 중요해 보인다. 모두에게 열린 마음으로, 타인을 이해하려는 마음가짐이 아직도 부족하며 이에 대한 교육이 강화되어야 한다. 오늘도 나는 나를 가르치려 하고 있지 않은가?! '착하게 살아라!' 하고.

살다보면 자주 편가르기를 경험하게 되고, 그 주동자들도 만나게 된다. 우리나라 정계를 보면 원칙도 없는 편가르기가 난무한다. 우리 사회 전반에 매우 나쁜 영향을 미치고 있다. 옳고 그름을 논하고, 설득하고 또 이해하고 양보하는 성숙한 민주시민의식이 우리 사회의 상식이 될 날을 기다려본다. 타인은 나와 다르고, 다르게 생각하고, 다르게 판단하고, 다르게 살고 있음을 깨닫고 그 차이를 받아들일 수 있는 사회가 속히 되길 바란다.

# 교수님.
# 중학교 2학년
# 수준으로요!

"진 교수님. 안녕하십니까? 저는 EBS TV의 강 피디입니다!"

"네. 안녕하세요. 왜 전화를 하셨죠?"

"교육방송 프로그램에 교수님의 '생활 속의 화학' 강연을 시리즈로 기획할까 해서요."

"아, 제가 요즘 바쁘기도 하고, TV에 나올 만큼 강의를 잘하는 사람도 아니라서요."

"교수님. 교수님의 명성은 제가 너무나 잘 알고 있습니다. 제가 함께 일할 작가와 교수님을 찾아뵙고자 하는데, 시간 좀 내주세요."

강 피디와 작가, 사진기를 든 젊은이 이렇게 셋을 대한화학회 회의실에서 맞이했다. 강 피디는 서울대 사범대학에서 화학을 배웠고, 정 작가는 고려대 불어불문과를 졸업했다. 사진기자는 내가 얼마나 포토제닉한지 보려고 몇 컷을 찍어보았다. 우선 일주일에 한 시간씩 총 4회 방영할 계획을 세웠다. 처음 TV 기획프로그램에 등장하는 일이라 여간 신경쓰이는 일이 아니었다. 이런저런 토론에 참여하는 모습이 TV에 방영되기도 했지만, 혼자 연속강의를 하기는 처음이었다. 1998년, 전에 쓴 글들을 모아 『프로야구 왜? 나무방망이 쓰나—화학이 들려주는 상식여행』을 동아일보사에서 출간하였다. 따라서 얘깃거리는 꽤 준비된 상태라 그리 많은 시간을 할애하지 않아도 되겠다는 생각에 어느 정도 안도감이 들었다.

그러나 이런 판단이 잘못되었음을 곧 알게 되었다. 준비해야 하는 일들이 많았다. 우선 강연할 내용을 원고형태로 준비해 담당작가와 함께 피드백 과정을 거치고, 또 방송국에서 쉽게 찾지 못하는 자료를 슬라이드로 만들어 제작진에게 건네주어야 했다.

"교수님. 원고 준비하시느라 고생이 많으셨습니다. 내용은 꽤 재미있다고 생각하는데, 문제는 시청자들이 얼마나 내용을 이해할 수 있을까입니다."

"아주 쉽게 썼는데요."

"물론 교수님께서는 그렇게 생각하시겠지요. 하지만 저도 이해가 안 되는 부분이 많은 걸요!"

"그럼 어떻게 하지요?"

"죄송합니다만, 쉽게 다시 한 번만 정리해서 보여주실 수 있을까요?"

'아니. 내 나이가 60이 다 되어가는데 내 소통능력이 이렇게 나쁜가?' 하는 자책감과 작가에게 받은 꾸지람(?)에 잠시 자괴감에 빠져들었다.

"에이, 되게 꾸지람 받았네요. 다시 준비할게요!"

정 작가의 솔직한 의견이 내가 생각을 달리하게끔 설득했다. 이

가르침이 내 머릿속에 지금까지도 자리잡고 있다. ‘일반대중’을 상대할 때는 중학교 2학년 수준으로 준비하라는 요청이 이제는 나 자신에게 하는 일상적 요구가 되어버렸다.

네 번의 EBS 방송 출연의 끝이 다가오고 있을 즈음 또 고민이 생겼다.

“교수님. 시청자 반응이 좋은데, 계속 해주실 수 있으세요?”

강 피디의 요구다.

“내가 여러 가지로 바쁘니 생각 좀 해봅시다.”

결국 강 피디의 양해를 받고 방송출연을 중단했다.

“여보, 당신 강의 마지막 시간에 저와 제 친구들이 방청할 수 있게 방송국에 부탁 좀 하실 수 있으시겠어요?”

안사람의 부탁을 받아들여 안사람 친구 몇과 남편들을 함께 방송국 스튜디오에 초대했다. 방청석이 친구들 때문에 만석이 되었다. 처음 TV방송국 스튜디오에 들어서는 친구들의 모습이 내 눈에 들어왔다. 친구들의 설렌 표정을 보니 더 잘해야겠다는 생각이 나를 흔들기 시작했다. ‘안사람 체면도 살려주어야지.’ 장내 정리가 끝나면서 내 강연 준비도 끝났다.

‘들뜨지 말고 평상심 되찾아 자연스럽게 잘하자!’

다짐을 하면서 말문을 열었다.

“여러분, 지난 한 주 잘 지내셨겠지요. 오늘은 제 친구들도 강의에 참석해주었습니다. 그래서 더 재미있게 강연을 진행해보도록 하겠습니다.”

친구들과 호흡이 잘 맞아 스튜디오 분위기가 매우 좋았다. 덕분에 마지막 강의를 만족스럽게 마칠 수 있었다.

"진 교수 강의를 처음으로 들었는데 정말 재미있었어."

친구들이 번갈아 가면서 듣기 좋은 멘트들을 쏟아냈다.

"우리, 근처 식당에 가 식사나 같이 합시다. 내 출연료가 식사대접 정도는 될른지…."

다가오는 연말에 훈훈한 자리가 마련되어 고마웠다. 얼마 후 정해진 방영시간에 모두들 내 강연장면을 다시 보았던 모양이다. 강연내용은 이미 다들 알고 있던 터이므로, TV화면에 자기네 모습이 어떻게 잡혔는지가 최대 관심사였던 듯 싶었다.

"아니. 내 얼굴이 그렇게 큰 줄 몰랐어."

"글쎄, 내가 많이 나이 들어 보이던데. 화장 좀 하고 갈걸…."

TV출연 전에 분장실에서 출연자들 화장을 해주고, 때로는 의복도 빌려준다. 나는 평소 내가 입던 복장에 첫 출연 때를 제외하고는 분장도 하지 않기로 했다. 막상 분장을 하니 피부가 편하게 느껴지지 않았다. 지금도 그 더운 여름에 짙게 화장한 여인들의 전혀 불편함을 느끼지 않는 듯한 표정이 이해가 되질 않는다. 오히려 아름답게 보이려는 그들의 노력이 감동을 준다.

일반인들을 위한 책도 발간했고, TV에도 출연했다는 성취감(?)이 나를 꽤 기쁘게 했던 것도 사실이다. 평소 때 '과학의 대중화'에 특별히 관심을 많이 쏟고 있었기 때문에 나에겐 이런 일이 매우 중요한 의미를 지닌다고 판단했다. 이후 청소년들과 일반인들이 과학에 더 가까워지기를 바라는 마음을 실은 책을 몇 권 더 출간했다. 이런 면에서는 나의 활동이 어느 정도 성과를 내고 있다고 생각한다. 또 이런 노력을 계속하리라 다짐한다. 아니 더 열심히 잘 하겠다고 다짐한다.

2017년 봄 YTN 사이언스 강 작가에게서 전화가 왔다. 호모 케미쿠스(Homo Chemicus, 화학인류)라는 연속물( Ⅰ~Ⅳ편)을 제작중인데 제III편 제작에 출연해달라는 요청이었다. 늦은 4월 오후 서울 약현성당에서 촬영을 시작한다며 2시까지 오란다.

"여보. 촬영원고 보시고도 준비를 안 하셔요?"

"별로. 내용이 다 그렇고 그렇네요. 그냥 평소에 생각하는 대로 말하면 될 것 같아요! 중학교 2학년에게 설명하듯이요."

사전에 촬영내용 설명이 와서 그 내용을 훑어보았다. 토의 준비가 필요없이 참여할 수 있으리라 판단했다. 어느 학원의 화학선생, 여대생 한 명, 나 이렇게 셋이 대화를 나누며 일상생활에서 화학이 얼마나 중요한지 설명하는 내용이었다. 생각보다 촬영이 길어져 밤 10시경이 되어서야 판교 박물관에서 촬영이 끝났다.

힘들긴 했으나 '화학을 위해서'라는 사명감에 끝까지 적극적으로 참여했다. 내가 나오는 이 프로그램은 YTN사이언스 스페셜에서 언제든지 볼 수 있다. 누구나 찾아볼 수 있게 오픈해놓았다는 점에 매우 만족한다. 그래야 더 많은 사람들이 화학에 대해 쉽게 접극할 수 있지 않겠는가.

"선생님. 이번 추석 때 선생님 TV에 나오신 내용 재미있게 보았어요. 선생님 멋지셨어요."

"그랬어, 이 교수? 다른 사람들도 방송 잘 보았다고 몇몇이 전화를 하더구먼. 박사님들보다 청소년들과 일반인들이 많이 보았다면 더 좋으련만…."

화학을 전공하려는 청소년들의 수가 급속히 줄어들고 있다. 자연과학의 중심에 있는 화학은 융합시대니, 4차 산업혁명시대니 하는 미래사회에서도 그 중요성이 줄어들기는커녕 더욱 커지고 있다. 물리, 생명과학 등 인접과학의 발전에도 더욱 크게 영향을 미칠 것이며, 신소재, 화학생명공학, 전자 · 기계공학에도 넓게 영향력을 미치리라 예상된다. 아니, 이미 그래 왔고 미래에는 더욱 그러리라 믿는다. 문제는 어떻게 하면 청소년들이 화학을 재미있어하고, 화학과 놀고 싶은 마음을 들게 할까하는 의문에 대한 답을 찾는 데 있다. 오늘 오후 대한화학회에서 있었던 대담의 끝부분에서도 똑같은 걱정을 했다. 화학박사가 된 지 50년이 다 되어가는데 이 쉬워 보이는 질문에 대한 해답을 찾기 위해 오늘도 씨름을 하고 있다. 그래서 '교육'이란 참 어려운가보다.

## 나의 오래된 독서습관
### —깨달음에 다가가기

나는 시간이 날 때면 이전에 읽지 못했거나 새로 출간된 책을 자주 읽는다. 다른 일정에 따라 읽는 속도가 매우 느릴 때도 있으나 그에는 별로 신경 쓰지 않는다. 독서범위는 비교적 넓은 편이며, 전문서적보다는 쉽게 접할 수 있는 책들이 대부분이고, 고전도 가끔 마주한다. 요즘에는 자녀교육, 천재들과 천재성 또는 독창성, 환경, 과학사, 지구와 생명의 탄생 등과 관련된 책들을 읽곤 한다. 최근 들어 자꾸 손에 드는 책들은 개인적 취미와 몇 곳에 투고하고 있는 대중매체의 관심사, 청소년 교육과 과학의 대중화와 관련된 내용들이 주를 이룬다.

대학시절에는 화학책보다 소설과 시, 우리나라 시조를 많이 읽었고 동양과 서양철학에 관한 서적도 종종 읽곤 했다. 그렇다고 화학공부를 등한시하지는 않았다.

나이가 들면서 독서내용도 변하였다. 역사적 인물들의 일대기에 관심을 갖기도 했고—중·고교 시절에는 소위 영웅들의 이야기 읽기를 좋아했다.—과학자와 과학적 발견 뒤에 숨어 있는 이야기들은 꾸준히 읽어왔다. 읽은 내용 중 일부는 내 글에 인용되어 투고되기도 했고 내 글에 녹아들기도 했다.

나이가 들수록 어떤 삶이 참다운 가치를 지닐까 하는 의문이 짙게 가슴을 두드리자 그에 관련된 내용을 다룬 책들도 가끔 살펴보지만 읽고 나면 '별로 얻은 바가 없다.'는 생각이 종종 들었다. 한편으로는 실망스럽기도 했다.

'내가 원하는 답을 이미 내 마음속에 담아놓고 똑같은 답을 다른 사람의 글에서 찾으려 하는 게 아닐까?'

자문을 해보지만 답이 쉽게 다가오지는 않는다.

'왜 번역서는 넘치는데 그 많은 우리나라의 현자들은 좋은 가르침을 주지 못하는 걸까?'

어쩌다 그들의 글을 읽어보면 실망하기 일쑤니 내 경험과 생각이 그들과 별로 다르지 않기 때문일까? 평생을 반복해서 읽고 또 읽으면서 새롭게 나를 눈뜨게 할 명작을 발견하지 못하려나? 한 페이지가 너무 길면, 반 페이지라도 좋고 그보다 더 짧게 한 문장이라도 좋다!

요즈음 잠들기 전 나의 마음에 평화를 가르쳐주고 전달해주는 몇 권의 책이 있어 행복하다. 이들 책의 가르침을 통해 내 나름의 '깨달음'에 다가가는 듯해 정말 즐겁다. 이 책들은 모두 알려진 지 매우 오래되었다. 그래서 진부하게 들릴 수도 있다. 여러 불경(아함경, 법화경, 화엄경, 천수경, 관음경, 반야심경, 금강경 등), 『법구경』, 『논어』, 『도덕경』, 『맹자』 등으로 모두 해설 및 역해본들을 읽는다. 불교 가르침의 입문서(예컨대 '불교성전')들을 자주 들춰본다. 동양 및 우리나라의 철학서도 가까이 두고 있다.

젊은 시절부터 이 같은 책들을 숙독해 올바른 생활철학과 태도를 일찍 확고히 했어야 했는데 이런저런 핑계로 그러지 못해 회한에 젖곤 한다. 다행히 중학생 시절부터 '현실에 충실하자.'를 좌우명으로 삼아왔고, 지금도 이를 지키기 위해 노력하고 있다. 전문 지식인으로 살아가며 겪은 여러 경험과 선배들의 인생 후기에 귀를 기울이고 또, 선현들의 가르침으로부터 새롭게 두 개의 사자성어가 내 좌우명에 추가되었다.

처염상정(處染常淨), 진인무구(眞人無垢)

진흙 연못에서 어느 꽃보다 깨끗하고 아름답게 피어나는 연꽃(부처님)을 생각하게 하는 첫 가르침과 털어도 먼지가 나지 않는 진인(眞人)이 되라는 두 번째 가르침을 지키려 애쓰고 있다. 사람냄새 좋아하는 속인에 지나지 않는 나인지라 항시 모자람을 채우기 위해 노력하고 있다. 채우려 애쓰지 말고 모자람 자체를 사랑하라는 더 큰 가르침이 뜻하는 바를 이해하고 따르기란 더 어렵게 느껴진다.

나는 불경이 가르치는 여러 내용 중 몇몇 구절을 특히 좋아한다.

· 육바라밀(六波羅蜜): 보시(布施), 지계(持戒), 인욕(忍辱), 정진(精進), 선정(禪定), 지혜(智慧)
· 사성체(四聖諦): 고(苦), 집(集), 멸(滅), 도(道)
· 팔성도(八聖道): 정견(正見), 정사(正思), 정어(正語), 정업(正

業), 정명(正命), 정정진(正精進), 정념(正念), 정정(正定)

· 삼독(三毒): 탐(貪), 진(瞋), 치(癡)

· 사섭법(四攝法): 보시(布施), 애어(愛語), 이행(利行), 동사(同事)

· 회향(迴向), 번뇌(煩惱)와 자비(慈悲) 등이다.

불경과 『법구경』의 가르침이 마음의 평화를 준다면, 『논어』는 살아가는 지혜를 가르쳐준다. 부처가 영원한 진리의 전달자라면 공자는 참으로 다시 만나기 힘든 지성(至聖)이다. 과학자이자 교육자인 나는 『논어』의 가르침 중 다음 글귀들을 특히 소중히 새긴다.

· 본립이도생(本立而道生): 기본이 바로 서면 해결의 길이 생긴다. (유자(有子))

· 학이불사즉망, 사이불학즉태(學而不思則罔, 思而不學則殆): 배우기만 하고 스스로 사색하지 않으면 학문의 체계가 서지 않아 얻는 것이 없고, 사색만 하고 배우지 않으면 오류나 독단에 빠질 위태로움이 있다. (공자(孔子))

· 학이불염, 회인불권(學而不厭, 誨人不倦): 배움에 싫증을 내지 않으며, 남을 가르침에 지치지 않는다. (공자)

· 화이부동(和而不同): 화합하나 부화뇌동(附和雷同)하지 않는다. (공자)

· 견리사의(見利思義): 눈앞의 사사로운 이익이 보이더라도 먼저 옳은 일인지를 따져 생각하라. (공자)

『도덕경』에서는 화광동진(和光同塵), 대기만성(大器晩成), 구층지대 기어누토* 등의 가르침을 자주 되뇌인다. 이들 내용이 가르치는 바의 깊이가 너무 깊고, 행하기는 더 어려워 따를 수 있는 부분만 반복해 읽고 있다. 그렇더라도 깨달음의 희열에 젖곤 하며, 불경의 가르침으로부터 마음의 평온을 얻곤 한다.

그렇다면, '당신의 학문적 전공 분야인 화학에 관해서는 어떤 책을 가장 자주 읽느냐'고 물을 수도 있겠다. 새로운 지식을 위해서는 단행본보다는 문헌(논문)들을 조사하지만, 화학 자체를 위해서는 놀랍게도 대학교 1학년 학생들이 교재로 사용하는 『일반화학(一般化學)』을 가장 자주 펼쳐본다. 전체를 다시 보기 위함이며 바뀌어가는 일반화학 교재들을 살펴봄으로써 화학교육에서 일고 있는 변화도 알 수 있기 때문이다. 흥미로운 일은 대학교 1학년생의 화학지식이 수십년 간 나아졌다고 느껴지지는 않으나, 최신 일반화학 교재의 수준이 전보다 꽤 높아진 것은 사실이다. 현실과 이상의 괴리라고나 할까….

가끔 가까이에 있는 절, 또는 여행 중 잘 알지 못하는 절에 들러 자연을 즐기기도 하며 절만이 주는 그 아늑함과 평화로움에 젖어들곤 한다. 불상 앞에 오체투지 큰 절 후 반가부좌—요즈음 결과부좌는 너무 힘들다.—의 자세로 잠깐 명상에 빠져들기도 하고, 부처님 가르침을 되뇌이며 절집의 고요함에 젖어들기도 한다. 부처님 가르침에 다가가려고 노력할수록 그 심오함에 전율을 느낀다. 스님의

* 九層之臺 起於累土, 구 층의 높은 대도 한 줌 흙을 쌓아 올리는 데서 시작되었다는 말로 모든 일은 작은 데에서 비롯하여 큰 데에 이른다는 의미, 노자(老子).

목탁소리는 내 모든 번뇌를 하나씩 날려 보내는 듯하다.

세월의 접힘이 많아질수록 선현들의 가르침이 표현된 글귀들이 오랫동안 기억 속에 머무르지 못해 자식들, 학생 및 후배들에게 그대로 전할 수 없어 안타까움을 느낄 때가 종종 있다. 그러나 그들의 가르침의 참뜻을 더 깊게 느낄 수 있어 희열을 자주 맛본다. 이런 책들을 제대로 읽기 위해서는 집중하려는 노력이 필요하다. 어쩌면 그래서 젊은이들이 쉽게 펼치지 못하는 것은 아닐까. 나라도 더 부지런히 읽어 이들에게 전해주어야지….

'야, 오늘도 하루를 잘 지냈네.' 감사한 마음으로 하루를 마무리하면서 『반야심경』 한 페이지에 시선을 집중한다.

능제일체고(能除一切苦): 능히 일체의 고뇌를 제거한다.

진실불허(眞實不虛): 오온(五蘊; 색(色), 수(受), 상(想), 행(行), 식(識))의 고(苦)를 능히 없애면 진실로 허망함이 없는 법이니, 평화스러운 잠자리가 보장되리라.

# 고려대 교정에서<br>찾아본 나의 발자국

믿기지 않을 정도로 길었다. 43년! 그러나 나는 전혀 길었다고 느껴지지 않는다. 내 인생의 전부라고 해도 과언이 아닌 과거 43년. 나는 1974년 8월부터 고려대에 터전을 꾸렸다. 그리고는 2017년 가을, 공식적으로 재직을 끝냈다. 중간에 2~3년을 제외하면 40년 이상을 고려대에서 월급을 받았다. 그러나 지금도 명예교수, 대학평의원회 의원으로 고려대와 인연을 지속하고 있다. 우리 나이로 7살에 초등학교(당시는 국민학교)에 입학해 28살에 박사학위를 취득할 때까지 21년 간을 학생으로 학창시절을 보냈다. 그 두 배 이상을 고려대에서 보냈다. 젊은 시절, 중년, 장년을 거쳐 노년의 대부분도 이 대학에서 보냈으니 내 삶을 지배했던, 내 이력의 대부분을 차지하는 곳이 고려대학교다.

"성언이와 재언이, 할아버지가 다닌 학교 구경 갈까?"

"네. 좋아요!"

"그래. 그럼 고려대에 들르기 전에 다른 곳도 좀 가보고, 점심을 시내에서 하고 학교로 향하자. 아범도 함께 가련?"

2016년 여름이었다. 미국에서 태어나 살고 있는 큰손자와 둘째 손자가 한국에 왔다. 초등학교 3, 4학년 때 둘이 와서 우리와 두어 달 함께 지낸 적이 있었지만, 어려서 잘 기억을 못하고 있었다. 그때도 고려대 이과대학을 함께 갔었는데, 둘 다 실험실을 매우 좋아했다. 또 큰 건물이 좋았던지 이곳저곳을 뛰어다니며 함성을 지르기도 했다. 이젠 둘 다 훌쩍 커 고등학생이 되었다.

고려대 이공대에서 출발해 KU-KIST 융합대학원(R&D센터 건물), 인촌동상, 본관, 국제관, 백주년 기념관, 박물관, 대학원 본부와 지하 광장 등을 둘러보았다. 손자 녀석들의 가장 큰 관심사는 세 가지였다.

첫째는 고려대학교 국제하계대학 프로그램이었다. 현재 여름방학기간에 2000여 명이나 되는 외국 학생들이 오는 매우 성공적인 프로그램이다. 세계 명문대 교수진과 일부 고려대 교수들이 강의하며 많은 외국대학에서는 이 프로그램 수강을 학점으로 인정해주고 있다.

국제하계대학 프로그램 책자를 읽어보더니 두 놈 다 대학에 입학한 후 이 프로그램에 참여해보고 싶단다.

"물론이지, 얘들아! 할머니와 할아버지가 도와줄게."

둘째는 여기저기 있는 교내 매점과 대학 주변의 음식점과 가게들에 관심이 많았다. 미국에서는 볼 수 없는, 한국만의 진기한 풍경이다.

셋째는 몇몇 장소에 있는 자기 할아버지의 고려대 내 흔적들이었다.

"할아버지, 나 여기서 사진 찍고 싶어요!"

"저는 여기서요!"

큰놈은 내 이름이 붙어 있는 강의실 앞에서, 둘째는 내 얼굴이 새겨진 동판 앞에서 포즈를 잡는다.

'애들이 내 흔적을 이렇게 좋아하는구나!'

평소 사진 찍기를 별로 좋아하지 않던 두 손자의 반응이 의외이기도 했다.

손자들이 돌아간 후 함께 보낸 시간을 생각하니 흐뭇했다. 함께 살고 있지도 않지만 핏줄의 당김을 실감했다. 혼자서 서재에 앉아 고려대와 함께한 시간을 회상해보았다. 손자들이 좋아했던 '진정일의 흔적'을 고려대 내 어디에서 또 찾을 수 있을까? 나는 더듬기 시작했다.

고려대에서의 시작은 구 고려대 이공대학 4층 건물 3층에서였다. 3층 끝에는 비교적 큰 규모의 실험실이 있었고, 그곳은 대학원생들을 위한 실험실로 사용되고 있었다. 그러나 현재는 공대가 들어와 있고 곧 철거될 예정이다. 이후 신축건물이 들어선다고 한다. 이제는 그곳에서 내 흔적을 찾을 길은 없고, 단지 2층 실험실의 배기를 위해 설치했던 큰 PVC 파이프관이 건물 밖 벽에 삼지창처럼 옥상으로 이어져 있다. 현재는 무슨 목적으로 그냥 벽에 붙어 있는지 모르겠다. 그 옆 서관이라고 불리던 부속건물 2층에도 내 연구실이 널찍하게 있었고 '화학물성센터'라는 동판이 건물 입구 왼쪽 벽에 아직도 붙어 있다. 한국과학재단에서 지정한 센터였다. 물론 내 이름은 여기엔 없다.

이과대는 현대그룹의 지원으로 지어진 '아산 이학관'에 있다. 1층 어딘가에 내 이름을 찾을 수 있다. 다른 사람들의 이름과 함께 말이다. 2006년쯤에 수당상(1억)을 받아 화학과 발전기금으로 기증해 발전기금 기증자에 내 이름이 올라가 있다. 고려대 화학과에 기증한 첫 번째 발전기금이었다. 3층으로 올라가면 화학과 공간에 내 사진과 이름을 또 찾을 수 있다. 과회의실에 있는 정년퇴임교수들 사진에 내 사진도 섞여 있다. 또 학부생들 유기화학 실험과 무기화학 실험을 행하는 실험실 입구 왼쪽 벽에 '이 실험실은 진정일 교수의 ….' 등이 적힌 동판이 최근에 붙여졌단다. 나는 전혀 모르던 일이다. 이과대 건물 왼쪽으로 한국기초과학지원연구소 서울분소 건물이 있다. 그 건물 일층 회의실에 내 상반신 사진이 걸려 있다. 역대 소장들의 사진이다.

본교 쪽으로 가기 전, 의대 뒤쪽에 있는 고려대 R&D센터 건물 4층에 KU-KIST 융합대학원이 자리잡고 있다. 그 건물 4층에서 내 흔적을 두 곳에서나 찾아볼 수 있다. 하나는 434호 강의실 입구에서 찾을 수 있다. 강의실 입구에는 '진정일 강의실 JUNG-IL JIN LECTURE HALL'이라는 동판표지가 붙어 있다. 또 대학원 교학과 건너편 교수 연구실 입구 오른쪽에 있는 대학원 소개 게시판에 내 동판사진이 걸려 있다. 초대원장 타이틀도 보인다. 바로 여기를 두 손자가 참으로 좋아했다.

본교 쪽으로 이동해 내 흔적을 더 찾아보기로 했다. 삼성의 도움으로 지은 고려대 백주년 기념관의 '백년사 기념실'에 천연색 광고 사진이 다른 부총장 두 분과 함께 걸려 있다. 2004년 '스승을 넘어서'라는 구호와 함께 동아일보에 낸 전면광고사진이 지금도 고려대 역사의 일부로 걸려 있다. 당시 나는 대학원장이었다. 이를 본 두 손자는 '할아버지, 광고모델도 하셨네요!'라며 깔깔 웃었다.

고려대 본관 오른쪽 조금 높게 대학원 교학부와 대학원장 사무실이 있는 대학원 건물이 있다. 조그만 대학원장실에 부속실이 붙어 있다. 그 벽에 역대 대학원장의 얼굴 동판이 걸려 있다. 내 사진도 그 행렬에 있다. 사실 역대 대학원장 동판은 내가 원장으로 재임하던 시절부터 만들어졌다.

교정 꽤 많은 곳에서 내 흔적을 찾아볼 수 있다. 그러나 교정을 거닐던 내 발자국은 어디에도 존재하지 않는다. 내가 섰던 강단에서도 내 발자국은 찾을 수 없다. 나의 큰 발자국은 위에서 말한 그런 자국이 아니다. 나의 가르침을 받으며, 열심히 공부했던 제자들이 나의 참 발자국이다. 나는 그들을 너무나 사랑했고, 지금은 매우 자랑스럽게 생각한다. 고려대 캠퍼스에서 현재도 여기저기에서 만나고, 내 강의를 듣고 지도를 받았던 제자들을 볼 때 내 가슴은 벅차오른다.

고려대에 남긴 내 발자국, 세상에서 가장 값진 발자국들이다! 고려대와 우리나라가 마련해준 터에 나 혼자가 아닌 제자들과 동료들이 함께 만든 의미있는 발자국이다.

# 나는 역시 연구실에서 가장 행복한 사람

사범대학 국어교육학과의 오탁번 교수가 모처럼 점심이나 함께 하자고 전화가 왔다. 당시 오 교수는 총무처장으로 학교인사에 깊이 관여하고 있었다. 전에 후배 정봉영 교수를 통해 오 교수와 친해질 기회를 가진 바 있었다.

"진 교수님, 연구에 바쁜 일상을 보내고 계신 줄 알고 있습니다만 아시다시피 학교가 매우 힘든 지경이 되었습니다. 교무처장으로 모시고 싶으니 도와주십시오. 총장으로부터 꼭 진 교수님을 모셔오라는 지시를 받았습니다."

1989년 4월 초, 오 교수와의 오찬이 나를 대학의 보직이라는 자리에 끌어들였다.

"아니요, 저는 행정능력이 모자랄 뿐만 아니라 연구실을 떠나기 싫습니다, 오 처장님."

하긴 대학원 이학부장(현재는 부원장) 노릇을 4년이나 한 터라 학교 돌아가는 사정은 어느 정도 알고 있었다. 대학에 민주화 바람이 불어닥치고 있는데다 입시부정의 책임자는 모두 물러나야 한다면서 총장의 연임*에 반대하는 학생들의 시위가 끊이질 않고 있었다. 물론 민주화의 시류에 동참하고 있던 교수도 꽤 많았고, 반 총장 세력도 만만치 않았다. 더구나 고대 동문회 쪽에서 이 틈을 타 교내에 세력을 퍼뜨리고자 하는 그룹도 생겼었다.

인촌동상에는 밧줄이 여러 겹 목걸이처럼 목에 늘어뜨려져 있었다. 학교는 혼란의 극단으로 치닫고 있다는 느낌이었다. 교무처장 임명장을 받은 나의 어깨는 무겁기만 했다. 직전 교무처장에게 업무 인수인계를 제대로 받지 못한 채 일찌감치 본부건물에 들어섰다. 그러나 이른 아침인데도 왠지 이상한 분위기가 느껴졌다.

"처장님. 처장실이 학생들에게 점령당했습니다."

이게 무슨 날벼락같은 일인가?! 아니나 다를까. 교무처 직원들의 공간에 책상, 걸상들이 벽쪽으로 밀려 있었고, 속에 있던 처장실에는 머리띠를 두른 학생들이 서너 줄의 단을 만들고는 앉아서 구호를 외치고 있지 않은가!

내 처장 첫날은 자리 하나 없는 유랑생활로 시작되었다. 즉시 학생처장에게 전화를 걸었다.

"이 처장님. 지금 교무처장실을 학생들이 점령했으니, 애들 좀 어떻게 하든 나가게 해주십시오!"

가방을 들고 전화교환수들이 일하던 본관 뒷건물 한귀퉁이에 앉아 다른 여러 처장들에게 무슨 일이 벌어지고 있는지 알렸다. 이미

* 첫번째는 재단의 임명직이었으나 두 번째는 교수들의 직선에 의해 선임되었다.

총장은 총장실을 사용 못한 지 오래되었고, 모든 게시판과 일부 벽에는 대자보라 부르던 긴 보고 내지 고발내용의 글들이 매일 새로 붙었다.

사회 분위기도 흉흉하여 고려대, 현대그룹, 서울지하철 등 세 곳을 마비시키면 자기들 뜻을 이룩할 수 있다는 소위 운동권의 주장이 심심찮게 들리기도 했다.

고려대에 1980년 조치원 분교가 문을 열면서 '서창캠퍼스'의 발전을 둘러싼 갈등은 서창학생들과 학교당국 사이에 커지기만 했다. 더구나 1987년 6월 전국적으로 일어난 민주화운동은 각 대학교에 학내민주화운동을 몰고 왔으며, 고려대는 그 진통이 특히 강했다. 각 구성원들이 경쟁하듯 교수협의회, 총학생회, 교직원노동조합, 강사노조는 물론 조교협의회까지 결성하여 학내 여러 문제에 민주적 참여를 주장하며 나섰다. 그들의 목소리가 통일되지는 못했다. 고려대의 경우에는 총장선출제도와 부정입학문제가 불거지면서, 교우회조차 '고려대학교 민주동우회'까지 만들어 대학본부를 계속 압박하고 있었다. 참으로 교내 사정이 혼란스러웠고 끝이 보이지 않는 듯 싶었다.

새로 제정된 총장직선제에 따라 재차 당선된 총장은 3월 10일에 재단으로부터 총장임명장(연임)을 받았으나 학생들에게 총장실이 점령당해 기숙사 한쪽에 임시사무실을 차리고 있을 정도였다. 특히 조치원 캠퍼스 학생 일부가 서울에 머물고 시위하면서 강력투쟁을 이끌고 있었고 인촌동상에 밧줄을 걸어놓고 한시라도 동상을 쓰러뜨리겠다는 협박(?)을 연일하고 있었다.

처장들은 매일 저녁 모여 어떻게 고려대를 이 사태에서 벗어나게 할 수 있을지를 논했고, 필요에 따라 강구책을 제시했다. 하도 총장 배척운동이 강해 아예 총무처장은 총장의 사표를 주머니에 넣고 다니며 필요시 재단이사장에게 그 사표를 전달할 준비를 하고 있었다.

교무처장에 취임 후 나는 4월 15일 학교 분위기를 조금이라도 가라앉히기 위해 총장이 임시휴업을 공고하고 도서관과 기숙사를 닫도록 했다. 새로운 교무처장이 임명되자마자 학교문을 닫았다며 나에 대한 학생회 측의 반발도 노골화되었다. 물론 휴업결정은 교무위원회의 결정에 따른 것이었으나 처장들 사이에 합의된 건의이기도 했다.

"아범아, 근처 파출소에서 전화 왔는데 받아보렴."

아버님의 말씀이다. 반대쪽 전화선에서 들려온 목소리는

"처장님. 저는 ○○파출소 주임입니다. 아니 지금 어느 땐데 댁에서 주무십니까! 어디 호텔에라도 피신하시지요!"

"무슨 말씀이지요?"

"방금 성북경찰서에서 연락이 왔는데 오늘밤에 처장님 댁에 학생들이 최루탄을 던질 거라고 피신하시랍니다. 우리가 댁을 경호하겠습니다."

"아닙니다. 경호하시면 학생들을 더 자극할 터이니 그러지 마십시오. 저는 그냥 집에 머물겠습니다."

우리집에는 아무 일 없이 밤은 지났으나 총장댁 마당에는 학생들이 텐트까지 쳐가며 농성하고 있다는 소식이 들려왔다.

학교가 이렇게 혼란스러운 시기임에도 불구하고 문교부에서는 학사감사를 실시했다. 감사반이 수시로 교무처장을 불러 이런, 저런 질문을 해댔다. 그 어느 하나도 나와 관련이 없었으며, 전혀 알지도 못하는 내용들이었다.

“죄송합니다. 아시다시피 제가 막 처장으로 임명되어 그전 일은 전혀 모릅니다.”

나는 똑같은 답을 되풀이할 수밖에 없었다.

한편 당국에서는 고려대가 사태수습능력이 모자라는 듯하니 휴교령을 내리려 한다는 의견이 커지고 있다는 소식이 들려왔다. 그러지 않아도 휴업이 길어지면 학생들의 졸업과 학사에 큰 영향을 미칠까 걱정하고 있는데 이 무슨 날벼락같은 소린가?!

“여보세요. 교문수석이시지요. 저 고려대 교무처장 진정일 교수입니다.”

청와대 비서실로 전화를 걸었다. 옆에는 총장이 앉아 계셨다.

“예. 고생 많으십니다. 진 처장님.”

“고려대는 우리들이 어떻게든 지킬 테니 정부의 특별협조를 부탁드립니다. 휴교령 같은 극단적 조치는 고려하지 마시기를 바랍니다.”

“수고했어. 진 처장.”

“별 말씀을요, 총장님!”

교내 현직교수들 중에도 학내민주화물결에 동승하고 있던 사람들이 있었고, 일부는 도가 지나쳤다. 급기야 정경대의 한 교수는 징계위원회에 회부됐으며, 그 행정과정은 교무처장의 몫이었다. 결국 그 교수는 고려대를 떠나야 했다. 교수징계는 고려대 설립 이후 처음 있는 일이었다.

“저도 그 사람 징계를 몇 번 생각했었습니다.” 전 처장의 말이다.

“원리원칙을 중시하는 자연계 교수가 처장직을 맡으니 역시 해야 할 일을 해내시는군요!"

이런 찬사(?)가 전혀 달게 느껴지지 않았다.

드디어 총장이 사퇴하고 총장서리가 임명되었다.

"동료교수를 징계까지 하고 어떻게 제가 교무처장직을 계속 맡을 수 있겠습니까?"

물론 내가 파면시킨 것은 아니며 대학징계위원회와 재단징계위원회의 절차에 따른 징계였다.

강력히 말리는 총장서리를 물리치며 나는 4개월 간 차지했던 교무처장 자리를 사직했다. 며칠간 신문 첫면에 사표제출 기사가 나왔고, 친지들의 걱정스러운 전갈들이 왔다. 그들 중 일부는 내가 교수자리는 계속 유지한다는 점을 몰랐던 듯싶다. 한참 후에 문교부로부터 '감사에 무성의했다.'며 경고장인가를 받았고, 몇 년 후에는 징계파면된 교수의 소송으로 법정에 참고인으로 출두까지 해야 했다.

연구실에 나타난 나를 보고 대학원생들이 어찌나 좋아하던지 그 광경이 눈에 선하다. 나는 역시 연구실에서 가장 행복했다. 대학이 대학답지 않던 시절의 짧은, 그러나 잊지 못할 경험은 고려대에 대한 내 애착심을 더욱 단단하게 해주었다. 그러기에 이 글을 더더욱 남기고 싶은지도 모르겠다. 하기야 고려대 100년의 긴 역사 속에서 겨우 넉 달 동안 일어난 일이기에 쉽게 잊혀질 수 있는 짧은 얘깃거리일 수도 있겠다. 고려대가 건강하게, 세계에 우뚝 선 대학으로 성장하기를 기도한다.

# 2부

# 가르침의 의미

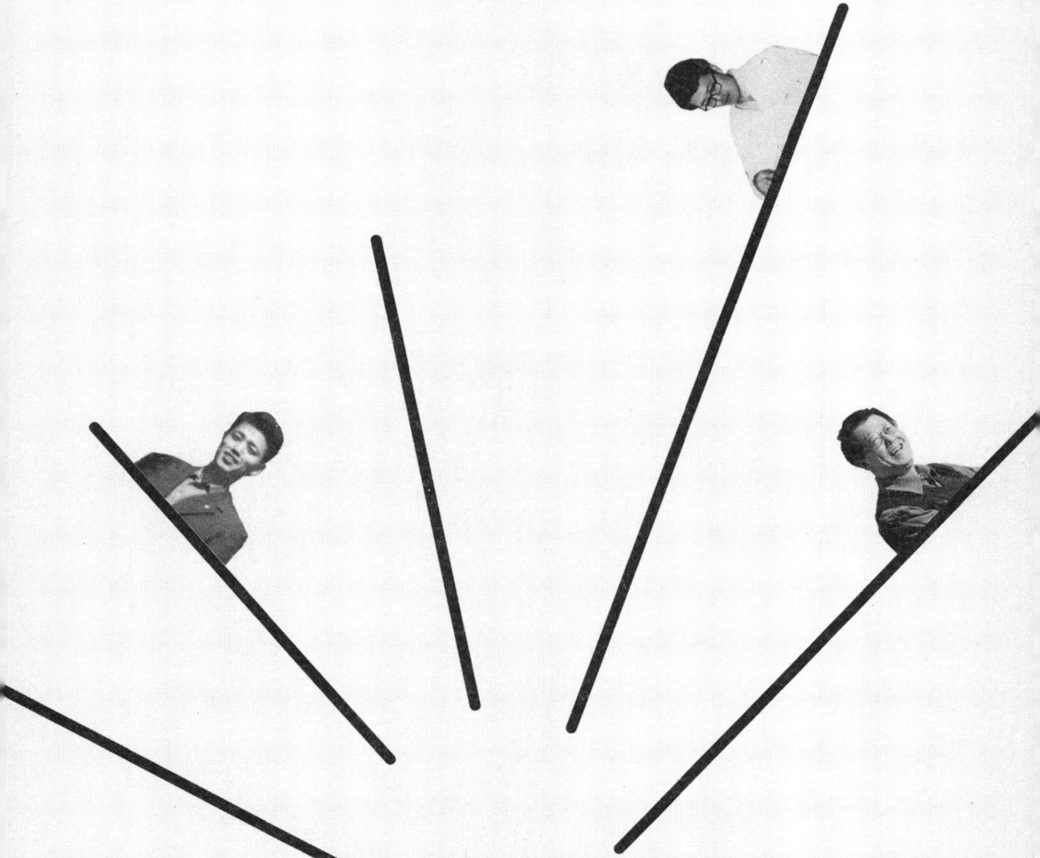

1 실험실에서 반응 생성물을 보고 있는 저자. 미국 매사추세츠대에서. 1979년.

2 1974년 노벨화학상을 받은 폴 플로리 교수와 함께. 미국 뉴햄프셔주의 콜비소이어 칼리지에서. 1982년경.

**3** 석사학위를 받은 제자들과 함께 고려대 연구실험실에서. 1992년 2월.

**4** 고고회 신년 하례식에서 제자들이 주는 선물을 받으며. 유성 홍인관광호텔에서. 1995년 1월 14일.

5 연구실 대학원생들 및 외국인 연구원들과 함께 고려대 아산이학관 앞에서. 2001년 11월 26일.

6 제자들이 준비한 고고회 신년하례식 후, 노래자랑에 참여. 1990년경.

**7** 제자들의 신년세배 후 저자의 집 앞에서. 1987년 1월 초.

**8** 신년세배를 온 제자들과 함께 저자의 집 응접실에서. 2005년 1월 15일.

**9** 제주 ICC에서 열린 IUPAC 임원회의. 채영복 전 과기부 장관 내외와 함께. 2008년 10월 20일.

**10** 프랑스 파리 UNESCO 본부에서 나노과학 분야 유네스코 메달을 받는 모습. 이리나 보코바 총재와 함께. 2016년 10월 11일.

**11** 유네스코 메달 수상 후 고려대 교정에서.

# 유기화학만큼은 제대로 배웠지요, 교수님

"교수님 반갑습니다. 실은 의예과 시절 교수님의 유기화학 강의를 들었습니다."

"반갑소, 백 교수. 그러나 너무 고생을 시켜서 죄송하구먼…."

"웬걸요. 유기화학은 정말 교수님 덕분에 제대로 배웠지요. 학점도 A+를 주셨습니다."

"지나고 보니 모두들 우수한 학생들이었지만, 백 박사는 특별히 우수했군요!"

현재 고려대 의대 교수로 있는 후배교수와의 대화 일부다.

그렇다. 계단식 중강당에서 100명이 넘는 의예과 학생들에게 강의하기란 그리 쉽지 않았다. 더구나 기회만 있으면 강의를 빼먹거나 휴강을 원하는 그들을 붙들고 가르치기란 그리 만만치 않았다.

"여러분 반갑습니다. 유기화학을 앞으로 한 학기 또는 일 년 간 두 학기에 걸쳐 함께 공부할 화학과의 진정일 교수입니다. 오늘은 그 첫 시간으로 유기화학이 어떤 화학 분야이며 왜 의예과에서 유기화학을 공부해야 하는지, 또 강의계획은 어떤지, 한 학기에 시험은 몇 번이나 보며 시험범위는 어떠한지와 여러분이 가장 궁금히 여기는 학점은 어떤 기준으로 나가는지 등등을 얘기한 후, 교재순서에 따라 강의를 진행하겠습니다. 모두 교재들은 이미 준비했겠지요?"

인사말을 끝내고 이제 본격적으로 강의를 시작하려는데 학생들의 분위기가 어수선해졌다. 인사말정도로 첫 시간을 끝낼 것이라 생각했던 기대가 무너지면서 일부 학생들의 동요가 있었다.

"괜찮습니다. 교재가 준비 안 되었어도 오늘은 제 강의만 잘 들으면 됩니다. 제 강의는 교과서 위주로 진행하니 다음 시간부터는 모두 교재를 준비해 오길 바랍니다."

물론 50분을 꽉 채우고 강의실을 나왔다. 뒷전으로 들리는 학생들의 겁먹은 불평을 들은 체도 하지 않고 나는 연구실로 향했다.

나는 강의에 매우 철저했고, 강의실을 완전히 장악하며 강의를 진행하길 원했으며, 그렇게 했다고 믿는다. 매시간 무작위로 학생들을 지명해 지난 시간 또는 전에 배운 내용 및 오늘 공부할 내용에 관해 질문했고, 답을 못하면 꾸지람을 주었다. 이런 Q&A 시간은 보통 10여 분 계속되었다. 후에 여러 번 들은 얘기지만 학생들은 이 시간에 가장 긴장했다고 말했다. 강의 중에도 학생들에게 질문을 던지곤 했다.

고분자화학 강의를 4학년생들 대다수는 들으려 했다. 특히 졸업 후 회사에 취업을 원하는 학생들은 이 과목의 중요성을 취업한 선배들에게서 종종 들었다고 했다. 수업시간의 Q&A를 통해 학생들이 지난 3년간 익힌 화학지식을 정리하는 기회가 되도록 이끌었다. 고분자화학의 내용이 다분히 융합적이며 물리화학, 분석화학, 유기화학, 무기화학과 생화학은 물론 고분자물 가공을 공부할 때는 엔지니어링 과학의 기초부분도 소개해야 했기 때문에 내 질문은 종횡무진(?)했다고 해도 과언이 아니었다. 학생들은 이를 놀랍게 받아들였고, 조금은 경이로운 눈으로 나를 보는 듯했다. 내 교육배경과 경력을 모르는 학생들이기에 더욱 그러했다고 믿는다. 서울대 화학과를 졸업하면서 유기화학과 분석화학을 저울질하다가 결국 유기화학 전공을 택했다. 그 분야를 나는 고등학교 시절부터 좋아했으나 대학시절 유기화학 교육이 마음에 들지 않았고, 대조적으로 분석화학 교육은 돋보였으며 이에 매력을 느꼈다.

유기합성 관련 석사학위 연구를 하면서 유기합성 화학자의 생애를 꿈꾸었으나 결국 고분자 화학자가 되었기에 물리화학 등 폭넓게 공부할 수밖에 없었다. 더구나 고려대에 부임해서는 생화학까지 몇 년 간 강의했기에 내 화학적 지식의 넓이는 누구보다 넓었던 듯 싶다.

그에 덧붙여 강의 중 교과서 밖 얘깃거리를 학생들에게 많이 들려주었다. 더구나 미국에 있을 때 기업체 연구소에서 5년이나 일했고, 귀국해서도 계속 기업자문을 했기 때문에 현장 관련 얘기들도 강의내용과 함께 풀어낼 수 있었다.

모든 강의는 철저히 준비하고자 노력했으며 학생들이 그 점을 고맙게 생각해주길 바랐고, 조금이라도 더 많은 지식과 사고력을 나에게서 얻어가길 바랐다. 조금은 내 바람에 못 미치는 학생들이라 생각했지만 세월이 지날수록 그들이 얼마나 우수한지 점점 고마운 생각이 짙어갔다. 그러나 일부는 내가 우수한 학생들 위주로 강의한다는 불평을 털어놓기도 해, 될 수 있는 한 엄한 가운데도 친절히 설명해주려 노력했다.

내 강의 스타일에는 몇 가지 특징이 있었다.

1. 늦게 강의실에 들어서는 학생들은 크게 꾸지람을 듣거나 아예 강의실에서 쫓겨났다.

닫혀 있는 강의실 문을 열면서 늦게 들어오는 학생은 아무리 조심스럽게 발을 들여놓아도 강의실 전체 학생들의 눈길을 끌기 마련이고 따라서 내 강의에 방해를 주었다.

"이 봐! 자네가 얼마나 많은 시간을 잃게 했는지 아나? 자네가 내 강의를 30초 동안 방해했다면 '30초×100명'이면 50분이나 되는 시간이네. 이 얼마나 아까운가? 앞으로 절대 늦지 말든지, 늦을테면 강의실에 들어오지 말게!"

2. 50분을 종종 넘겼다. 잊지 못할, 좀 어이없는 내 태도에 나조차 빙긋 웃던 일이 몇 번 있었다.

"교수님 50분이 넘었습니다. 강의를 끝내주셔야 다음 강의실로 이동이 가능합니다."

"무슨 소리야, 이제 45분인데!"

내 시계가 50분을 가리킬 때까지 내 강의는 계속되었다. 강의가 끝난 후 그 학생이 나에게 조용히 다가와서는

"교수님 시계가 조금 느린 듯합니다."

"야, 내가 내 시계를 보면서 살지, 너에게 시간을 물어보면서 살라는 말이냐? 건방진 놈."

"….." 일그러진 얼굴을 한 그 학생은 얼굴을 붉히며 지나갔다.

3. 한 학기에 4번 시험을 치르게 했으며, 시험범위는 계속 쌓여갔다. 따라서 1학기 마지막 기말고사는 1학기에 배운 교과서 500여 페이지(유기화학)가 시험범위였다.

4. 2학기 초에는 첫 학기에 배운 범위의 1차 시험을 치렀다. 지난 학기 수강하지 않은 학생은 두 달 내에 별도로 공부하여 시험을 보게 했다.

5. 두 번째 학기 말에는 지난 두 학기(일 년) 동안 배운 범위(유기화학 교재 천여 페이지)가 시험범위가 된다.

6. 아마도 가장 궁금하게 여길 내용은 학점을 어떻게 주었는가일 것이다. 반학생들에게 조금씩의 차이가 있어 절대평가로 A, B, C, D, F를 주기에는 어려운 점이 있었다. 학교정책으로 비율적 상대평가가 존재했고 가이드라인이 있어 그에 따라 학생들에게 학점을 주었다. 그러나 4번의 시험점수 합계가 60점 또는 70점 이하인 학생에게는 F학점을 주었다. 마음속에는 100점이 커트라인으로 자리잡고 있었으나 이를 지키기는 그리 쉽지 않았다. 어쨌든 내 수업에서 A나 A+를 받은 학생들은 매우 자랑스럽게 여기는 듯했다. 실제로 그럴만했다.

나는 지금도 학생들은 공부를 열심히 하고 또 잘해야 한다고 믿는다. 강의실에서 배운 지식도 중요하지만 그 지식이 '산 지식'이 되기를 바랐고, 그보다 성실한 태도, 지식 습득 요령, 과학지식의 합리성과 그 발견 및 발명들에 이르는 방법과 길 등을 배우고 익혀 후에 합리적 사고방식이 그들의 생활양식을 지배하길 바랐다.

가장 아쉬웠던 점은 가르칠 양이 방대했고 수강생들도 지나치게 많아 토론식 강의가 이루어지지 못했다는 점이다. 더구나 우리 학생들은 토론을 피하려는 태도를 보여주곤 했다. 그러나,

"교수님, 감사합니다. 정말 많이 배웠습니다."

이 한마디가 지난 학기 힘들었던 시간을 잊게 해주었다. 앞에서 언급한 백 교수도 그런 과정을 거친 의예과 학생 중 한 명이었다.

"야, 듣던 대로 진 교수 강의는 정말 명강의네!"

뒤통수로 들리는 이 말 한마디가 힘들었던 강의의 피로감을 깨끗이 씻어주곤 했다. 아이들의 칭찬이었지만….

# 오늘도
# 발표장에서 계속
# 질문하셨어요?

"아이고, 발표장에 다녀오시는군요. 또 맨 앞자리에서 얼마나 힘든 질문을 많이 하셨습니까?"

1997년 내가 한국고분자학회장을 역임할 때 전무이사를 맡아 실질적으로 학회를 이끌어 갔던 안 박사가 칭찬인지 아니면 이제는 그런 일을 그만하라는 힐난인지 모를 말을 뱉어냈다.

"얼마나 다행인지! 고대 진정일 교수가 발표장에 안 계시더라고!"

안도하며 떠벌이던 한 발표자의 탄성에 가까운 즐거운 멘트가 들려오곤 했다.

내가 발표자에게 하는 질문은 대략 3가지 유형이었다.

첫째는 내가 잘 모르는 내용이거나 실험방법에 대한 질문이고, 둘째는 연구방향과 방법에 동의하지 않는 내용에 대한 질문이었다. 마지막으로는 발표자를 칭찬하기 위한 말 걸기 등이 있다.

1974년 8월 미국에서 귀국했으므로, 유학을 떠난 지 만 8년 만에 다시 한국에 발을 들여놓은 셈이었다. 박사학위를 1969년 6월에 취득했으므로 어느 정도 경험을 지닌 젊은 과학자였다. 따라서 호기심도 많았고, 또 한편으로는 수준 낮은 국내 연구내용에 매우 비판적인 생각을 갖고 있었다. 따라서 주로 다니던 대한화학회(1946년 창립)와 한국고분자학회(1976년 창립) 춘·추계 학술발표대회에서 내 질문은 매우 날카로웠고, 종종 발표자들의 지도교수들의 얼굴까지도 붉히게 만들곤 했다.

한번은 발표장 내 옆자리에 서울 모 대학 정(가명) 교수가 앉아 있었다. 성품이 부드럽고 비슷한 나이대였던 정 교수와는 원만한 친교를 맺고 있었다. 정 교수가 지도한 석사과정 학생이 발표를 시작했고, 나는 학생이 행한 실험에서 근본적으로 잘못된 점을 발견하고는 다음과 같이 오류를 지적했다.

"데이터 분석에 사용한 식은 미분식으로 중합 전환도(conversion)가 5% 이하에서나 사용가능하며, 그 이상에서는 적분식을 사용해야 합니다. 발표자의 경우에는 후자에 해당하는데도 미분식을 사용한 것은 잘못된 해석입니다. 다시 검토하시길 바랍니다."

발표자는 매우 당황해했고, 바로 옆에 앉아 있던 정 교수의 표정도 일그러져 있었다.

"죄송합니다, 정 교수. 학생이 옳게 공부하라는 질책이었습니다."

그 후 얼마가 지나서 지방대에서 교편을 잡고 있는 한 제자가 나에게 말했다.

"선생님, 정 교수에게 무슨 개인적인 불만이 있으신가요?"

"왜?"

"지난번 학회에서 정 교수 학생의 발표에 일침을 가하셨다면서요? 정 교수가 많이 신경쓰시는 눈치던데요."

"무슨…. 그 학생의 연구에 대한 평이었지."

단지 국내학회에서만의 일이 아니다. 국제회의나 국내에 찾아온 외국 과학자들의 발표에서도 나는 종종 질문을 던졌고 논쟁도 불사했다.

많이 나아졌지만, 아직도 우리나라의 학술발표장은 싱겁기 짝이 없다. 질문이 없거나 발표자 기분을 좋게 하는 예우적 질문정도만 하는 경우가 십중팔구다. 비싼 돈을 주고 초청한 노벨상 수상자를 포함해 저명한 과학자들의 발표에서는 더욱 그렇다. 평소에는 하고 싶은 질문이 그리 많을텐데 말이다.

요즈음은 박사과정 상급생과 신진 과학자들의 영어발표 프로그램이 종종 있어, 이러한 행사장에 앉아 발표를 즐겨 듣곤 한다. 외국 국적 학생들도 심심찮게 발표자로 나선다. 영어표현능력에 어느 정도 자신있는 연구자들이 발표에 나서겠지만, 파워포인트 슬라이드를 잘 준비해와 그 내용을 단순히 읽어 내려가는 수준의 발표자도 꽤 있다. 과학내용도 아직 마스터하지 못하고 있을 뿐 아니라 영어도 서투른 이들에게 영어로 질문하고, 영어로 답을 듣고, 또 영어로 토론하기란 그리 쉽지 않다는 것을 잘 안다. 그러나 이들이 국제무대에서 활동할 우리나라의 미래 재목들이기 때문에 그들에게 각별히 신경이 쓰이는 것은 당연하다. 그러니 자연스레 그들의 발표장에 발을 들여놓아 그들을 긴장시킨다.

요즈음에는 내가 누군지 모르는 발표자가 많아지고 있어—나와 40~50살 차이가 난다!—으레 "I am Prof. Jung-Il Jin of Korea

University."라고 내 소개를 한 후 질문 또는 논평을 한다. 가장 공통적인 반응은 그들의 당황스러움이다. 내 얼굴을 모르더라도 내 이름을 들어본 경우가 많았을 것이고, 또 70대 중반의 노교수가 발표장에서 젊은 과학도들과 논의를 시도하려 한다는 점에 깜짝 놀랐으리라 생각한다. 특히 한국에서는 흔치 않은 경험이기 때문이다. 서구에서는 학술발표장에서 노과학자들 간에도 치열한 토론이 펼쳐지곤 한다. 이러한 모습과는 너무나 대조적이다. 중국, 일본 등 다른 아시아 국가들에서도 우리나라와 유사한 분위기다. 수없이 많은 나라를 방문하고 강연 또는 발표를 할 때 겪는 경험에 따르면 나라에 따라 많은 차이가 존재한다.

토론이 격려되지 않는 유교적 전통과 많이 알수록 입 열기를 자중해야 한다는 것이 우리의 문화적 특성인지라 어쩔 수 없다고 할 수도 있겠다. 그러나 나는 중요한 무언가가 빠진 듯한 허전함을 느낀다. 특히 아직도 학생의 신분으로 연구결과를 발표할 때 종종 그렇게 느낀다.

'아니, 지도교수가 사전에 한 번이라도 들어보고 시정할 사항을 말해주지 않은 걸까? 어찌 저렇게 잘못 발표를 하는 거지?' 하며 지도교수의 무성의를 탓하게 된다. 반면에 지금은 전에 비해 선배급 교수들과 연구원들이 발표장에 많이 참가해 분위기를 열띠게 만드는 경우도 종종 있다. 바람직한 방향으로의 변화라고 생각한다.

과학자들에게 필요한 태도 중 '철저함'과 '신뢰성'을 가장 높게 꼽고 싶다. 기본 바탕이 덜 준비된 상태에서 미사여구를 아무리 잘 빌려온들, 또 PPT 슬라이드를 화려하게 꾸며온들, 발표내용의 진가가 높아질 리 없다. 소위 말하는 겉멋에 빠지지 말고 기본에 충실한,

경건한 진리탐구의 태도를 우리나라 젊은 과학도들이 하루 빨리 갖추길 바란다.

또 발표시 청중이 어느 수준이며, 그들이 어떤 정보를 얻길 원하는지 미리 철저히 헤아려야 한다. 최근에 중·고등학생들을 상대로 미래사회의 직업진로에 관한 강연 요청을 자주 받는다. 그럴 때마다 나는 종종 내가 준비한 파워포인트 슬라이드를 중학교 3학년인 손자에게 보여주며 논평을 받는다.

"할아버지, 지금 이대로는 애들이 별로 재미없어 할 걸요. 비슷한 얘기들을 이미 많이 들었거든요."

기껏 힘들게 PPT 슬라이드로 준비한 내용을 전부 뜯어고치느라 강연내용 전체를 재검토할 수밖에 없었다. 한 번의 강연을 위해 한 달씩 준비하는 경우도 비일비재하다. 초등학교 4학년 손녀의 반을 위한 강의준비는 더 어려웠다. 슬라이드를 손녀에게 보내 검토를 부탁했다. 자신이 잘 모르는 표현과 술어를 10여 개나 지적해주었다. 물론 이를 바탕으로 정성스레 손질을 했고 내 강의는 성공적이었다. 강의가 끝나고 며칠 후, 손녀는 반 아이들 30명과 담임선생님이 준비한 쪽지를 가져왔다. 강연이 재밌었고 유익했다는 감사의 편지들이었다.

한번은 한 노벨상 수상자와 서울에서 함께 저녁을 하는데, "진 교수님, 내일 내 발표에 이런 내용을 포함시키려 하는 데 어떻게 생각하십니까?" 하는 물음과 함께 그는 자신의 강의계획을 나에게 비교적 자세히 설명했다. 노벨상 수상자로 전 세계 수많은 곳을 다니며 강연을 했을 텐데 아직도 이렇게 세세한 내용까지 신경을 쓰며 준비하는 그의 태도에 의아했으면서도 감탄할 수밖에 없었다.

1994년 여름으로 기억한다. 미국 오하이오주 아크론(Akron)대학교에서 IUPAC MACRO 국제고분자학술대회가 열리기 전날 오후였다. 코넬대학교의 오버(Christopher Ober) 교수와 호텔 바에서 맥주를 마시며 환담을 나누고 있었는데, 불쑥 독일 마인츠(Mainz)대학의 링스도르프(Helmut Ringsdorf) 교수가 여행가방을 끌며 바에 들어와 두리번거리더니 우리 옆자리에 앉았다. 서로 잘 알기에 간단히 인사를 나누고 말을 건네기 시작했다. 명강의로 유명한 링스도르프 교수는 서둘러 냅킨에 이런저런 글과 그림을 그리며 물었다.

"내일 제가 첫 기조강연을 해야 하는데, 어떻게 내용을 꾸릴까 생각하다가 이런 내용을 이렇게 설명할까 하는데, 두 분은 제 계획에 대해 어떻게 생각하십니까?"

"아니, 당신도 그런 걸 걱정하십니까?"

"우선 진토닉을 주문하고 얘기를 계속합시다."

소위 세계적 대가들에게서 이런 태도를 여러 번 보았으며 그럴 때마다 그들의 진지한 학문적 태도에 감명을 받았다. 또한 나 역시 그들과 같은 태도를 지녀야 하겠다고 다짐하곤 했다.

많은 사람들이 우리 사회의 문제점으로 토론문화의 결여를 꼽는다. 그들의 지적이 항상 옳지는 않으나 공감 가는 점이 많다. 우리는 토론이 올바른 답에 도달하기 위한 과정으로 이해하지 않고, 주로 상대방을 비판·비방하는 수단으로 이해하고 있다는 점이 가장 안타깝다. 건전한 토론문화가 우리 사회에 속히 확산되길 바란다.

# 헌신적 지도
## — 대학원생들과의 추억

교수에게는 세 가지 책임이 있다고 한다. 흔히 그 세 가지는 교육, 연구, 사회봉사를 말한다. 말은 쉽지만 이 책임들을 고루 충실히 수행하려면 꽤 많은 노력이 필요하다. 지금은 특히 젊은 교수들이 연구에 역점을 두고 있지만, 우리 세대가 대학교수가 되었을 당시만 해도 극히 소수만을 제외하고는 연구는 뒷전이었다. 형식적으로는 승진을 위해 학술논문을 발표해야 했지만 매우 열악한 연구여건과 소수의 석사과정 대학원생과 거의 없는 연구비 지원으로 할 수 있는 연구는 매우 제한적이었다. 돌이켜보면 1980년대부터 연구여건이 조금씩 나아지기 시작했고, 2000년에 들어서면서부터는 제법 의미있는 연구에도 손을 댈 수 있게 되었다. 그러나 나에게 2000년은 정년 7년 전이었으니, 평생 허덕이며 어렵게 연구를 할 수밖에 없었다. 교수시절에는 오히려 대학원생들 지도에 매달린 셈이다. 교수채용을 극히 꺼리던 사립대학교에서 근무하다보니 학부생들

강의도 꽤 큰 부담이었다. 강의실 환경과 여건도 매우 후진적이었다. 200여 명의 학생을 중강당에 몰아넣고 유리창을 암막으로 모두 가리고 트랜스퍼런시를 사용해 강의를 진행하면 나는 물론이고 모든 학생들이 땀범벅이 되었다. 당시 여름 강의는 나와 학생들에게 고통 그 자체였다.

이런 여건에서도 1975년 봄학기 때부터 내 연구실에서 석사과정을 밟겠다는 지망생들이 찾아오기 시작했다. 과 전체 사정을 감안해 한 학기에 두 명까지만 받아들이기로 했다. 첫 두 제자는 고려대 출신의 변희섭과 부산대 출신 박유미 군이었다. 연탄난로를 때야 하는 겨울철에는 실험 후 유리기구를 어떻게 닦아야 할지 막막했다. 더운물이 실험실에 나올리 없었기 때문이다. 연탄난로 위에서 커다란 세숫대야에 물을 데워 사용하기로 했다. 그 고생과 번거로움은 말로 표현하기 어려운 실정이었다.

그러나, 대학원생들과의 생활은 매우 즐거웠다. 그렇게나 하고 싶던 연구에 손을 댈 수 있다는 기쁨에 비교적 느린 진전을 감내하면서도 교수의 보람을 느끼게 되었다. 석사생들의 지도를 어렵게 한 일은 열악한 연구환경뿐이 아니었다. 학부에서 기본적인 실험테크닉을 배워왔어야 했을 이들이었건만 실은 그렇지 못했다. 용매를 건조시키기, 증류법으로 정제하기 등 기본적인 조작도 낯설어해 매우 놀랐다. 자기들 연구에 관련된 문헌을 찾는 일에도 서툴렀다. 결국 나는 이런 기초적인 준비작업들을 직접 가르쳐야 했다, 아예 관련 문헌 일부를 내가 찾은 후 복사해 공급하기도 했다.

교과서 지식들은 꽤 지니고 있었으나, 실험실에서 연구를 행하는 데에 유용한 지식으로는 적립되어 있지 않았다. 학부실험교육의 문제점이 고스란히 상급교육에 떠맡겨지는 지경이었다. 실험실에서의 안전불감증도 나를 매우 불안하게 하였다. 이런 상황이 모두 합쳐지니 자연스럽게 나는 신경질적인 잔소리꾼이 되어갔다. 시간 약속도 잘 지키지 않아 나의 짜증은 더욱 늘어갔다.

'할 수 없다. 친절하고 다정한 선생이기보다 엄격하고 철저한 지도교수가 되자!'

내 성격이 원래 까다롭고 게으름을 못 참는 터였기 때문에—고달픈 삶이 이런 성격을 증폭시킨 면도 있었다고 생각한다.—차차 나는 교내에서 매우 '무서운' 교수가 되어가고 있었다. 이런 나의 태도는 학교 밖 생활에도 전파되는 듯했다. 학술발표에서도 발표자의 신분은 아랑곳하지 않고 무서운(?) 질문을 서슴지 않고 퍼붓곤 했다.

대학원생들의 숫자가 빠른 속도로 늘어갔다. 박사과정생들은 보통 4~5년을 보내야 박사학위 논문을 어느 수준까지 해낼 수 있었기 때문에 나와 함께하는 시간이 자연히 길어졌고, 따라서 비좁은 실험실에는 늘 대학원생들이 붐볐다. 그럴수록 나는 더 바빠졌다. 그들의 연구지도에 더 많은 시간을 보내야 했기 때문이다. 그러나 지금도 그렇지만 한 가지 기본적인 질문이 계속 나를 괴롭혔다.

'학생들이 스스로 답을 찾을 수 있게 교육해야 그들의 창의력도 커진다. 옳다! 그렇다면 얼마 정도까지 내가 직접 가르쳐야 하는 걸까?'

'어떻게 교육해야 스스로 답을 찾게 할 수 있을까?'

더구나 석사학위 학생들은 2년 내에 연구를 종결해야 하는 시간적 제약이 있다. 강의를 들어 필수 학점도 따야 했고, 학부 일반화학 실험 등의 수업 조교(teaching assistant)의 책임도 수행해야 하는 추가적인 짐을 짊어지고 있었다. 가정사정이 여의치 않은 학생들은 일주일에 2일 정도는 저녁시간을 가정교사 일에 빼앗겨야 했으니 매일 밤잠 잘 시간이 부족한 처지였다. 그러나 나는 이런 사정을 모른 척했다. 인간의 능력에는 한계가 없을 뿐 아니라 학문의 길을 가는 사람들에게 게으름을 불러올 따사로움은 필요없다는 생각에서였다. 물론 속히 연구결과를 보고 싶은 나의 조급함 또한 그런 생각을 더욱 굳게 만들었다. 이런 연유로 따뜻한 아침인사는 거의 건네지 못했다.

"어제 저녁 때 하던 반응 잘 진행되었니?"

"밤새 결정이 생겼니?"

"생성물 구조가 맞던?"

밤새 새로운 연구결과를 묻는 질문이 아침인사를 대신했다. 꽤 기다리던, 좋은 연구결과를 듣는 날에는 내 기분이야 물론 좋았고, 그날 저녁은 대학원생들을 끌고 저녁식사뿐만 아니라 통닭, 생맥주집도 들르곤 했다. 초기에는 연탄불에 염통, 허파 등 부속고기를 구워주는 집에서 소주를 함께 마시는 정도로 만족해야 했다.

졸업생 수가 늘고, 내 연구실 책꽂이에 제자들의 석 · 박사 논문들이 채워질수록 마음 한구석에는 오히려 허전한 느낌이 더 커져만 갔다.

"교수님, 대단하시군요. 벌써 이렇게나 많은 석 · 박사 제자들을 배출하셨군요!"

"고맙습니다. 해가 지나면서 숫자는 늘어가는데 연구의 수준과 질은 제자리를 걷고 있으니 어쩝니까?"

"아이, 별 말씀을요. 진 교수님이 그런 말씀을 하시면 우리들은 어쩌고요. 이미 국내는 물론 국제무대에서도 진 교수님 모르는 사람들이 별로 없을 텐데요….”

“아이, 별 말씀을요!”

그렇다. 소위 논문 숫자는 비교적 빠른 속도로 늘어나는데, 창의성에서 보면 처음이나 지금이나 크게 달라진 점이 보이지 않았다.

‘이게 지도의 책임을 지고 있는 내 능력의 한계 때문인가, 아니면 학생들의 열성과 질의 문제일까?’

이런 질문을 교단을 떠난 지 10년이 지난 지금도 자주 던지곤 한다.

‘어떤 사람들이 창의적인 사람들일까? 그런 사람들은 어떤 점에서 다를까?’

‘창의력을 키울 수 있는 방법에는 무엇이 있을까? 학생들에게 어떻게 하면 과학적 발견을 이룰 수 있는지 가르칠 수 있을까?’

데니스 셰커지안(Denise Shekerjian)의 『비상한 천재들』(Uncommon Genius)과 로버트 루트-번스타인(Robert Root-Bernstein)의 『발견하기』(Discovering: Inventing Solving Problems at the Frontiers of Scientific Knowledge:우리나라에서는 『과학자의 생각법』으로 번역되었다.) 등의 책이 창의성과 천재성에 관련된 것들을 가르쳐주고 있으나 모든 사람에게 일반화하기는 어렵다. 그러나 나의 경험과 다른 사람들의 가르침이 말해주는 한 가지는 분명하다.

“전혀 무관한 것 같은 두 사실 또는 변수 간의 상관관계를 발견하라!”

아인슈타인의 질량과 에너지 사이의 관계($E=mc^2$), 드브로이의 입자와 파동의 이중성이 대표적인 예이며, 누군가는 옥수수 튀김과

치즈의 조합, 땅콩과 꿀, 들러붙지 않는 철제의 테플론 코팅 등을 창조성의 예로 들었다. 그런 면에서 우리의 김치는 물론 치맥 조합도 창조적 아이디어에 들겠다. 나는 김치를 '융합적 기술'에 있어 최고의 제품으로 친다. 융합적 사고력이야말로 창조에 이르는 최첩경의 길이 아닐까?

'학생들이 좀 더 창의적이 되려면 어떻게 가르쳐야 하나?'

'나는 어떻게 좀 더 창조적 인간이 될 수 있을까?'

오늘도 나는 이 오래된 질문 때문에 고민하고 있다.

# 통닭과 얽힌 몇 가지 추억

이 이야기는 제자들과 함께 집필한 『과학자는 이렇게 태어난다』에 심홍구 박사가 쓴 글 때문에 이제는 널리 알려진 에피소드다.

"선생님, 실험실에 아무도 없네요."

"뭐! 나쁜 놈들. 아니 벌써 실험실에 아무도 없단 말야?"

기대가 완전히 꺾여버린 상황에 나는 화가 버럭 났다.

'이럴 수가…. 이런 놈들을 위해서 통닭을 사왔단 말인가!'

나는 가끔 학교 밖에서 저녁식사를 하고 연구실에 돌아올 때, 늦게까지 실험실에서 고생하는 대학원생들이 안쓰러워 통닭구이를 한두 마리씩 사들고 오곤 했다.

"애들아, 고생이 많다. 이리 와서 통닭 먹으렴."

그러나 심 박사와 실험실에 돌아온 그날은 다른 날보다 조금 늦었던 모양이다. 모두들 배가 고파 늦은 저녁을 하러 나갔으려니 했으나, 덜렁덜렁 들고 온 내 성의(?)가 무참히 무시당하는 느낌이었다. 나는 통닭보따리를 실험실 바닥에 내동댕이치고는 나와버렸다.

"홍구야, 그 통닭 그대로 두거라. 이놈들이 실험실에 들어와 그 꼴을 보고 좀 놀래야 돼! 괘씸한 놈들!"

나는 지금까지도 누가 그 통닭을 먹었는지 모른다. 우리 실험실을 들른 다른 연구실 학생들의 몫이 되었는지도 모를 일이다.

70년대는 연구지원비도 거의 없었고, 있었다손 치더라도 회식비가 공식적으로 인정되지 않아 흔히 연구회의비로 책정된 조금의 예산과 가끔 생기는 산업체 자문료를 합쳐 고생하는 대학원생들과 저녁도 먹고, 가끔 소주나 생맥주로 흥을 돋우던 그런 시절이었다.

"선생님, 그 시절이 참 좋았어요!"

"자네가 박사과정 밟을 때인 1990년대 후반에서 2000년대는 비교적 풍요로운 시절이었지. 우수센터(SRC)를 통한 연구비 지원, 기업체의 후원, 회식비의 공식 인정 등으로 앞선 선배들보다 배는 훨씬 덜 고팠지."

내 밑에 연구교수로 있는 권 박사와 최근에 나눈 얘기다.

"자네가 회사 가기 전 석사과정시절만 해도 참 궁했었어…. 먹을 것이 모자라 고생하는 학생들에게 학문의 길이 얼마나 험난한지 강조할 수가 없더라, 권 박사."

"지금 학생들은 참 행복하지요!"

"그러나 그들이 그렇게 느낄까?"

"…."

나에게 통닭은 또 다른 추억에도 남아 있다.

"진 교수, 우리 둘이서 이차 가야지?"

"그럼요, 김 교수님. 어디로 모실까요?"

"왕십리 그 집 아니면, 화양리 세무서 근처 그 집이지, 뭐…."

오장동 한국고분자학회 사무실에서 운영위원회를 마치고는 으레 저녁을 함께 먹곤 했다. 회의 때 못 다한 얘기들과 그 밖의 이런저런 얘기들을 나누며 선후배들 사이에 뜻 깊은 만남의 자리가 되었다. 그런데 H대의 김 교수와 나는 일찌감치 우리 둘만의 이차를 더 즐기기 시작했다. 김 교수 집은 왕십리 근처였고, 우리집은 중곡동에 있었다. 나보다 댓살이나 위인 김 교수는 이북에서 혈혈단신 남하해 엄청나게 고생을 많이 했다.

"너부터 배에 어서 타거라. 우리도 곧 뒤따라갈 테니, 가서 만나자꾸나."

"부모가 등 떠미는 바람에 만선인 배에 겨우 올라탔고, 그게 부모와의 이별선이 되었지. 하루아침에 고아가 되었고, 내 나이는 14살이었어! 그나마 먼 친척 아저씨 한 분을 만날 수 있었고…."

일본 도쿄공업대에서 고분자과학 박사학위를 취득한 김 교수는 학회 초기(1976년 창립)부터 학회발전을 위해 헌신적인 노력을 하였다. 나는 그의 건실한 태도를 매우 좋아했고, 꽤 연배 차이가 났는데도 친구처럼 가까이 지냈다. 학문에 대한 그의 집념 또한 내가 그를 좋아하게 된 여러 이유 중 하나였다.

"오늘도 김 교수님과 한잔하셨군요!"

안사람이 책가방과 종이팩이 담긴 비닐봉지를 건네받으며 말을 건넨다.

"어떻게 아셨지?"

"이 비닐봉지에서 통닭냄새가 나는 걸요!"

김 교수는 이차 후 흩어질 때면 으레 통닭을 추가로 시켜 포장하곤 했다. 김 교수는 포장된 통닭을 내 손에도 하나 쥐어주었다. 안사람은 그 시간쯤에 내가 통닭을 들고 오면 으레 김 교수와 함께했다고 생각했다. 김 교수는 테니스도 즐기고 매우 건강했다. 그러나, 그의 겉모습이 그의 건강 상태를 전부 말해주진 못했던 모양이다.

"김 교수님, 무슨 일 있으세요? 학회 회의에 왜 안 나오셨어요!"

"갑자기 엉치쪽 통증이 커 학교병원엘 갔더니, 입원을 하라고 해서 지금 입원실에 있답니다. 곧 낫겠지요, 진 교수. 학회에는 별 일 없었지요?"

입원실로 김 교수를 찾아뵀을 때는 그리 나빠 보이지 않아 곧 일어나리라 믿었건만 그는 어느날 갑자기 세상을 떴다. 최종 진단은 담도암이었다고 한다. 그와의 이별은 나의 가슴에 가장 아픈 석별지정을 남겼다. 천상에서 나를 내려보고 계시겠지….

'그곳에서 영원한 평화와 지고의 공업(共業)을 쌓으십쇼, 김 교수님!'

통닭, 아니 치맥과 우정을 즐겼던 독일 친구 헤스(Michael Hess) 교수 이야기도 빼놓을 수 없다. 25여 년 전 베이징대의 주(周) 교수(후에 베이징대 총장이 된 제자 중 한 명)가 국제액정고분자 학술대회를 베이징에서 개최했을 때 그 대회에 참가한 한 독일교수와 가까워졌고, 그와 곧 협력 및 교류가 시작되었다. 그는 나와 상보적 연구 협력이 가능한 고분자 물리학자였다. 나이는 나보다 6~7년 아래로, 매우 다정한 그의 성품이 나를 강하게 끌었다. 그러나 서울에서 장기간 머물기가 여의치 않아—당시는 지금처럼 고려대에 외국방문자들을 위한 숙소가 마련되어 있지 않았다.—제자 중에서 연구를 활발히 하고 있던 조선대 조 교수에게 연결해 삼각관계 연구협력을 진행시켰다.

헤스 교수가 한국을 방문할 때면 시간을 조율해 고려대 화학과 또는 내 연구진을 위해 세미나를 하게끔 하고 내 학생들과 개별적 연구발표 및 토론도 하게 했다. 그도 이 시간을 매우 좋아했다. 독일에 있는 자기 학생들보다 내 연구실의 학생이 더 많았을 뿐 아니라, 학생들도 우수했고 연구분야도 다양해 그를 더욱 즐겁게 했다. 워낙 코스모폴리탄적인 그의 개성과 식성 탓도 있지만 그는 우리나라 음식을 가리지 않고 좋아했다. 소주와 삼겹살은 그가 최고로 치는 저녁이었다. 물론 학생들과 저녁을 함께하곤 했다. 그리고는 으레 삼성통닭집에 들러 통닭과 함께 생맥주로 입가심을 했다. 대학원생들의 입이 호강스러운 저녁시간이었다. 그들에게는 영어로 자기 표현을 시도할 수 있는 좋은 시간이기도 했다.

이제는 그도, 조 교수도, 나도 모두 정년을 한 노년의 과학자들이 되어 연구에서는 거의 손을 떼고 있다. 헤스 교수와 나는 IUPAC(International Union of Pure and Applied Chemistry, 국제순수응용화학연합회)의 고분자분과회를 위해 오랫동안 함께 일을 했다. 그는 여러해 분과회의 총무를 맡았고, 나는 부회장, 회장으로 그와 호흡을 맞추기도 했다. 한국 치맥으로 우정을 다지고 호흡을 맞춘 우리는 언쟁 한 번 없이 협력과 도움을 즐겁게 나누어 온 따뜻한 친구 사이다.

건강관리를 위해 최근에는 통닭을 멀리하고 있다. 통닭에 얽힌 즐거운 추억들이 많아서일까. 가끔은 통닭을 멀리해야 하는 일상이 나를 헛헛하게 만든다.

제자들, 김 교수님, 헤스 교수! 나와 나눈 통닭의 맛을 영원히 잊지 맙시다. 꿈과, 존경과, 우정이 함께한 그 자리를 잊지 맙시다!

# 완독을 기념하는 떡시루

"교수님, 잠깐만 기다려주세요!"

학생대표가 나를 막는다. 종강의 기쁨으로 나와 학생들이 모두 들떠 있었다. 얼떨떨하게 나는 단상에 다시 올라섰다.

"교수님, 거기 잠깐 계십쇼."

"너희들 왜 그러니?"

"곧 아시게 될 겁니다."

강의실 문이 열리더니 건장한 청년이 큼지막한 종이박스를 무겁게 들고 들어와 내게 꾸벅 인사를 하며, 교탁 위에 박스를 올려놓고는 나가버렸다.

"웬 떡시루냐?"

"교수님, 오늘이 종강일이잖아요. 더구나 2학기 종강일이고 교과서 끝까지 다 가르쳐주셨고요! 그 고마움의 뜻과 완독을 기념하기 위해 떡 한 시루를 준비했습니다. 예전에 천자문을 떼면 떡시루 파티를 했다면서요!"

학생대표가 박스를 여니, 정말 팥시루떡 냄새가 확 퍼져나오며 허연 김도 모락모락 올라왔다.

"와!"

학생들은 환호와 박수로 이를 축하해주었다.

"애들아, 정말 고맙다. 너희들 정성은 평생 잊지 않으마. 배운 지식 유용하게 사용하길 바란다. 다같이 나누어 먹자!"

지금 생각해도 기특한 녀석들이다. 그들이 꾸몄던 이벤트가 내 입가에 미소를 얹어준다. 지금은 모두 바삐 살고 있겠지….

예전에는 책례(冊禮, 책거리, 책씻이)라는 특별한 잔치가 있었다. 서당에 다니는 학동이 『천자문』, 『동몽선습』 등을 다 배우면 오색송편, 꿀떡, 경단 등을 상에 차리고 끝마친 책을 함께 올려 책례를 치렀다. 스승의 노고에 답하고 학동의 학업능력 향상을 축하하는 예를 치루는 전통이었다고 전해진다. 오색송편의 오색은 오기와 오행을 믿는 옛사람들의 철학에 바탕을 두고 있다. 재미있는 일은 송편 중에는 소를 넣은 것과 소를 넣지 않은 것이 섞여 있었다는 점이다. 소를 넣은 송편은 지식의 채움을 상징하고, 소를 채우지 않은 송편은 채우지 않고 여분을 둔 즉, 넓은 뜻과 마음을 의미했다고 한다.

책례도 여러 형태로 달라지고 있음을 경험했다.

"여보, 기억하시지요? 왜 수강생들이 고맙다는 짧은 글과 자기들 싸인이나 이름을 쓴 커다란 갱지 있었잖아요!"

"네. 저도 기억하는데 이사를 다니던 중 그 아까운 걸 버리지 않았는지요….”

“그렇기가 쉽겠네요. 아쉽지만….”

한번은 종강 후 학생대표에게서 커다란 갱지를 선물받았다. 갱지에는 학생들이 빼곡하게 쓴 감사 메시지가 적혀 있었다. 이를 매우 귀하게 여겨 거실 벽에 붙여놓고 방문객들에게 자랑하곤 했다.

“고맙습니다. 교수님처럼 훌륭한 과학자가 될게요!”

“열정적으로 가르쳐준 교수님. 정말 멋지셨습니다.”

“앞으론 더 열심히 공부하겠습니다.”

“계속해서 우리들을 이끌어주세요, 교수님!”

“사랑해요, 교수님!”

이런 보람 때문에 힘들어도 힘들다 하지 않고 정과 열을 다해 조금이라도 더 가르치려 노력하지 않았던가?!

“교수님, 오늘 저녁시간 내어주실 수 있으십니까?”

“왜?”

“오늘 종강도 했고, 교수님 가르침에 고마움도 더 말씀드릴 겸 피자집에서 피자와 생맥주 파티를 하려고요….”

“피자 싫으시면 통닭집으로 할까요?”

화학과 4학년생들이라 더 가깝게 지낸 수강생들이었다. 졸업을 앞둔 이들은 자기들의 미래를 걱정하며 이런저런 이야기를 나누었다. 내가 걸어온 길에 관해 더 알고 싶어하는 학생들이 있는가 하면, 대학원 진학에 대한 내 의견을 묻기도 했다. 또 내 강의를 즐기면서도 얼마나 힘들었는지 토로하는 학생도 있었다. 졸업 후 바로 외국, 특히 미국으로 유학길을 택하고 싶다며 내 생각은 어떤지 듣고 싶어하기도 했다. 평소 때 강의 중 종종 화학자가 갈 수 있는 길을 설명해주곤 했지만 맥주기운이 퍼지자 평소에 말이 없던 학생들의 입도 쉽게 열리는 듯했다.

지금과 달리 여학생이 소수였던 시절이라, 이들이 어떤 미래를 꿈꾸는지도 들어볼 수 있어 좋았다. 강의실에서는 좀처럼 입을 열지 않던 그녀들이었지만, 가까이서 솔직한 대화를 나눌 수 있는 자리가 마련되었다.

"왜 교수님은 여학생을 교수님 연구실에 받는 것을 꺼리시는 거예요?"

"여학생이 싫어서가 아니고, 고분자 화학이 워낙 힘들어서 그렇지…. 안타까운 얘기지만 미래 보장도 그렇고…."

옛이야기지만, 요즈음도 과거 얘기를 나누다가 똑같은 질문을 받곤 한다. 어찌나 성차별이 컸던 그 시절인지…. 그래도 10여 명 남짓 여학생 석사를 키웠고 다들 잘 되었다.

"오늘은 S통닭집으로 저녁 7시까지 모이게나. 생맥주나 한 잔 하게. 한 학기 또는 일 년 고생들 많이 했다."

"와!"

대학원 종강파티는 내가 앞장서는 격이었다. 대학원생들은 교수들과 가깝게 지내면서도 무서워하는 경향이 있다. 대학원 재학생들과 졸업예정자들이 경험하는 가장 큰 어려움은 진로선택이다. 소위 학벌이 높아질수록 진로선택의 길이 좁아지기 때문에 그들의 걱정은 더욱 커진다. 또 결혼이라는 중대사가 코앞에 있기도 했다. 여학생들은 유학이라도 가려면 혼기에 대한 걱정을 해야 했고, 종종 그들의 앞길을 가로막기도 했다. 때때로 강의 중에 있었던 우스운 얘깃거리도 대화에 등장했다.

"교수님 표현 중 우리 기억에 가장 남는 말씀이 어떤 것인지 아십니까?"

"무어니?"

"'야, 그 무거운 머리통은 멋으로 달고 다니냐? 머리가 없으면 이상해 보일까봐? 머리는 써야지. 무겁게 이고 다니기만 하면 뭐해!' 입니다."

머리 좀 제대로 쓰라는 내 말은 졸업생들 사이에서 유행어가 된 듯하다.

때때로 거리에서

"저, 진정일 교수님이시지요? 저 ○○학번 ○○입니다. 선생님께 고분자화학 강의를 들었습니다."

"아, 반갑다. 잘 지내고 있니? 직장은? 내 강의 듣느라 고생 많이 했지!"

"힘은 들었지만, 재미있었습니다. 가르침에 감사합니다."

나를 잊지 않고 거리에서 반가이 인사해주는 제자들이 가장 반갑고 고맙다.

사제의 정이 넘쳤던 종강파티의 아름다운 추억은 지금껏 가르쳤던 모든 제자들을 떠올리게 한다.

"얘들아, 모두들 행복하게 잘 살고 있지?"

함께했던 제자들이 그리운 밤이다.

# 청소년들보다 부모들이 더 공부해야

내게 시간적 여유가 조금 생기기 시작한 무렵부터 중 · 고교와 일부 지방자치단체에서 요청이 있을 때면, 시간이 허락할 때마다 서슴지 않고 강연을 해준다. 서울과 경기도는 물론이고, 더 먼 곳도 마다하지 않는다.

내가 즐겨 하는 강연의 내용은 대략 4~5가지로 분류된다.

1. 생활 속 화학 이야기: 화학자가 하는 일
2. 우리는 고분자재료 시대에 살고 있다.
3. 우리가 당면한 21세기 과학기술적 과제
4. 융합시대를 준비하는 지혜
5. 4차 산업시대의 도래와 미래 진로지도

일반 중 · 고등학교 학생들뿐만 아니라 과학고등학교와 영재학교 학생들 및 일반인들을 위한 특수프로그램, 과학TV 프로그램 등에서 비교적 다양한 대상들을 위해 강연을 해왔다. 대다수의 학교에서는 깊이 있는 과학내용보다 청소년들의 진로지도에 더 관심을 갖고 있다. 오랜 시간 강연을 진행하면서 그 필요성을 몸소 느꼈고, 또 담당선생님들과 사담을 통해 배운 바에 따라 내 강연에 가능하면 학부모도 초청하도록 하고 있다. 우리나라의 현실을 돌아보면 청소년들은 자신의 진로를 선택하는 데 지나치게 부모들의 의견에 의존하고 있다. 따라서 앞의 4, 5번 내용을 강의할 때는 학부모들도 참가해주길 원하고 있다. 이런 나의 의견에 영재학교들은 매우 협조적이며, 심지어 참여 학부모들이 학생보다 많을 때도 있다.

나는 내 강연, 특히 진로 관련 강연에서 학부모들의 고정관념을 깨뜨리고, 청소년의 행복한 미래를 위해 어떻게 진로를 택하고 개척하도록 협조해야 하는가를 설명하려고 노력해왔다. 물론 내 자신이 과학자인지라 자연히 우수한 인재들이 과학 분야에서 어떤 진로를 보장받는지, 또 그 전제조건에는 어떤 것들이 있는지에 대해서도 자세하게 논의해준다. 화학이 융합과학기술시대에 얼마나 중요한지 강조하며, 그 중심에 고분자화학이 자리잡고 있다는 점도 깨우쳐주려고 노력한다. 강의 후 사인을 받으러, 또 함께 사진을 찍기 위해 줄서는 학생들과 학부모들을 보면 이런 일을 더 열심히 하라는 메시지가 들리는 듯하다.

'맞다. 어린 학생들보다 학부모들을 교육하는 게 더 중요하지!'

한번은 어느 지방의 화학교사들 모임에 초청을 받아 광범위한 내용으로 강의를 한 적이 있었다. 반응이 매우 좋았을 뿐 아니라 저녁을 함께하며 심도있는 대화도 오고갔다. 그들이 그 시간들을 얼마나 귀하게 여기던지, 나는 내심 이런 기회가 자주 있기를 기대했다. 아쉽게도 그런 기회가 아직 더 오지는 않았다. 교사들이 얼마나 바쁜 일정에 시달리는지 잘 알고 있지만….

가장 인상 깊었던 경험은 학교가 아닌 학생대표가 이메일로 나에게 강연을 해줄 수 있는지 문의가 왔을 때였다. 서울의 한 역사 깊은 사립고등학교는 학생자치활동으로 학생들이 초청하고자 하는 연사를 결정해 학교와 상의하는 제도를 가지고 있다고 했다. 아마도 이들 부모 중에 내가 가르쳤던 제자가 있거나 아니면 내 저서를 읽은 학생들이 의견을 냈을 가능성도 크다. 『교실 밖 화학이야기』, 『과학쌈지』, 『詩에게 과학을 묻다』, 『과학자는 이렇게 태어난다』 등의 저서들이 나를 알리는 데 큰 역할을 했다고 믿는다. 나의 글쓰기는 일과 중 중요한 부분을 차지한다. 조금씩 늘어가고 있음이 눈에 띄지만, 우리나라에서는 과학자들이 청소년과 일반인들을 위한 저술에 비교적 인색하다. 글쓰기가 쉽지 않은 작업이지만, 특히 대학에서 대중적 출판물의 발간을 교수들의 업적에 전혀 결합시키지 않고 있어 과학자들이 글쓰기를 주저하고 있다.

내 책을 읽고 독후감을 보내온 학생들도 많고, 몇몇 친구들이 독서클럽을 만들어 내 책을 읽고 토론도 했다는 정보를 보내온 학생들도 있다. 또 심심치 않게 학교숙제로 나를 인터뷰하기도 한다. 이 모두는 나에게 꽤 큰 보람을 주는 일이다.

'내 강의를 듣거나, 내 저서를 읽고 과학자의 길을 택하는 청소년들이 더 생긴다면 그 얼마나 바람직한 일인가?!'

6·25전쟁으로 폐허가 된 이 나라를 과학기술이 일으켜 세웠다.

그러나 지금은 과학기술인이 되기를 원하는 청소년들이 점차 줄어들고 있을 뿐만 아니라 청소년들이 과학도의 길을 택하도록 권하는 학부모들도 감소하고 있는 게 현실이다. 그만큼 과학기술인에 대한 사회 · 경제적 대우와 인식이 낮아졌다는 의미로, 이러한 현실이 매우 안타깝다. 과학기술에서 우리나라를 바짝 뒤쫓는 중국은 우수 과학기술인에게 국가적 지원을 아낌없이 제공하고 있다. 우수 과학자들을 적극적으로 유치하고자 국적을 따지지 않고 누구나 우선적으로 중장기 연구비를 제공해주는 등 풍족한 연구환경을 만들어 지원하고 있다.

그러나 우리나라의 경우에는 유능한 인재들이 일할 자리가 부족해 많은 이들이 해외에서 머물고 있다. 열악한 우리 현실을 보고 있자면 한숨이 절로 날 정도이다. 이런 환경에서 어떻게 청소년들에게 과학자의 길을 가라고 권하겠는가? 과학기술을 경제발전의 도구로만 생각해온 위정자들과 관리들의 고정관념이 가장 큰 문젯거리이다. 과학은 이미 우리 일상문화를 지배하고 있음을 모두가 인식하면서도 이런 현상이 해소되지 않는 이상한 현실에 분노까지 느낀다. 그러기에 한국과학문화진흥회와 한국과학문화교육단체연합의 회장 및 이사장의 책임을 맡아 이런 현실을 바로 잡으려고 노력하고 있다. 그러나 민간단체가 건강하게 뿌리내리기에는 우리나라의 토양이 지나치게 메마르다 느끼고 있다. 이런 어려움에서도 나는 내 신념을 꺾지 않고 한국의 미래를 위해 오늘도 고민하고 행동하고 있다.

중학교 3학년과 초등학교 4학년인 손자, 손녀들과 대화를 나누면서 이 아이들이 어떤 세상에서 어떤 생각을 하며 살고 있는지 이해하고자 노력한다. 중학생 손자는 이미 우리나라 교육방식에 익숙해져 교과서적 지식은 많으나 혼자 생각하는 능력이 부족함을 느낀다. 그에 비해 아직 어린 손녀는 자기 생각을 거리낌 없이 나에게 떠들어댄다. 생각의 틀이 아직 열려 있고 오빠보다도 자기의 미래를 여러 각도에서 생각하는 듯하다. 반면, 학원교육에 길들여진 오빠는 벌써 학교성적만이 관심의 대상인 듯하다.

"승언아. 너는 이 다음에 커서 무엇이 되고 싶으니? 네가 어떤 진로를 밟으면 가장 행복할 것 같니? 네가 힘들게 공부하는 목적은 결국 네가 미래에 행복한 삶을 살기 위함이 아니겠니?"

"네. 그렇지요, 할아버지. 그러나 아직 어떤 길을 갈지 또는 무슨 분야를 대학에서 전공할지는 아직 잘 모르겠어요."

"그럼 인문·사회 분야 또는 과학기술 분야 중 어느 분야에 더 관심이 가니? 하긴 너희들이 활동할 때는 어차피 융합시대가 되겠지만. 그렇더라도 현재 얘기하고 있는 전공 분야가 모두 사라지지는 않을 거야."

"현재는 과학기술 분야를 더 선호하고 있는데, 고등학교에 진학해 더 고민해볼 생각입니다."

"그러렴. 벌써부터 네 진로를 구체적으로 그릴 필요는 없단다. 오히려 지금 나이에는 융통성 있게, 그리고 넓게 진로를 잡아보는 것이 현명하지!"

'이런 대화가 얼마나 귀중했는지 훗날 알게 되겠지.' 하는 생각이 내 머리를 스칠 때, '그렇지만 고등학교 3학년이 되어 대학입시원서를 낼 때는 자신이 그려온 인생 설계와는 달리 성적에 맞추어 전공을 선택하는 일이 없기를 바란다, 승언아!' 하며 중얼거렸다. 주변에서 많은 젊은이들이 대학과 전공을 선택함에 있어 실수를 범하는 경우를 자주 본다. 물론 취미나 적성에 100퍼센트 의존할 필요는 없다. 결국 자기 의지를 따라 얼마나 끈기를 갖고 노력하는가가 그 사람 일생에 이룩하는 성취와 의미를 좌우한다고 믿는다. 요행만 바라는 사람들이 너무나 많은 현실이다 보니 참되게 살면서 최대의 노력을 쏟아붓는 인생의 승자들이 더 많아지길 바란다.

# 케모포비아에서 벗어나려면

서울 종로구의 한 고등학교에서 '화학자가 하는 일—화학의 중요성'에 관한 내용을 강연한 후 질의응답시간을 가졌다.

"교수님. 강의 재미있게 들었습니다. 감사합니다."

"고마워요, 학생. 내 화학강의가 재미있었다니 다행입니다."

"그런데, 교수님. 정말 우리는 화학 없이는 살 수 없나요? 자주 듣는 '가습기 사고'에 관한 뉴스를 들으면 화학제품에 대해 크게 반감을 느끼게 됩니다. 교수님은 어떻게 생각하시는지요?"

"고맙습니다, 학생. 매우 중요한 질문을 해주셨습니다. 학생의 질문에는 몇 가지로 나누어 답을 해야 할 것 같군요. 먼저 '과연 우리는 화학 없이 살 수 없을까?'라는 근원적인 질문에 대해 답변을 해보도록 하겠습니다."

"…."

학생들의 시선이 나에게 쏠림을 느꼈다. 사실 우리들의 일상생활과 생명이 화학에 전적으로 의존한다는, 다시 말해 화학의 중요성을 강조한 강연 끝에 나온 질문이라 어느 정도는 내 강연내용을 반복하는 답을 줄까봐 조심스럽게 말을 꺼냈다.

"네. 물론 우리는 화학이라는 학문에 문외한이더라도 살 수야 있지요. 따라서 저는 이 질문을 조금 다르게 표현해보겠습니다."

비록 내가 화학에서 다루는 내용이 얼마나 중요한지, 또 화학이 우리의 일상을 얼마만큼 지배하고 있는지 강조하는 강연을 하려고 노력했지만, 화학의 문외한이라고 이 세상 삶을 지탱하지 못할 이유는 없지 않은가?! 화학뿐만 아니라 다른 모든 학문에서도 똑같은 접근법이 가능한지라 짧은 시간 동안 어린 학생들이 수긍하는 답을 찾아야겠다고 생각했다.

"여러분. 우리 이렇게 질문을 바꿔봅시다. 우리 인체에서 화학, 정확히 말해 화학반응이 모두 정지한다면 몇 분이나 살 수 있을까요?"

"여러분. 생명을 유지하기 위해서는 우리 몸에서 여러 가지 화학반응이 지속적으로 일어나야 한다는 점에 동의하시지요?"

"네…."

"그러면 가장 쉽게 이해되는 화학반응에 무엇이 있을까요?"

여러 학생들이 손을 들었다. 역시 산-염기 반응과 산화-환원 반응을 말하는 학생들이 많았다.

"그렇다면 우리 몸에서 일어나는 산화반응에는 어떤 예가 있을까요? 이 질문이 어렵다면, 우리 인체가 산화반응을 수행하기 위해서는 어떤 화합물이 필요할까요?"

교실이 조용해졌다. 화학내용을 지나치게 원리 중심으로 배워왔을 이들에게는 너무나 당연한 일이었다. 조금 후에 한 학생이 손을 들었다.

"공기요!"

"그렇지요. 그러면 공기는 어떤 화합물들의 혼합물이지요?"

또다시 학생들이 입을 다물었다. 물론 모를 리가 없지만 내가 끌고 가는 질의-응답식 토론에 익숙지 못한 느낌이 들었다.

"여러분도 잘 알다시피 공기의 주성분은 질소($N_2$)기체이고 그 다음에 산소($O_2$)가 많이 있지요. 대략 3:1 비율로요. 그밖에 이산화탄소(탄산가스) 등 다른 기체들이 들어 있습니다."

"그러면 질소와 산소 중 산화반응에 더 잘 참여하는 기체는요?"

"산소요!"

"네. 그렇습니다. 잘 알고 있군요. 우리는 공기를 호흡하고 공기 중에 들어 있는 산소를 흡수해 산화제로 사용합니다. 앞으로 여러분이 호흡의 화학 또는 생화학을 배울 때 자세히 공부하게 됩니다."

여기까지 학생들의 관심을 끌고 온 후 나는 이 부분에 대한 마지막 질문을 던졌다.

"여러분, 우리가 먹는 밥도 우리 몸속에서 여러 산화반응을 거쳐 주로 탄산가스와 물이 되어 배설됩니다. 그리고 뇌의 정상적 활동을 위해서도 산소는 필수적입니다. 따라서 만약 호흡을 멈추면 산소공급이 중단되므로 뇌의 기능도 중단됩니다. 소위 뇌사에 이르게 됩니다. 여러분, 호흡을 완전히 중단하면 우리가 얼마나 생존할 수 있을까요?"

또다시 교실이 조용해졌다.

"네. 어려운 문제이지요. 사람에 따라 차이가 있겠으나 4분이면 뇌의 기능이 중지되고 10분이면 뇌세포가 대부분 파괴된다고 합니다. 따라서 우리 몸이 산화라는 화학반응을 할 수 없게 되면 사망하게 됩니다. 여러분! 화학반응, 지금까지 얘기한 경우에는 산화반응이 중지되면 우리 모두가 살 수 없다는 얘기가 됩니다. 이해가 됩니까?"

"네…."

"이처럼 화학이 생체의 생명현상과 절대적 관계를 지니고 있으니 이제 그 중요성을 모두 아시겠지요. 그러면 다음 문제로 넘어갑니다. 우리 주위에서 흔히 볼 수 있고, 여러분도 많이 사용하는 화학제품 이야기에 관한 얘기입니다."

말을 계속하려는데 한 학생이 손을 들었다.

"네, 학생. 무슨 질문 있습니까?"

"교수님. 말씀 계속하시기에 앞서 케모포비아(Chemophobia)가 무슨 말인지 설명해주실 수 있으신지요?"

"네. 여러분들도 잘 알고 있다시피 우리는 화학제품의 오·남용에 의한 소비자들의 피해에 관한 보고와 보도를 자주 접합니다. 또 화학산업 내지 화학제품들에 의한 자연훼손, 환경오염 등의 얘기도 자주 듣고 보고 있습니다. 따라서 많은 사람들이 화학을 혐오하게 되었습니다. 때로는 화학물질에 공포감까지 느끼지요. 여기서 유래된 영어단어가 케모포비아입니다. 케모는 화학(Chemistry)에서 나온 접두어이고, 포비아(phobia)는 거부증, 공포증을 뜻합니다. 흔히 화학포비아라고도 하는 복합어입니다."

이런 설명을 마친 후 나는 학생들과 화학물질들의 유용성과 유독성 내지 유해성에 관해 생각을 나누는 시간을 가졌다. 나는 화학제품들을 제대로 알고, 올바르게 사용해야 한다는 점을 강조하며 이 부분의 얘기를 끝내고 다음 화제로 옮겨 갔다.

"여러분. 앞에서 설명했듯이 이 우주는 화학물질로 구성되어 있습니다. 따라서 화학과 단절해 우리는 존재할 수 없습니다. '화학 없이는 아무것도 존재할 수 없다.'는 의미입니다. 이런 뜻에서, 또 우리가 화학제품 없이 생존하기 어렵다는 뜻에서 현대 인류를 호모 케미쿠스(*Homo Chemicus*)라고도 부릅니다."

국내 한 과학TV에서 '호모 케미쿠스'라는 특별프로그램을 2017년에 4편에 걸쳐 방영한 바 있으며 본인도 제3편에 출연한 바 있다.

화학을 이용해 소화제, 아스피린, 항생제 등을 만들어내며 인간의 생명을 보호하고 수명을 연장해주었다. 또한 비료 발명에 의한 농업혁명, 농약 개발에 의한 제2의 농업혁명 등 인류를 기아로부터 해방시켜주었으며, 건축, 기계, 전자 등 어느 분야도 화학과 거리를 둘 수 없게 되었다. 그러나 화학 내지 화학제품의 악용, 오용, 무분별한 투기 등에는 엄격한 규제와 함께 교육이 필요하다. 엄밀히 말해 무해한 화학물질은 없음을 주지시키며, 철저한 교육만이 케모포비아에서 우리들을 해방시킬 수 있는 유일한 방법이라 믿는다.

'과함은 부족함만 못하다.'는 진리야말로 화학제품의 올바른 사용을 가르치는 옛 가르침이다. 무분별한 화학제품의 소비는 꼭 막아야 한다. 화학물질에 의한 환경오염은 인류의 미래를 위해서라도 꼭 없애가야 한다.

# 셰익스피어 작품을
# 읽는 과학자

중 · 고등학교와 대학에서 나는 주로 '학생들의 진로와 미래사회', '미래사회와 과학기술'에 대해 강의를 한다. 때로는 '화학의 중요성과 미래사회'나 '고분자과학과 미래 소재'도 다룬다.

"여러분. 21세기는 융합시대 혹은 융합문명시대라 하는데 그게 무슨 의미지요?"

"인문적 사고와 과학기술의 융합을 뜻합니다."

"네. 꽤 훌륭한 답입니다. 그러면 융합의 참뜻은 무엇일까요?"

"녹아서 혼합된다는 뜻입니다."

"그럴 듯합니다. 그러나 저는 혼합이라는 표현에 만족하지 못합니다. 왜 그런지 아시겠어요? 누구 융합의 의미를 다시 설명할 수 있겠습니까?"

교실이 조용해진다. 꽤 힘든 질문이기 때문이다. 우리는 보통 인문 · 사회 영역과 과학 · 기술 영역의 벽만 허물면 융합이 된다고 착각한다. 고등학교에서 이과반과 문과반을 없애고, 대학에서 자유전공제도만 실시하면 된다고 생각한다.

미국에서는 여러 해 전부터 과학기술영역의 융합을 위해 초·중등 과학교육의 혁신을 꾀하고 있다. STEM(Science, Technology, Engineering and Mathematics, 과학, 기술, 공학 및 수학) 교육이라 일컫는 교육방법과 내용을 확산시키고 있다. 우리나라는 한 발자국 더 나아가 STEAM 교육이라 하여 STEM에 A를 추가했다. 여기서 A는 arts, 더 넓게는 인문학과 예술까지도 포괄하는 개념이다. 이는 전문영역의 장벽을 허물고, 어려서부터 사회적 또는 과학기술적 문제를 이 조각 저 조각으로 잘라보지 않고 총체적으로 보고 이해하고 해결하는 태도와 능력을 키울 수 있도록 교육하겠다는 교육철학에 바탕을 두고 있다.

요즈음 자주 듣는 4차 산업혁명도 여러 개념과 과학기술이 융합되어 우리들의 사고와 생활양식을 변화시킨다. 내가 학생들에게 자주 들려주는 예로 비빔밥과 김치의 비교가 있다. 비빔밥에서는 섞어준 성분의 판별이 가능할 뿐 아니라 전체 맛도 성분들의 종합된 맛이다. 그러나 잘 익은 김치의 전체 맛은 각 성분들의 맛과는 거리가 멀다. 이같은 차이는 이 두 음식물의 준비과정의 차이에서 찾을 수 있다. 비빔밥은 혼합물에 지나지 않으며 단순한 혼합방법으로 만든다. 이에 비해 김치는 오묘한 발효라는 과정을 통해 만들어진다. 발효라 부르는 숙성과정이 제대로 진행되지 않으면 김치는 우리가 기대하는 맛을 내지 못한다. 여기서 말하는 발효 또는 숙성과정을 우리는 융합이라 부른다.

조금 더 높은 차원에서 융합을 얘기해보자. 인간의 뇌는 좌뇌와 우뇌, 두 부분으로 구성된다. 좌뇌는 언어 분석과 논리적 접근력을 좌우하는 기능을 하는 반면, 우뇌는 시각, 직관, 감성적 접근과 직관적 해결력을 지배한다. 좌뇌와 우뇌는 뇌량(두 뇌 부분 사이의 교량역할을 하는 섬유조직)으로 연결되어 있다. 따라서 우뇌와 좌뇌가 함께 발달된 인간을 양성하는 것이 융합교육의 이상적 목표이다. 좌뇌와 우뇌가 함께 발달할수록 뇌량이 잘 형성된다고 알려져 있다. 우뇌는 인문 · 예술적 가치를 키울 수 있는 능력의 보고이며, 좌뇌는 자연과학 및 공학적 능력 성장의 중심에 있다. 따라서 이 두 부분이 균형있게 잘 발달되고 서로 잘 교류할수록 융합적 사고방식과 융합적 해결능력이 커진다는 사실이다. 바로 이렇게 청소년을 교육할 때 우리는 명실공히 융합교육의 선봉에 서게 된다.

우리들이 살고 있는 사회와 지구, 더 넓게는 우주에서 발생하는 많은 문제들이 인류를 괴롭히고 있다. 예컨대 지속가능한 성장과 지구와 자연보호 등의 문제는 우리 인간 능력의 최고도화를 통한 융합적 방법으로 해결해야 한다. 즉, 인류 삶의 질을 향상시키고 개인적 행복을 최대화하기 위해서는 융합적 인재들이 필요하다. 좌뇌와 우뇌의 균형, 융합적 발달은 창조의 원동력이 된다. 인문학(예술)과 과학의 공통점은 창조성이며, 현대사회에서는 이들의 융합이 행복한 삶을 가능케 할 것이다.

"자. 그러면, 여러분 다른 질문 있나요?"

학생 몇 명이 손을 들었다.

"저 뒤 학생."

"교수님. 교수님께서 고려대학교에 KIST와 함께 융합대학원을 설립하시고 초대원장이 되셨다고 했는데, 그러면 그 융합대학원에서는 융합교육을 시키고 계신가요?"

"좋은 질문 고맙습니다. 완벽한 융합교육이라고 말하기는 어렵고, 현재로는 과학 · 기술 분야에서 융합교육을 시행하고 있습니다. 앞으로는 더 넓은 의미의 융합교육과 연구를 추구할 계획입니다."

"그러면 자연과학이나 공학을 전공한 학생들은 누구나 입학이 가능한가요?"

"네. 그렇습니다. 현재는 NBIT(나노-바이오-정보(통신)기술) 융합에 초점을 맞추고 있습니다. 따라서 교수들의 배경도 매우 다양합니다. 현재 20여 명의 교수가 150여 명의 대학원생들을 교육시키고 함께 연구를 수행하고 있습니다."

"고려대학교에는 융합교육을 시키는 학부는 없나요?"

"일부 융합교육을 권장하는 프로그램은 있으나, 아직 '융합대학'을 시작하진 못했습니다. 준비가 덜 되어 있다고 할까요, 아니면 구성원들의 충분한 합의가 이루어지지 못했다고 할까요…."

사실 대학교수들도 융합교육을 거의 받아본 적이 없기 때문에 대학에 입학한 학생들도 현재로는 융합교육을 제대로 받을 수 없어 우리나라 대학에서는 과도기적 현상이 일고 있다. 현재로써는 대학교육의 급속한 변화를 위한 준비와 소화력이 부족한 실정이라, 대학의 미래가 걱정된다.

개인적으로는 2013년에 『진정일 교수, 詩에게 과학을 묻다』를 발간했고 2018년에는 그 후속이라고 할 수 있는 『진정일 교수, 소설에게 과학을 묻다』를 출간했다. 만족스럽지는 않지만 문학과 과학을 이은 시도라는 점에서 긍정적으로 평가하고 싶다. 문학 속에 많은 과학이 숨어 있고, 또 과학적 내용이 문학적 얘깃거리가 되어

왔다. 그러나 이 두 영역 사이의 다리를 놓으려는 노력이 크게 보이지 않아 청소년과 일반인들을 위해 이 두 책을 집필했다.

과학사회학에서는 1959년 스노(Charles Percy Snow, 1905~1980)가 케임브리지 대학에서 행한 대중 강연(Rede Lecture), '두 문화(The Two Cultures)'를 인문학과 과학기술자 사이의 간격을 지적한 중요한 연설로 꼽는다. 이 연설은 두 문화간 단절이 영국 젊은이들의 미래(과학)시대에 대한 적응력을 떨어뜨리고, 독일 및 미국 등과의 경쟁에서 뒤지게 된다고 경고하였다. 그는 이 강연에서 구체적으로 '인문학자 중 열역학 제2법칙을 설명할 수 있는 사람이 얼마나 되며, 자연과학자 중 셰익스피어 작품을 읽은 사람이 얼마나 되는가?'를 질문했다. 현대는 두 문화의 충돌 문제로 끝나지 않는다. 20세기 후반에 나타난 디지털 문화는 문화영역 사이의 충돌을 더 복잡하게 만들고 있다. 우리는 사고방식의 변혁이 요구되는 시대에 살고 있다. 식량, 환경과 지구의 온난화, 인구조절, 지진과 태풍 등 기후 관련 문제들, 혜성과의 충돌 등 현대 인류가 직면하고 있는 문제는 참으로 복잡하다. 이런 문제들을 지나치게 전문화된 파편적 문화로는 도저히 풀어갈 수 없다. 지난 20세기 후반에 지나치게 강조된 전문지식과 전문인의 중요성은 문화 간의 벽은 물론 전문 분야 사이의 벽을 두껍고 높게 쌓아올렸다. 인류 문제와 지구, 우주의 시급한 문제를 '전체적'으로 보며 해결책을 찾을 수 있는 인재들을 21세기 사회는 찾고, 기다리고 있다.

우리는 이런 시급한 당면과제에 잘 대비하고 있는지 지극히 의문스럽다. 사회 구성원들의 열린 세계관과 교육관의 철저한 개혁이 필요한 때이다.

# 뜻밖에 받은 국제상들

"아니, 이건 틀림없이 스팸메일이다. 내가 무슨 UNESCO상이야?"

"여보, 무슨 말씀이시지요?"

"이리 와 내 메일 좀 봐요! 프랑스 파리의 UNESCO 본부에서 이메일이 왔어요. 나에게 나노과학과 기술개발에 기여한 공로상을 주기로 결정했다는 통지가 왔어요. 발신자가 UNESCO총재 보코바(Irina Bokova)네요."

"사전에 아무런 암시도 없었고, 내가 이력서 한 통도 보낸 적이 없는데 누가 추천해서 이런 상을 받게 된 걸까?"

그 이메일에는 내가 직접 파리로 와 시상식에 참여해 수상해달라는 요청내용도 들어 있었다. 시상일은 2016년 10월 11일. 도저히 믿어지지 않았다. 우선 UNESCO 서울본부에 전화를 해 이 사실을 알렸다. 물론 서울본부에서도 모르고 있었다.

"파리본부에 연락해 이 메일내용이 사실인지를 확인해주실 수 있겠습니까?"

"물론이지요. 축하드립니다, 진 교수님."

얼마 후에 UNESCO 서울본부에서 확인했다는 연락이 왔다. 꼭 수상하러 파리에 다녀오라는 부탁(?)의 말도 덧붙였다. 이 상의 역사가 그리 길지 않으나 전 수상자들 면모를 보니 러시아 과학자인 조레스 알페로프(Zhores Alferov, 2000년 노벨물리학상)였고, 또 한 명은 일본 과학자인 아카사키 이사무(Isamu Akasaki, 2014년 노벨물리학상)도 포함되어 있어 그럴 듯해 보였다.

UNESCO 파리본부의 한 강당에서 시행된 시상식은 비교적 조촐했다. 예상치 못한 일이었지만 한국의 이병현 UNESCO 대사와 직원인 이선경 씨도 참석해 내 수상을 축하해주었다. 메달과 상장을 UNESCO 총재에게서 받았고 나를 포함해 네 명의 수상자가 있었다. 상의 정확한 이름은 아래와 같다.

'나노과학과 나노기술 발전에 기여한 UNESCO메달(The Medal "Contribution to Development of Nanoscience and Nanotechnologies" of the United Nations Educational Scientific and Cultural Organization.)'

만찬에도 참여해 짧은 연설도 했다. 이 상은 2010년에 시작되었으며 나는 6대 수상자였다.

도대체 누가 나를 추천했을까? 여러 채널을 통해 러시아의 물리학자 지코프(Alexanders Sigov, Moscow Technological University)가 장본인임을 알아냈다. 그는 자기특성물질 연구에 많은 업적을 남긴 물리학자로, 개인적인 친분은 없었으나 과거 러시아 방문시 인사정도는 나눈 사이었다. 나는 지코프 교수에게 고맙다는 이메일을 보냈다. 바로 답장이 왔다.

'당신의 연구업적은 세계적이지 않습니까! 위원회에서도 만장일치로 당신을 추천했습니다. 가능하시면 앞으로 우리들과의 공동연구 가능성도 찾아봅시다.'

고마운 내용의 답장이었다. 꿈에도 생각지 못했던 큰 국제상의 수상자가 된 기쁨은 세월이 흐른 지금도 계속되고 있다.

UNESCO메달을 수상하기 12년 전(2004년)에는 일본고분자학회에서 외국인들에게 주는 일본고분자학회 국제상을 받았다. 5월에 개최된 일본고분자학회 총회에서 수상하는 영광을 얻었다. 이때도 나는 이력서 한 통 보내지 않았다. 고분자화학 발전과 한일 간 협력증진에 기여한 공로가 시상의 이유였다. 그들이 말한 내 업적을 옮기면 다음과 같다.

'공액고분자 및 액정고분자과학과 일본과 한국간 학술교류를 위한 지대한 공헌(Distinguished Contributions to Science of Conjugated and Liquid Crystalline Polymers and to Academic Exchange between Japan and Korea)'

나에 관한 소개는 일본고분자학회의 뉴스지인《고분시(Kobunshi)》(高分子, High Polymers, Japan) 53호에 2단 기사로 상세히 설명되어 있다. UNESCO 메달과 일본고분자학회상과 더불어 플로리상(Flory Prize, 2005년 수상. 플로리는 1974년 노벨화학상을 탄 인물이다.) 또한 선정위원회가 나에게 사전에 알리지 않고 나를 수상자로 결정한 국제상이다.

중국정부로부터는 외국인에게 주는 최고의 영광이라는 중국 우의장(Friendship Award)을 베이징 천안문 광장에 들어서 있는 대인민

강당에서 받았다. 우의장 시상 후 거대한 만찬장에는 후진타오 등 중국 요인들이 참여해 눈길을 끌었다. 이 덕분에 나와 안사람은 중국에 입국할 때 지문검사를 받지 않고 통과한다. 함께 여행하는 사람들은 이 사정을 몰라 우리 내외를 놀라운 눈으로 쳐다보곤 한다.

이렇듯 나는 영광스럽게도 몇 개의 국제상을 받았다. 우리나라에서는 매해 발표되는 노벨수상자 명단에 한국인이 아직 포함되지 않아 안타까워하고 있다. 현대과학에 비교적 늦게 발을 디뎌놓은 우리나라 과학자들이 노벨상을 수상하려면 꽤 오래 기다려야 한다고 생각한다. 아마도 미국과 유럽에서 활동하고 있는 과학자들이 우선 대상이 될 수도 있다는 추측을 한다. 아직까지 국내외에서 연구 중인 한국인이 노벨상 후보로 추천되었다는 소식은 들리지 않고 있다. 우선 노벨상 수상자나 그 수준의 과학자들에게서 추천을 받아야 노벨위원회가 관심을 갖게 되는데, 아직 그런 경우가 없는 것 같다.

노벨상 수상자들의 공통점은 매우 독창적인 생각을 실험 또는 이론을 통해 증명하고, 이를 통해 새로운 학문 분야를 개척해 나간다는 점이다. 따라서 개척된 새로운 학문 분야에 전 세계적 추종자들이 많아져 국제적 인정을 받아야 한다. 화학 분야를 예를 들자면 노벨화학상 위원회가 대략 3000여 명에게 노벨상 후보를 추천해달라는 편지를 보내고, 약 300여 명의 후보 추천이 들어온다. 노벨위원회는 이를 소수로 압축시켜 위원들의 투표로 최종 수상자를 결정한다. 3명까지만 공동수상이 가능하므로 4등은 하지 말라는 얘기를 나누며 웃기도 한다. 생존자에게만 시상하므로 건강하게 장수하라는 충고도 빠지지 않는다. 강력한 추천이 요구되므로 국제적인 과학자들과의 친교도 매우 중요하다. 국제공동연구의 중요성은 여기서도 강조된다.

과학자들 대부분은 과학이 좋아서 연구에 전념한다. 나도 그런 사람 중 하나다. 국내상만 해도 한국과학상, 고려대학교 학술상, 세종문화상, 서울시문화상, 한국고분자학회 학술상, 대한화학회 공로상, 수당상, 한국과학기술한림원상, 성동고 총동문회 특별공로상 등을 받았다. 훈장도 창조장(과학기술 1등급 훈장)과 또 다른 훈장을 받았다. 이력서에 이런 내용을 열거하다 보면 꽤나 상복이 많았던 과학자로 보인다.

상 목록에 포함시킬 수 있을지는 모르겠으나 상 못지않게, 오히려 더 영광으로 생각하는 타이틀이 몇 가지 있다. 첫째는 학회장이다. 학자가 자기 학문 분야와 관련된 학회의 장으로 활동할 수 있다는 건 큰 영광이다. 비교적 어린 나이로 1997년에 한국고분자학회장이 된 후로 대한화학회장, 한국과학기술학회장, 한국과학편집인협의회장을 역임했고, IUPAC 회장과 아시아고분자연합회장(Federation of Asia Polymer Societies, FAPS) 등 커다란 국제학회장도 경험했다.

둘째는 소위 석학회원이라 불리는 펠로(Fellow)이다. 영국의 왕립화학회, 아시아화학연합회, 미국화학회의 PMSE 분과회(Polymer Materials Science and Engineering Division), FAPS 등에서 나를 펠로로 선출하였다. 셋째는 해외대학의 명예교수 직분이다. 중국의 길림대와 베이징화공기술대의 명예교수로 임명된 바 있다. 길림대 화학과 건물에는 제법 크게 내 사진도 걸려 있다. 가끔 방문해 특별강연을 해주고 있다. 다음은 하나밖에 없는 명예박사학위이다. 러시아의 카잔국립기술대학에서 명예과학박사를 2007년에 받았다. 내 이름이 러시아어로 교수 의회실 벽에 다른 명예박사들과 함께 동판으로 새겨져 있다.

사람은 죽으면 이름을 남긴다고 한다. 그러나 그 이름이 후세들에게 큰 가르침으로 다가가지 못한다면 무슨 의미가 있을까? 한 인간이 태어나 삶을 살다 사라진 후 그 사람 때문에 이 세상이 전보다 조금이라도 더 살기 좋은 곳이 되었다면, 그 사람은 가히 옳은 삶을 살았다고 할 수 있겠다. 나는 어떤 사람일까 하고 깊은 생각에 젖어 본다.

# 3부

# 사랑은 힘이 세다

1 뉴욕시 한국감리교회에서 결혼식을 올린 직후의 모습. 1968년 9월 7일.

2 가족과 함께 아차산을 함께 오른 모습. 1981년 12월.

**3** 아내와 함께 네덜란드를 여행하며. 1993년.

**4** 생후 5개월 반이었던 큰손자 성언과 함께. 2000년 6월 30일.

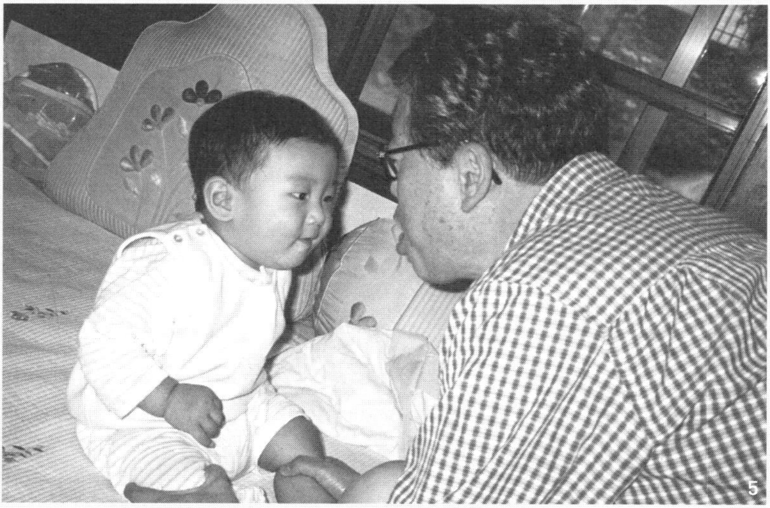

5 13개월 된 셋째손자 승언이와 함께. 2003년 9월.

6 세 손자와 두 아들 내외와 함께. 2007년 7월 14일.

8

**7** 만 세 살인 손녀 채언과 함께. 2011년 1월 16일.

**8** 미국에 사는 두 손자. 2016년 7월.

**9** KU-KIST 융합대학원 2013 전기 입학식. 2013년 3월 4일.

**10** 고려대 '진정일 강의실' 앞에서. 2016년 5월 17일.

**11** 박사학위를 받은 삼부자. 2007년 여름.

**12** 광주광역시 경신여고에서 가진 한림원 석학과의 만남 행사. 2018년 8월 22일.

# 할아버님과의 마지막 만남

“어머니, 우리도 빨리 준비하고 나서야지요? 저는 무엇을 지고 갈까요?”

동네인 서울시 성동구 성수동 1가 일대가 모두 뒤숭숭했다. 북한의 남침 피난을 가지 못했던 사람들이 추위를 무릅쓰고 짐을 싸 피난을 갈 준비들로 바빴다. 12월 들어서니 전세가 다시 나빠져 북쪽 깊이까지 올라갔던 국군과 UN군이 퇴각당하고 있어 서울로 적군이 또다시 들어오고 있다는 불길한 소식이 잇따라 들렸다.

아버님은 전투경찰로 참전하고 계셔서 어디 계신지 연락도 잘 안 되고 있었다. 8살 여동생, 갓난 남동생과 당시 10살이었던 나를 어머니 혼자서 어떻게 이끌고 피난길에 오르셨을까. 피난이 무언지도 잘 모르던 나는 오히려 조금 들떠 있기까지 했다. 다행히 이웃에 살던 허씨 아저씨가 커다란 수레를 끌고 자기 식구들과 함께 우리 식구를 피난시키기로 했다. 아버님이 미리 부탁해둔 모양이었다.

허씨 아저씨 내외분은 내가 아주 어렸을 때부터 우리 집 앞 동네 변에서 구멍가게와 음식점을 운영하고 있었고, 내 나이와 비슷한 아들과 나보다 서너 살 위인 딸과 살고 있었다.

어머니는 정실을 업고 조그만 짐을 이고, 나는 작은 이불을, 여동생은 애기동생 기저귀 가방을 등에 지고 허씨 아저씨 수레 뒤를 따랐다. 집을 떠난 지가 1950년 12월 말경이었는지 아니면 1951년 1월 초였는지 정확히 기억이 나지 않는다. 추위와 배고픔이 상상을 초월했다. 가끔 어머니가 나누어주신 백설기를 뜯어먹으며 남쪽을 향해 걸었다. 피난 물결에 묻혀 고작 하루에 이삼십 리 정도를 걷곤 했다. 배고파 젖을 달라고 보채던 어린 동생의 울음소리가 지금도 귓전에 생생하다. 피난민으로 꽉 찬 피난길은 아우성 그 자체였다.

머리 위로 날고 있던 전투기들의 굉음과 폭격소리에 따라 피난민 물결이 출렁였다. 우리 식구는 걸음이 느려 허씨 아저씨 식구들이 더 지쳤을지도 모른다. 허씨 아저씨 수레가 시야에서 사라지는 때도 많았고, 그럴 때면 우리 네 식구는 죽을힘을 다해 걸었다. 용인을 거쳐 청주라는 낯설고 조그만 도시에 도착했다. 그 도시는 이미 피난민으로 가득 차 있었다.

눈길에 하루 이틀 중간에 낯선 동네에서 지내기도 했고, 음력 설이라고 주인집이 끓여준 국밥을 이 세상에서 가장 맛있는 식사라 생각하며 먹기도 했다. 조그만 방에 30~40여 명이 함께 자기도 했다. 처음에는 앉아서 자기로 했지만 다음날 새벽에 깨보면 포개져 남의 얼굴에 발을 얹고 자는 모습들이 보통이었다.

미군들이 지나며 던져준 국방색 DDT 작은 통이 지금도 눈에 선하다. 씻지 못하고 지내니 몸과 머리털 속에 이(蟲)가 성해 DDT 가루를 전신에 바르고 살았다. 피난길에 양지바른 쪽에서 쉬면서 이 사냥(?)을 하던 모습들은 익숙한 광경이 되었다.

당시 재판소라 불린 청주 법원 근처의 한 칸짜리 방에 허씨 아저씨 식구 넷과 우리 식구 넷이 잠깐 머무르기로 했다. 법원 마당에는 매일 사람들이 들끓었다. 징병당한 젊은이들이 긴 줄을 만들어 훈련소로 이동 중이라 혹시라도 친척 · 형제를 만날 수 있을까 하는 기대로 피난민들이 몰려들었다. 동생을 업은 어머님도 예외는 아니었다. 놀랍게도 긴 줄에 묻혀 있던 유일한 외삼촌(朴英澤)을 발견하셨다. '영택아 살아 있었구나! 네 얼굴을 보았으니 이제 원이 없구나. 꼭 살아남아 서울에서 다시 만나자!' 어머니는 이내 눈물을 닦으며 긴 한숨을 쉬셨다. 또 한 번의 기적이 있었다. '애들아 너희들 여기 있니?' 하며 할아버지가 다가오시는 것이 아닌가!

서울 청량리에서 살고 계시던 큰집 식구들은 할아버님, 할머님과 함께 홍천으로 피난을 갔다가 다시 남하하고 있는 중이란다. 할아버지는 우리 식구들을 포함한 다른 친척들의 생사를 확인하려고 큰집 가족들과 흩어져서 홀로 이리저리 돌고 계셨단다. 진씨 집안 전체의 안위를 걱정하시면서 정신없이 우리들을 찾아 헤매고 다니셨던 할아버님의 책임감이 감동을 주었다. 하룻밤을 함께 지낸 할아버지는 다음날 아침 '애들아, 너희들 조심해 피난하거라. 나는 다른 가족들을 찾아보련다.' 하시고는 우리들과 이별하셨다. 이 이별이 할아버지와 마지막이 될 줄이야 어찌 알았겠는가. 후에 들었으나 할아버님은 이듬해(1952년)에 타계하셨단다. 예순의 연세로 아마도 전쟁 중과 후에 만연한 전염병의 희생자가 되셨다고 추측한다.

'허허허, 우리 며느리가 장군같이 생긴 아들을 낳았지 뭐야' 오가는 동네사람들과 부딪히기만 하면 할아버님은 나의 탄생을 이렇게 전했단다. 만삭이 된 배를 안은 채 빨랫감을 이고 뚝 넘어 빨래터를 향해 가던 어머니가 산통을 강하게 느껴 뚝 밑 큰댁에 들러 상황을 말씀드리니 할머님이 부지런히 어머니와 함께 집으로 와 나를 낳게 했다는 후일담을 들은 기억이 난다. 1942년 3월 19일 오후의 일이었다. 아들을 기다리던 우리 집안의 큰 경사였음은 대략 짐작이 간다. 항상 나로 하여금 할아버지 밥상에서 함께 식사하도록 사랑해 주셨고 초등학교(당시 국민학교)에 입학해 내가 한글을 읽을 수 있게 되었을 때 할아버지께서는 특히나 나를 기특히 여기셨다. 요즈음은 할아버님 제사 때 제상 위 영정사진으로 그분의 옛 모습을 더듬어보곤 한다. 나를 특별히 사랑하셨던 할아버님이 그립다.

아직도 날씨가 쌀쌀했다. 청주시 교외라 기억하고 있는 '산애뜰'이라는 동네로 옮겨 어느 농가 건넌방에 기거하고 있던 우리 네 식구는 전황이 나아져 다시 상경하기만을 기다렸다. 먹을 것이 귀했던 당시 하루하루 생활상은 처참했다. 종종 통밀을 삶아 물 넣고 끓인 된장찌개로 간을 맞추어 먹었다. 나는 주인집 형을 따라 십리길이 넘는 산으로 가 땔감을 마련해 지고 오곤 했다. 헐벗은 동네 뒷산에서는 땔감을 해올 나무가 보이질 않았다. '아이고, 이제 정일이가 다 컸구나! 땔감까지 해오고!' 어머님의 칭찬 소리는 가슴 아픈 울음소리처럼 들렸다. 허리를 두르고 있던 어머님의 전대는 점점 얇아지는 듯했고 어머님의 한숨소리는 길고 깊어지기만 했다. 아무것도 할 수 없는 나는 안타깝기만 했다. 때때로 동네 토박이 부농의 집에 초대(?) 받아 저녁시간을 보냈던 기억이 난다.

'아이 고와라. 서울 아이들은 이렇게 곱게 생겼고, 노래도 잘하는

구나!' 하는 감탄 소리보다는 주인집에서 내어놓던 쌀과자들의 꿀 같은 맛에 정신이 팔렸던 기억이 난다. 나보다 한 살 어린 그 집 첫아들은 항시 한복을 입고 있었다.

'어머니, 저게 무엇이지요?'

'아이쿠 죽은 군인 사체의 일부네!'

길게 이어져 있는 논바닥에 군복 입은 사체 중 다리 부분이 군화까지 신은 채로 뻗어 올라와 있지 않은가.

서울로 네 식구가 다시 올라올 때는 날씨가 따뜻해 피난길보다 훨씬 편히 느껴졌다. 하늘을 가르며 날던 폭격기의 날카로운 소리와 멀리서 들려오는 폭음은 우리 마음을 움츠리게 했다. 그런 와중에도 길가에는 떡장사들이 드문드문 눈에 띄었다. 어머니의 커다란 배려(?)로 떡 하나라도 손에 들게 되는 날엔 우리 걸음이 빨라졌다. 어머니 등에 업혀오는 정실이는 밝은 웃음을 선사하는, 우리 식구에게 보배 중의 보배였다. 그 녀석 기저귀는 아직도 여동생 뒷짐이 되었다. 나는 이불 하나를 지고 매일 걸었다. 아직 한강 이북으로 들어가기는 안전문제가 보장되지 않던 정황이었다.예전 이웃에 살던 최병호* 아저씨가 영등포경찰서에 계셔서 그분의 배려로 영등포시장에서 가까운 곳에 머물게 되었다. 또 그분으로부터 지리산 공비토벌에 참여하고 계신 아버님 소식도 들을 수 있었다.

어머니께서는 지니신 돈이 끝을 보이기 시작하자 초조해하셨다. 막냇동생을 업은 채 어머니는 길가에서 여동생과 함께 떡장사를 시

* 후에 내 장인이 되셨고, 아버님과 태흥화학을 함께 경영하다가 6 · 25전쟁시 두 분이 함께 전투경찰에 입대하셨다.

작하셨고, 나는 그 옆에서 강냉이튀김을 팔았다. 아버님이 오셨다는 기쁜 소식에 팔던 떡이며 강냉이튀김 바구니를 든 채 집으로 뛰어가 아버님께 안기던 생각이 그림처럼 떠오른다. 그간의 고생스러웠던 얘기들로 밤이 새는 줄 몰랐다. '낮에는 이쪽이지만 밤만 되면 저쪽 세상이 되니 주민들이 어떻게 견딜 수 있을지. 빨리 이 소탕전이 끝나야 할 텐데….' 하시며 아버님은 한숨을 쉬셨다. 아버님은 다시 지리산 경찰대로 복귀하셨다. 안타깝게도 힘든 피난살이 잘 견디며 재롱둥이로 자란 정실을 몹쓸병으로 잃는 가슴 아픈 일이 벌어졌다. 부슬비가 뿌리고 있던 그날, 정실의 사체를 싣고 떠나던 경찰 소속 자동차를 쳐다보며 '정실아, 정실아….' 하며 울부짖던 어머니의 애처로운 목소리가 지금도 내 귀를 울리고 있는 듯하다.

1951년 6월 중순 한강 북쪽으로 이주가 허락되어 드디어 도착한 집은 처참한 모습이었다. 마당과 지붕에는 풀이 무성하게 자라나 있었고, 모든 창문이 열린 채 세간들은 방바닥과 마루에 뒹굴고 있었다. 그러나 우리는 모두 크나큰 평안함을 느꼈다. 어머니는 나와 내 여동생을 번갈아 안아주셨다.

"너희들 정말 고생 많았다. 너희들이 나를 강하게 만들고 지탱해 주었단다. 우리 힘을 합쳐 다시 서울생활을 시작하자. 곧 아버지도 서울로 오시게 되겠지…."

얼마후 경찰복차림에 칼빈총을 메고 아버님께서 돌아오셨다. 제복차림의 아버님 모습이 더할 나위 없이 자랑스러웠다. 또한 모든 가족이 함께 모인 이 행복감이 영원하길 빌었다.

# 두 분이 북 치고 장구 치셨군요

내 결혼식 얘기를 주위사람들에게 들려주면, 공통된 반응이 '두 분이 북 치고 장구 치고 다 하셨네요!"다.

미국 유학 온 지 2년 만에 한국에서 미국으로 출국한 날도 잊지 않을 겸 9월 7일을 결혼일로 잡아 결혼식을 올렸다. 지난 1년간 필라델피아 알버트 아인슈타인 병원(Albert Einstein Medical Center)에서의 근무를 접고 뉴욕시로 옮겨오기로 한 안사람*과 합의 후 결혼식을 하기로 했다. 고민 끝에 양가 부모님조차 모시지 못하고 우리 둘이서 모든 준비를 해 박사과정 친구들과 화학과 교수들, 몇 명의 한국인을 결혼식에 초청하기로 하고 일을 진행하였다.

결혼한 미국 친구, 특히 잭 노보도프의 도움으로 결혼식을 잘 준

* 당시는 약혼녀. 유학 출국 직전인 1966년 8월 15일에 양가 어른들과 식구들이 모인 자리에서 간단한 약혼식을 가졌고, 일년 후 약혼녀는 필라델피아로 왔다.

비할 수 있었다. 혈액검사 후 뉴욕시청의 결혼허가, 결혼장소 예약 및 주례를 해주시는 임순만 목사와의 접촉, 결혼 피로연 장소 예약, 신랑 · 신부가 입을 예복, 신랑 · 신부 들러리 부탁, 신부를 인도할 대부(홍성빈, Washington D.C.) 부탁, 예식장인 교회에서부터 피로연장까지 신랑 · 신부 교통편 사전 준비 등 정말 신경써야 할 부분이 많았다. 그러나 한 가지씩 일이 진척될 때마다 큰 희열을 느꼈다. 준비 중에 배운 중요한 사항은

1. 결혼허가를 받기 위해 혈액검사를 통과해야 하며,

2. 뉴욕시청에서 발급받은 결혼허가서를 교회에 제출해 교회 결혼식을 준비하고,

3. 청첩장은 최소 6주 전에 발송하고

4. (특히 피로연 준비를 위해) 답장(RVSVP) 요구서를 꼭 포함시켜야 한다는 것이다.

아뿔사! 청첩장 발송 직전에 RVSVP 답서가 포함되지 않았음을 뒤늦게 알고서는 인쇄소에 가서 자초지종을 설명하니 추가비용 없이 하루 뒤 찾으러 오라고 했다. 겨우 50여 명에게 보낼 청첩장이었지만 지금 다시 회상해도 가슴이 벅차오른다.

누구 이름으로 결혼식에 초청해야 하는지도 우리 둘에게는 큰 숙제였다. 그렇다고 대부의 이름을 사용할 수도 없고…. 미국 친구들과 상의 끝에 미국에서 하는 식에 따라 신부아버지가 초청하는 형식을 취했다.

우리 결혼식에 와준 여러 친구들과 몇몇 교수들이 정말 고마웠고, 신랑 · 신부 들러리를 서준 이성수, 최성자 씨에게는 지금도 고마울 따름이다. 이성수 씨는 미국 유학시절 우연히 만나 친하게 지

낸 사이로, 지금은 연락이 닿지 않는 아쉬운 인연이다. 최성자 씨는 안사람 선배로 현재에는 서울에 사신다. 당시 이성수 씨는 서울에서 모 대학을 졸업한 후 독일에 광부로 갔다가 뉴욕으로 와 옷 재단사로 일하고 있었으며, 최성자 씨는 안사람과 함께 필라델피아 병원에서 근무하고 있었다.

결혼 며칠 전 화학과 과장 바렛(Barrett) 교수가 나를 찾는다는 메시지를 받고 과장실로 갔다. 과장과 교수 두어 명이 내 얼굴을 보고 웃으면서 농담조로 말을 걸었다.

"정일이가 아니 그렇게 큰 잘못을 저질렀다며?"

벌킨(Bernard Bulkin) 교수가 맞장구를 친다.

"어! 그러면 안 되는데!"

나는 긴장할 수밖에 없었다. 그러나, 이내 과장이 다시 웃으며 말했다.

"정일아, 곧 결혼한다며? 우리과 교수들이 너에게 줄 결혼선물을 준비했거든. 이걸 너의 집주소로 보내면 되니?"

곁에 FARBWARE라고 씌어진 커다란 박스를 가리켰다. 냄비, 프라이팬 등 스테인리스스틸 주방용품 세트였다. 부엌 살림이 거의 없었던 우리에게는 꼭 필요한 것들이었다.

"네 결혼을 진심으로 축하한다. 이 박스 속 물건들이 신혼부부의 신접살림에 유용하게 쓰이길 바라네!"

고맙다고 연신 허리를 굽혀 인사하면서 과장 및 옆에 있던 교수들과 악수를 했다. 어찌나 고맙던지 그 날의 과장실 광경이 요즈음도 생생히 내 뇌리에 살아 난다. 지금은 손잡이 부분이 다 닳거나 빠져 없어졌지만, 안사람은 여전히 그 두툼한 스테인리스 조리기구들을 가장 좋아하며, 아직도 사용하고 있다. 결혼 50주년이 가까워 오는데도 말이다.

여러 친구들도 무엇이 필요하냐고 물어왔다. 흥미로웠던 일은 각자가 축혼금할 대략의 액수를 우리 부부에게 말해주면서 결혼 선물로 필요한 품목을 얘기해달라는 것이 아닌가. 물론 현금이나 수표를 준 친구들도 있었다. 대부분 20달러 내외(당시 내 월급은 240달러였다.)였고 아주 드물게 50~100달러도 섞여 있었다.

결혼식 경험을 통해 인간관계의 중요성과 한민족의 동포애를 한 번 더 느꼈다. 워싱턴 D.C.에서 멀지 않은 버지니아주에 홍성빈 씨 내외가 살고 계셨다. 홍 선생님은 내가 서울대 석사과정 시절 미국인(당시 체신부 장관)의 장학금을 주선해주어 서신으로 친교를 맺고 있었으며, 미국에 도착 후에도 연락을 주고받던 터였다. 부모님을 모시지 않은 채 우리끼리 결혼식을 해야 하는 사정을 설명드리고 신부를 식장에 인도할 대부 노릇을 부탁드렸다. 당시 한 번도 만나본 적 없었는데도 홍 선생님은 흔쾌히 부탁을 받아들여주셨다. 또한 결혼식장도 한인교회(Korean Church)를 추천해주셨고, 임순만 목사님을 주례로 소개해주기까지 하셨다. 결혼식 당일에는 홍 선생님 내외분이 어린 딸과 함께 네 시간이나 운전해 식장까지 와주셨으며 친부모님처럼 결혼식 전체를 돌봐주셨다. 뉴저지에 살고 있던 임순만 목사님은 친절히도 결혼식을 집전해주셨고, 사모님도 함께 오셔서 결혼식에서 숨은 조력자 역할을 톡톡히 해주셨다.

결혼식을 올린 한인교회는 1921년에 출발한 조그만 교회로 지금도 그 같은 자리에 있으며, 뉴욕시를 방문할 때마다 한 번씩 들러본다. 20여 명 남짓 참여한 호젓한 결혼식이었지만 우리 둘의 행복을 비는 그들의 표정은 한없이 따뜻했고 다정했다. 한국에서부터 가져온 신부의 면사포는 참으로 아름다워 결혼식에 참석한 모두의 탄성을 자아냈다. 삼복음식점 피로연장에서 신부는 색동한복으로 갈아입고 나타났으며 하객들은 그 화려함에 감탄했다.

결혼식에 참석하지 못한 여러 교수들이 피로연장에 몰려와 더욱 화기애애한 분위기를 만들어주어 고마웠다. 방바닥에 앉아 장시간 한식을 즐기던 미국교수들과 친구들의 표정이 눈에 선하다. 지도교수였던 와일리 박사가 자리에 일어나 축배를 제의하면서 즐거운 피로연이 시작되었다. 불고기, 갈비, 김치, 두부요리 등 각가지 한식을 즐긴 하객들은 훗날에도 종종 우리 결혼식 얘기와 한식을 먹은 경험을 되뇌었다. 친구들과는 후에 다시 삼복음식점을 찾기도 했다.

우리 부부는 가끔 홍 선생님댁을 찾아가 함께 저녁을 하기도 했으나, 지금은 연락이 되지 않는다. 홍 선생의 건강이 매우 나쁘다는 먼 소식을 몇 년 전에 듣고 안타까웠다. 임 목사님은 현재에도 뉴저지에 살고 계시며 3~4년 전에 전화로 안부를 여쭈었으나 연로하셔서 우리 결혼식을 기억하지 못하시는 듯했다. 귀국 후에 가끔이라도 소식을 드리지 못한 게으름이 한없이 부끄러울 따름이다. 같은 민족이라는 하나의 연결고리 때문에 얼굴도 모르던 우리 둘의 결혼식을 위해 아낌없이 도와주신 분들과의 인연이 이제는 기억 속에 액자화되고 있을 뿐이다.

먼짓속 결혼앨범을 오랜만에 열어보니 1968년 9월 7일의 추억이 다시 한 번 떠오른다. 부모 · 형제들은 없었으나 우리 둘은 결코 외롭지 않았다고 자부한다. 우리 둘이서 북치고 장구치고 신나게 결혼식을 치렀지 않은가!

곧 결혼 50주년이다. 50주년을 맞이해 특별한 추억거리를 만들어야겠다고 생각하고 있지만, 아직 그게 무엇일지 정하지 못하고 있다. 안타깝게도 말이다.

# 손자 승연이와의 화학수업

"여보, 이를 어쩌면 좋아요! 승연이가 할아버지 쫓아가자고 우네요!"

"아이구, 어떻게 하지? 할 수 없지요 뭐. 당신과 승연이가 함께 나 샤워하는 옆으로 와야겠군요!"

"습하고 물도 튈텐데요…."

땀에 젖은 옷을 벗고 곧바로 샤워장으로 달려가는 내 뒤를 따라오면서 안사람이 전한다.

미국에 있는 첫째와 둘째 손자는 드문드문 볼 수밖에 없기에 귀엽고 기특하다고는 느꼈으나 잔정은 서로 나누지 못해 늘 아쉬움이 있었다. 애들보다 늦게 태어났고, 곁에서 함께 살았던 셋째 손자 승언이와 나는 정말 가까웠다. 집에 돌아오면 누구보다 먼저 승언이를 찾았고, 승언이는 할머니나 제 애미 등을 떠밀고 나에게 오곤 했다. 셋째 손자였으나 나에게는 유일한 손자처럼 느껴졌고, 나와 띠

(말띠)도 같아 더욱 친근하게 느껴졌다. 성품이 온화하고 조용하면서도 자라면서 스포티한 면도 보여 나와 이런저런 게임을 즐기기도 했다.

"아이구, 물 튄다. 승언아 할아버지 샤워 커튼 쳐야겠다."

그걸 받아들일 승언이가 아니었다. 내 샤워가 끝날 때까지 나를 지켜보고 있어야 했다. 저를 안고 있는 할머니가 힘든 것은 전혀 개의치 않고 말이다.

"승언아, 우리 어린이대공원에 가서 공차기 할까?"

함께 살던 승언이가 초등학교 1학년 때 우리 내외와 떨어져 살게 되면서부터는 주말에나 드문드문 찾아오게 되어 아쉬웠고 지금도 여전하다. 더구나 승언이와 여섯 살 차이가 나는 채언이는 나에게 유일한 손녀인데, 태어나고 얼마 안 되어부터 따로 살아 손녀와의 정을 더 나누고 싶은 바람이 있다.

"여보, 애들 이번 주말에 놀러온대? 못 본 지 벌써 2주나 되었잖아!"

"글쎄요. 아직 별 연락이 없었는데요."

"슬쩍 너희들 이번 주말에 무슨 특별한 계획이 있는지 물어보지…."

승언이는 유치원을 다닐 때부터 원어민이 가르치는 특수 영어학교를 다녔다. 따라서 나는 종종 승언이와 영어로 대화를 시도했고, 차차 승언이는 나와 영어로 대화를 이어나갔다. 더구나 초등학교 4학년 때 부모를 따라 미국에 건너가 그곳에서 1년간 학교를 다녔기에 중학교 3학년인 지금도 영어로 의사표현을 곧잘 하고 있다.

승언이와 내 사이가 매우 가까웠기 때문에 우리 둘 사이에는 많은 추억거리들이 쌓여 있다. 가끔 내가 먹는 것을 승언이는 가까이서 빤히 쳐다보면서 내가 혹시 자기에게 주지 않을까 하고 기다리곤 했다. 예컨대 내가 비타민C 정제를 빨아먹고 있으면 승언이는 빙글빙글 웃으면서 언제쯤 자기에게 일부를 줄까 하는 기대감에 젖어 있곤 했다. 특히 며느리 눈에 띄지 않게 조심하면서 정제가 조금 남아 있을 때 내가 혀를 내밀면 승언이는 마치 매가 병아리를 채가듯 자기 손가락으로 내 혀 위의 비타민 정제 조각을 가로채어 빠르게 자기 입속으로 넣었다. 이런 광경을 바라보던 안사람은 손사래를 치곤 했다.

비교적 자주 볼 수 있었던 승언이가 중학교에 진학한 후에는 만날 수 있는 기회가 확 줄었다. 우리나라 교육현실이 우리 둘의 만남에도 크게 영향을 미쳤다. 때때로 주말에도 학원을 가야 한단다. 주중에 학원을 가지 못한 일이 생길 때에는 주말에 보충수업을 해야 한다는 의미다. 학교에서 가르치는 내용도 다 소화하기 힘들 터인데 매일 저녁, 이젠 주말까지 아이들을 학원으로 몰다니….

"애미야, 애들 꼭 학원엘 보내야 하니?"

"그렇지 않으면 불안해서요. 주위를 둘러보면 모두들 그렇게 하고 있는데, 저희만 그렇게 안 할 수도 없고…. 저흰 오히려 두어 과목만 학원에 보내는 걸요."

그러니 아이들이 고단할 수밖에 없고, 다음날 학교에서는 책상에 엎드려 자꾸 자려들 수밖에 없지 않을까?! 더구나 학교에서는 학원에서 이미 배운 내용을 되풀이해 가르치고 있으니. 그리고는 학교에서 배우는 것이 없다고 불평하고 있지나 않은지 걱정이 생긴다.

학부형이 먼저 공부를 해야 한다는 생각을 나만 가지고 있지는 않다는 것을 나는 너무나도 잘 안다. 특히 학부모님들의 생각과 마음가짐에 혁명적인 변화가 일어나지 않는 이상 공교육의 정상화는 길이 멀어 보인다.

하루는 승언이가 중학교 3학년 통합과학 교과서를 가지고 왔다. 호기심을 갖고 들여다보았다. 말도 안 되는 엉터리 '통합'으로 꾸며진 교재였다. 물리, 화학, 생물, 지구과학 내용이 서로 연계성도 없이 끼어 들어간 교재였다. 하도 화가 치밀어 '삼천지교'라는 학부모 커뮤니티에 글을 써 보냈다. 통합 또는 융합적 교재를 하루 속히 제대로 만들어 학생들 교육에 사용해야 한다는 내용이었다. 몇 천 명이 넘는 관심있는 분들이 내 글을 찾았다. 학부모 단체에서라도 '소리질러'주길 바라는 심정이다.

여름방학이 되어 승언이가 조금 자유시간이 늘었나 보다. 우리집에 놀러오겠다더니 고등학교 1학년을 위한 화학책 몇 권을 들고 왔다. 일주일에 한 번씩 나에게 들러 내년 고등학교 입학 후 배울 한 학기 내용을 중요한 줄거리로 배우고 싶단다. 승언이가 가져 온 책은 우리나라에서 가장 명성이 높은 출판사의 책이었다. 그런대로 기대를 갖고 책장을 열었다.

'이렇게들 화학을 가르치니, 누가 화학에 흥미를 느낄까? 재미없는 대학 일반화학 교재의 축소판이 아닌가? 화학은 과학 중 어느 위치에 있고, 왜 우리가 화학을 배워야 하는가를 우리들의 일상과 생명현상, 재미있는 과학기술적 얘기들과 우주의 이야기 등과 함께 학생들이 저절로 끌려오게 시작을 하지 못할까? 케케묵은 방식으로 원자의 구조, 분자, 원자량과 분자량, 분자식(실험식, 시성식, 구조

식) 순으로 배워야 하는 건가?'

승언이가 재미있을 리 없지만 일단 책의 순서로 이야기를 엮어나갔다. 그러나 책의 뼈대에 풍부한 살을 붙여 훨씬 이해하기 쉽고 실감을 느끼게 했다. 모처럼 일주일에 한 번씩 만나 점심까지 함께하는 이 즐거운 시간을 나는 놓칠 수가 없었기에 승언이 눈치를 보면서 내 경험과 가르침 솜씨를 최대한으로 발휘하려 애썼다.

"승언아, 지금 우리가 공부하는 부분이 화학에서 가장 재미없는 부분이야. 우리는 화학의 언어를 공부하고 있고 이 부분만 넘기면 네가 화학의 언어를 잘 알게 될 거야. 그러면 화학 내용을 즐길 수 있게 된 단다!"

"예, 할아버지. 잘 알겠어요."

"할아버지가 가르치는 내용이 잘 이해되니?"

"네. 재미있어요!"

약속대로 우리 둘은 요점을 중심으로 한 달쯤 함께 화학을 훑었고, 오래전에 큰아들이 학력고사에서 화학 만점을 받은 기억이 내 머리를 스쳤다.

87년경으로 기억한다. 큰놈이 대학입시를 준비한다고 해서 화학 내용을 물어보니 '화학공부는 뒤로 밀어놨어요.'라 답했다.

"그럼 언제쯤 나하고 한번 훑어볼까?"

"여름방학 끝 무렵이요!"

"그러자!"

"애미야, 승언이가 괜시리 나에게 오느라고 힘들어하지 않니?"

"아녜요. 할아버지가 가르치는 방식과 내용이 제 마음에 꼭 든대요."

아주 어려서부터 나를 좋아했던 끌림이 아직도 살아 있는 듯해 기분이 좋았다.

"승언아, 너 어렸을 때 할아버지를 무척 좋아했다. 지금도 좋아하냐?"

"네, 할아버지!"

나는 승언이를 꼬옥 껴안았다. 이젠 조금만 더 자라면 키도 나만 해질 테고, 어느새 변성기인 승언이의 목소리가 어딘지 듬직하게 느껴졌다.

# 아버지와의
# 산행을 추억하며

봄이 찾아왔다. 1981년 4월 초 일요일 아침이었다. 날씨는 쾌청했고 기온도 운동하기에 알맞았다.

"아범아, 산에 같이 갈래? 아범도 이제 마흔이니 건강관리를 시작해야지!"

아차산이 빤히 보이는 위치에 살고 있었지만 바쁘다는 핑계로 그곳을 한 번도 오르지 않고 건강관리에 게으른 내 모습이 못마땅하셨던 모양이다.

"네, 아버님. 아버님 따라가지요."

아버님은 예순다섯의 연세에도 시간이 날 때마다 아차산을 지나 용마산까지 다녀오시곤 했다. 물론 퇴직 후인지라 산행을 다녀온 후에는 쉬면서 집안일을 도우셨다. 명석하신 아버님은 손재주도 좋으셔서 집안 구석구석을 잘 돌보셨다.

아차산 중턱까지 오르니 숨이 차올라 쉬고 싶었다. 아버님은 그런 사정을 눈치 채셨던 모양이다.

"여기서 잠깐 쉴까? 나는 그럼 담배나 한 대 피우고…. 나 혼자서는 정상까지 한 번도 쉬지 않지만."

몇 년 후에는 어렵게나마 담배를 끊으셨지만, 평생 애연가셨다.

그것이 원인이었는지 결국 폐암으로 타계하셨다. 여기저기 불편하다는 말씀은 자주 하셨으나 내가 보기에는 건강하셔서 아흔은 넘기시리라 믿고 있었다. 그러나 87세로 생을 마감하셔서 가슴이 아팠다. 이래라 저래라 통 잔소리하지 않으시고 그저 바라만 보고시면서 내 자신이 알아서 하도록 기다려주신 인자하고, 한편으로는 파란만장한 생을 보낸 분이다.

아차산 정상은 크게 특별한 인상을 주지 못했다. 실은 정확히 어디가 정상인지도 분명치 않았다. 아차산을 지나 골짜기로 조금 내려간 후 이어지는 용마산을 오르는 길은 가팔랐다. 꽤 힘든 코스라 생각했으나 힘든 내색을 하지 않고 아버님과 용마산 정상에 올랐다. 남산보다 조금 높은 산이라 서울시가 내려다보이고, 바람도 시원했다. 또한 남산타워가 빤히 마주 보였다. 정상에서 느낀 상쾌함이 새로운 즐거움을 주었다. 집을 떠난 지 한 시간이 더 걸려 정상에 도착할 수 있었다. 귀가해보니 전체 두어 시간이 좀 더 걸리는 산길이었다.

돌아오는 길에는 의상대사가 머물렀다고 전해지는 대성암 절에 들러 부처님께 머리도 숙였다. 절 뒤에는 바위틈에서 나오는 약수도 마실 수 있어 시원스레 목을 축였다. 불심에 젖어 불공만 드리던 선승에게 곡식을 내려주시던 바위구멍들이 있는 곳이다. 후에 못된 스님이 불공은 들이지 않고 곡식만 바래 바위에 구멍을 여기저기 더 뚫었으나 곡식을 그 이상 내려주지 않았다는 전설이 전해온다. 절 뒤의 바위가 지금도 불탄 듯한 구멍들을 가진 채 반 지붕을 만들고 있다. 하산 길에는 영화사에 들러 부처님께 읊조리기도 했다. 어려서부터 부모님 따라 다니던 절인데, 의상대사가 지었다고 전해진다. 강 건너 봉은사에도 다녔던 기억이 난다.

그런 영향 때문인지 어렸을 때 잠깐 교회를 다닌 적도 있었으나 이후에는 불교에 더 관심이 많아졌다. 그리고 집이 영화사에 매우 가깝기도 해 가끔 절에 들러 부처님께 머리를 숙이며, 잠들기 전에 불경도 자주 집어든다. 나 나름대로 '담으려 하지 말고 들어올리려 하지 말라.'고 다짐하면서 잠 속에 빠져들곤 한다. 불가에서는 '비우라 하고, 내려놓으라.'고 가르친다.

아버님의 충고를 따라 주말마다 아차산-용마산은 물론 친구들과 북한산, 도봉산 등을 오르기도 했으며 이런 습관이 오늘날에도 이어져 내 건강을 지키는 가장 중요한 운동습관이 되었다. 평소 운동을 즐기지 않는 안사람과 요즈음도 일주일에 두세 번 한 시간 반 내지 두 시간 반 정도의 걷기 운동을 꾸준히 하고 있다. 물론 중도에 쉬면서 자연을 감상하기도 하지만….

'아버님, 정말 고맙습니다. 저에게 훌륭한 건강유지 비법을 가르쳐 주셨습니다. 걸을 수 있을 때까지 이를 지키겠습니다.'

내 경험에 비추어 두 아들에게도 운동을 권하고 있으나 둘 다 바쁘다는 핑계로 정기적 건강관리 운동을 하지 않고 있어 걱정이다.

지금도 음주는 끊지 않고 있으나—주량은 많이 줄었고 저녁 반주 한·두 잔은 아직도 꿀맛이다.—담배를 끊은 지는 꽤 오래되었다. 대학에 들어가 배운 흡연 습관을 몇 번씩이나 버리겠다고 다짐하면서도 쉽사리 행하지 못해 나 자신의 결단력을 부끄러이 여기고 있었다. 20개비들이 한 곽으로 이틀씩 버틸 수 있었으나 고단할 때나 음주 시는 흡연량이 늘어 그 폐해를 내 몸이 느끼곤 했다. 집에서 급할 때는 안사람을 시켜 아버님께 담배 구걸을 할 때도 더러 있었을 정도였다.

"얘들아, 오늘이 어버이날이지? 어버이날이라고 너희들에게 특별히 줄 선물도 없지만 약속 한 가지를 선물로 대신하마. 오늘부터 아빠는 금연을 선언한다!"

확실히 기억은 나지 않지만 40대 초였다고 기억한다. 따라서 20여 년 흡연한 후 금연의 길로 접어든 셈이다. 사실 담배를 끊으려고 많이 노력했었다. 파이프 담배까지 피며 노력했으나 쉽지 않았다. 그러나 자식들에게 한 약속을 어찌 어기겠는가! 이렇듯 어느 날 금연은 시작되었고 그 후 한 번도 흡연한 적이 없으니 지금 생각해도 '나는 괜찮은 놈이다!'

아버님께 배운 건강비결과 내 작심에 의한 금연습관이 합쳐 지금도 비교적 건강을 잘 유지하고 있으니 고마울 따름이다. 아버님께서는 여든 가까이까지는 꾸준히 걷기운동을 하셨고 뜻밖에 폐암으로 87세에 타계하셨다. 15세부터 60년, 즉 75세까지 흡연을 즐기셨으니 이후 금연을 시작하셨을 때는 이미 너무 늦지 않았던가 싶다. 나를 끔찍이 아끼고 사랑해주셨고 인자하셨던 아버님이다. 오죽하면 내가 아닌 안사람에게 못질을 도와달라시며 이렇게 말씀하셨다.

"아니다. 네 남편은 못대가리 대신 제 손가락을 때려 안 된다!"

"아니, 아버님! 남자를 시키셔야지, 저를 시키세요!"

"네가 훨씬 낫단다!"

안사람은 종종 이 대화를 되뇌며 아버님이 나를 얼마나 아끼셨는지를 회상시킨다.

지금도 저 세상에서 내 모습을 보시며 미소를 짓고 계시겠지….

아버님은 가족을 몹시 아끼셨다. 본디 타고난 성품 때문이셨겠지만, 어린 나이에 홀로 타향살이를 겪으면서 따뜻한 가정에 대한 애착도 크셨던 모양이다. 아버님께 들은 이야기로,

"대근아, 너 이제부터 큰집에 가서 살아라. 지금부터는 네 백부(큰아버님)가 네 아버님이 되실 게다. 잘 모셔야 한다."

"네? 무슨 말씀이시죠?"

"네가 큰댁의 양자로 갈 거다."

"제가요? 저는 차남인데요!"

"백부님이 네 형보다 너를 더 원하신단다."

이렇게 해서 아버님은 큰댁으로 가게 되셨다고 한다. 큰댁은 꽤 큰 여관을 운영하고 있었고, 초등학교를 겨우 졸업한 아버님에게 매우 힘든 노동이 기다리고 있었다. 장작 패기, 물 긷기, 마당 쓸기 등 일이 끊이질 않았다. 유일한 낙은 여관을 찾는 몇몇 손님과 친하게 지내는 일이었다. 손님들은 총명한 아버님을 꽤나 좋아했던 듯싶다. 그중 서울에서 온 손님도 있었다.

"얘야, 너 서울에 가서 살고 싶지 않니? 서울에 와 공부도 하면서 돈도 벌고…."

"네, 아저씨. 그러고 싶지만 서울엔 아는 사람도 없는 걸요."

"걱정 말거라. 내가 있지 않니?"

서울을 향한 아버님의 꿈은 한없이 커져만 갔다. 홍천의 상오안리에서 태어난 아버님께 서울은 '꿈' 그 자체였다. 그러던 중 큰댁(아버님의 새집)에 경사가 생겼다. 오랜만에 그 집 며느리가 아들을 출산하였다.

"안 된다. 비록 우리집에 아들이 생겼으나 너는 계속 우리집 아들이란다."

백부의 말씀이 아버님 귀엔 잘 들어오지 않았던 모양이다.

'옳지. 서울 아저씨 주소가 나한테 있어.'

아버님은 겨우 13세의 나이로 상경하셨다. 서울역에서 기차를 내렸다. 역 앞에 선 아버님은 눈이 휘둥그레졌다. 뻥 뚫린 큰 길에서 어디로 가야할지 그 방향을 종잡을 수가 없었다고 하셨다.

"글쎄. 동서남북 방향을 통 짐작할 수가 없었지!"

그 후 아버님의 서울 생활은 고생과 성공과 흥분의 연속이었다. 13세에 시작한 서울생활을 아버님은 혼자서 묵묵히 버티셨다.

'아버님! 아버님의 공덕에 은혜 입어 우리 모두 잘 살고 있습니다. 부디 평화 속에서 영면하십시오, 나무아미타불!'

# 당신 때문에 단련되었으니까요

배를 타고 충주호를 구경하고 수안보에서 일박 후 문경새재 걷기에 참여했다. 한국과학편집인협의회 임원 워크숍을 개최하고 기념여행을 하기로 한 것이다. 말만 듣던 문경새재를 충청북도를 시작으로 해 경상북도로 넘어가는 행로를 택했다. 일행 중 나와 우리 안사람이 가장 연장자라 혹시나 하는 걱정이 앞섰지만 이럴 때 함께하지 않으면 영영 문경새재를 구경하지 못할 수도 있다는 생각이 들어 겁 없이 끼어들었다.

다행히 이 행사를 계획한 후배들이 우리 내외를 배려해 제 3관문 쪽에서 시작해 제1관문 즉, 문경 쪽으로 계속 내려오는 행로를 밟기로 정했다. 2015년 여름이었으나 새재길이 높고 우거진 고목그늘이 더위를 쫓아 오히려 시원하게 느껴졌다.

"선자, 힘들지 않아요?"

"아뇨. 당신 때문에 단련되었잖아요!"

"무슨 말이오?"

"젊었을 때 기억 안 나세요? 예쁘게 보이려고 새로 산 뾰족구두를 신고 약속장소에 나간 나를 남산 정상까지 끌고 갔잖아요! 그날 발이 아파 혼났지요. 그렇다고 그걸 얘기할 수도 없고…."

"허허, 그랬던가…. 과거급제 하려고 한양에 가던 문생들이 이 고개를 넘었다니 잘 되려면 이 정도의 고통은 달게 받아야 했지. 당신도 그랬나 보네…."

새재 옆을 따라 흐르는 맑은 냇물도 아름답고, 관문들과 교구정 같은 역사적 건축물들도 눈길을 끌었다. 교구정 앞의 오래된 소나무의 굽은 모양이 역사의 굴곡을 암시하는 듯 싶었다. 신비하게 생긴 큰 바위들의 모습, 조그마한 폭포들도 발걸음을 멈추게 했다. 간간히 들리는 새들의 노랫소리도 아름답게 들렸다.

어느 글에선가 내가 어렸을 때 성동구 성수동에서부터 신당동 성동중학교까지 걸어서 등교하던 얘기를 썼다. 원래 약체로 태어난 모양이지만 아침저녁으로 했던 걷기운동 덕분일까, 훗날에 걷기를 그리 두려워하지 않게 되었다. 그래서인지 안사람과 데이트할 때도 아늑한 음악실의 구석자리나 한적한 공원의 벤치에 앉아 우리의 사랑과 미래를 다지기보다는 많은 이야기를 나누며 덕수궁 돌담길, 남산길, 정동과 우이동 길 등 서울거리를 걷곤 했다. 대학로 시절 서울대 앞에서부터 안사람 집이 있던 영등포까지 걸은 적도 있었다며 안사람이 옛이야기를 보탠다. 서울대 마크를 팔뚝에 단 교복은 단골복장이었다. 데이트 코스를 미리 약속하지 않고 만나다 보니 안사람도 혼란스러웠던 모양이다. 어떤 날은 간편한 옷차림과 걷기 편한 운동화 차림이었으나 때때로 고운 옷차림을 하고 그에 어울리는 구두를 신고 약속장소에 나오기도 했다. 안사람의 옷차림에 관계없이 나는 주로 함께 걸어 다니기를 바랐다. 문제는 구두였다. 제화기술이 부족했던 옛 구두를 신으면 종종 발뒤꿈치 쪽이 까지고 아팠다. 지금은 발크기에만 맞으면 편하게 느껴지니 다행이다.

제1관문(경상북도 문경) 쪽으로 내려올수록 고도가 낮아지고, 또 점심시간이 가까워지니 더위와 갈증을 느끼기 시작했다. 문경*은 기쁜 소식을 듣는다는 의미를 가진 문희(聞喜)라는 옛이름도 갖고 있단다. 두 시간을 훨씬 넘긴 긴 여정에도 역사의 향기가 섞인 맑은 공기와 탁한 문명의 소리를 멀리한 평화스러움 덕분에 조금도 힘듦을 느끼지 못했다. 더구나 맛있는 점심과 동행한 후배들과의 즐거운 대화는 아름다운 추억을 만들어주고 있었다. 그들에게 고마웠다. 문경의 이름난 탁주를 마시니 내 기분이 한층 즐거워졌다.

"당신이 제일 고생했지…."

"그래요. 사모님이 가장 힘드셨을 거예요. 그래도 잘 오시던데요."

"다 진 교수님 덕분이지요. 젊었을 때 쫓아다니느라고 체력이 좀 단련된 모양이에요. 요즈음도 마찬가지지만요."

퇴직시 '건강관리가 가장 중요하다!'는 충고를 어찌나 여러 사람들로부터 받았는지 '건강관리'를 생활화하기로 했다. 과하지 않게

* 聞慶, 경사스런 소식을 들음-과거에 급제했다는 소식을 듣고 싶다는 소망을 담은 지명이라 생각한다.

뒷산 오르기와 앞의 대공원 걷기를 그 '관리'법으로 택하고, 두 곳을 찾는 횟수를 주 2회에서 3회로 늘리려 노력하는 중이다.

3~4년 전, 갑자기 안사람에게 걱정거리가 찾아왔다. 아침에 침대에서 일어나 방바닥에 두 발을 디딜 때마다 쩔쩔 매며 두 손으로 어딘가를 붙잡고 의지하면서 서서히 허리를 펴야만 움직일 수 있었다. 일시적인 것이 아니라 며칠째 이런 증상이 계속되고 있었다. 이상하게도 좀 움직이고 나면 그 증상이 견딜 수 있을 정도로 약화되었다. 그러나 사라지지는 않았다. 미국 동부에 살고 있는 손자녀석들 중학교 졸업식이 연이어 있었기에 장거리 여행을 위해 결국 병원의 도움을 받기로 했다. 통증클리닉과 정형외과를 다니며 소위 물리치료도 받았으나 크게 호전되지 않았다. 허리 · 척추 전문병원을 다니며 꽤 여러 번의 주사치료를 받고, 또 통증완화 약을 처방받아 다행히 큰 통증없이 두 번의 미국왕복을 무사히 마쳤다.

'안 되겠다. 싫다고 해도 내가 하는 걷기운동에 안사람을 끌고(?) 다니자!'

원래 운동을 싫어하는 그녀지만, 자신의 고통을 잘 알고 있었기에 내 요청을 따라주었다. 그날부터 일주일에 최소 두 번은 두 시간 이상씩 함께 걸었다. 운동을 시작한지 일 년 정도 지났을 때부터 안사람의 건강이 눈에 띄게 달라졌다. 본인 역시 동감했다. 걷는 자세도 좋아졌고 허리와 엉치 통증도 크게 줄어들었다. 이제는 가끔 나보다 먼저 운동복을 챙겨입고 걷기운동에 나가자고 제안할 정도가 되었다.

그 시간들은 단순히 걷기로 끝나는 시간은 아니다. 걷기운동을 하며 계절의 변화를 감상하고, 자연의 경이로움에 감탄을 하기도 한다. 또한 아름다운 꽃들과 함께 찍은 사진은 아들과 손자 · 손녀들에게 보내기도 한다. 부모님과 함께한 추억, 그보다 훨씬 전 우리 둘만의 얘기도 아름다운 꿈 이야기가 되는 행복한 시간들이다.

이른 봄, 새싹을 보며 감탄하다 보면 어느새 목련, 진달래, 개나리, 영산홍이 경쟁적으로 꽃잎을 피운다. 뒤늦을세라 벚꽃도 자신의 화려함을 뽐내며 공원을 점령하고, 꽃잎을 흩트리며 사라진다. 이후엔 화려한 장미가 세상을 점령하고, 무궁화도 모습을 나타내기 시작한다. 매롱나무의 화사한 붉은 꽃잎과 능소화가 주황색을 내밀고는 여름을 지킨다. 세 꽃은 무더운 여름이 끝날 때까지 묵묵히 우리 곁을 지켜주어 특히 고맙다. 가을이라는 신호는 국화꽃이 전한다. 눈 덮인 공원의 아름다움은 그 위를 뒹굴고 싶은 동심을 불러일으킨다.

"여보, 고마워요!"

"왜, 갑자기?"

"당신 덕분에 젊어서부터 걷기를 배워서 오늘도 이렇게 감사한 마음으로 걷고 있지 않아요!"

"그래, 우리 부디 건강하기만 합시다!"

어느새 집에 도착해 대문을 살며시 열어보니, 아직도 피어 있는 백일홍, 금잔화, 일일초 꽃과 막 핀 노란 국화와 자색 국화가 살짝 웃어준다. 가을이 깊어간다. 건강한 행복을 느낀다.

# 아, 이건 사랑의 샌드위치다!

"정일아, 오늘은 선자가 어떤 샌드위치를 준비했는지 궁금하다!"

"조금만 기다려. 내가 보여줄게!"

학생식당에 둘러앉아 점심을 함께 먹던 친구들 중 바비가 물어왔다.

샌드위치라는 단어*는 중학교 2학년 영어교과서에서 처음 보았다. 교과서 내용은 샌드위치를 싸서 피크닉을 간다는 내용이었다. 교과서에서 샌드위치를 빵조각 사이에 치즈나 햄, 야채 등을 넣은 간단한 음식이라는 정도로 배웠으나, 한 번도 본 적이 없어 그 실체는 전혀 실감하지 못했다. 어쨌든 유학차 미국에 도착한 후부터 샌

* 실제로 이 단어는 영국의 존 몬태규(John Montagu, 1718~1792) 4대 샌드위치 백작에게서 유래했다고 함. 서기전 1세기에 래바이 힐렐(Hillel the Elder)이 시작한 유대교의 유월절(逾越節) 상차림에서 유래.

드위치는 내 일상생활의 필수품이 되었다. 등굣길에 델리에 들러 내가 좋아하던 참치 샐러드 샌드위치를 사고, 사과 한 개와 오렌지 주스병이 들어 있는 브라운 백에 넣으면 간단하게 내 점심 준비가 완료되었다. 그러나 결혼 후에는 내 샌드위치에 큰 변화가 생겼다. 샌드위치를 안사람이 준비해주기 시작했기 때문이다.

"델리에서 파는 샌드위치는 한입거린데, 종일 일하는 분에게는 너무 작지요! 그걸 잡숫고 어떻게 종일 견디세요!"

아무말도 않고 그녀가 건네주는 브라운백을 책가방에 넣고 학교로 갔다.

"와! 이건 특별한 샌드위치다! 그 내용물 좀 볼래? 치즈, 햄, 달걀 프라이, 토마토, 상추, 사과 슬라이스. 선자가 특제 샌드위치를 쌌구나. 어쩐지 요즘 정일이 얼굴이 좋아 보이더라…."

"맞아! 이 샌드위치야말로 사랑의 샌드위치다!"

점심테이블이 한바탕 왁자지껄했다. 솔직히 너무 여러 가지가 들어 있어 조금 쑥스럽기도 했다. 그러나 나는 선자표 사랑의 샌드위치를 맛있게 즐겼다.

"에이. 그만 떠들고 샌드위치나 먹자! 선자에게 다음엔 너희들 샌드위치도 싸달라고 부탁할까?"

내 유학생활은 몇 가지 면에서 특이했는데, 특히 급우들과의 돈독한 우정은 50년이 지난 지금도 이어지고 있다. 어쩌다 뉴욕 맨해튼 바비의 아파트에서 며칠 머무를 기회가 있을 때면 바비가 으레 친구들을 불러모아 파티를 하고, 때로는 우리를 가르치던 교수님의 사모님도 함께했다. 사경을 헤매며 병상에 누워계시던 옛 미국인 은사님께 병문안을 가기도 했고, 한 여급우 남편의 장례식에 함께 참석하기도 했다.

바비 어머니는 안사람을 'Korean daughter(한국 딸)'이라며 특별히 예뻐했고, 자주 자기 집에 초대해 저녁을 함께하곤 했다. 하루는 저녁을 함께한 후 환담 중에 바비 어머니께서 안사람을 불렀다.

"선자, 이리 와, 너 이 브로치 어때?"

"너무 멋있고 예뻐요."

"그래? 그러면 이건 우리 한국 딸 줘야겠다!"

그녀는 하고 있던 브로치를 빼서 안사람 가슴에 달아주었다. 안사람은 아직도 그 브로치를 소중한 보물마냥 아낀다.

뉴욕의 특징을 여러 가지로 기술할 수 있겠으나, 내가 가장 깊게 느낀 점은 다문화 도시라는 점과 유대인이 많다는 점이었다. 내 클래스메이트 중에도 유대인 학생들이 매우 많았고, 그들 간의 유대감이 매우 강했다. 여러면에서 동양인과 유사점도 많았다. 가족적인 정을 나누고 살아가는 그들인지라 지금까지도 내 벗들은 언제나 나를 반겨준다.

샌드위치는 음식으로 생각하지 않던, 오히려 질색했던, 이미 고인이 된 화학과 동기이자 친구인 유 박사가 문득 떠오른다. 그가 브랜다이스 대학에서 생화학을 전공하며 박사과정을 밟고 있을 때였다. 가끔 뉴욕에 들러 나와 시간을 함께하기도 하고, 밤에만 잠깐 내 아파트에서 자고 훌쩍 떠나기도 했던 괴짜 기질의 소유자였다.

"정일아, 내가 벌써 뉴욕에 여러 번 왔으니 다음에는 네가 보스턴에 오너라. 보스턴과 브랜다이스를 구경시켜줄게."

홍콩에서 유학 온 여학생과 늦도록 시간을 보내고 들어와 미안했던지 불쑥 나를 보스턴으로 초청했다. 그 여학생은 내 아파트 근처에 살았고 우연히 식료품점에서 부딪혀 알게 된 사이였다. 후에 유 박사에게 소개해주었더니 둘이 친한 친구가 되었다.

"그럴래? 날짜 좀 잡아보자!"

역시 그는 괴짜처럼 살고 있었다. 아침이 되어도 일어나지 말고 그냥 자란다. 그의 기숙사 침대에서 일어나 공동부엌으로 갔으나 어느 것이 친구 소유의 음식인지 잘 몰라 아침을 굶을 수밖에 없었다. 왜 캠퍼스를 돌아다니며 아침을 사먹을 생각을 하지 못했는지 지금 생각해보면 의아할 따름이다.

"정일아, 나는 이 미국놈들 시간에 살지 않고, 한국시간에 맞추어 살고 있단다!"

"야, 너 보스턴 구경시켜 준다더니 그럼 언제 시내에 나갈 거니?"

"걱정마. 오늘은 우리 실험실 구경 가자!"

오후 늦게 어둠이 스며들 때쯤 친구는 누런 액체가 담긴 병과 작은 김치통, 밥을 싼 도시락을 챙겨 나를 자기 실험실로 데려갔다. 그의 설명인 즉 자기는 밥과 된장국과 김치로 식사를 해야 한다는 말이었다.

"아니, 쓰레기통에 왜 이런 걸 다 버렸지?"

"여기선 이런 것들을 재사용 안 해. 그렇게 하는 게 더 비용이 많이 든다고 사용 후엔 바로 버리래. 꼭 닦아 재활용할 것들은 저 플라스틱통에 넣어두면 아주머니들이 와서 깨끗이 닦아놓지."

미국에 연구비가 특히 생화학 분야에 지천이었던 시절의 한 면을 보여주는 경험이었다.

'소비가 미덕이라고까지 했던 시절이었지….'

이름은 잊어버렸으나 친구 지도교수(일본계 미국인)도 기행으로 유명했다. 사무실 책상 오른쪽에 시꺼멓게 탄 움푹 패인 곳이 있었고, 거기에는 담배꽁초 몇 개가 보였다. 재떨이 대신 책상 한 곳에 담배꽁초를 버려 그곳이 타들어가고 있었다! 면도도 한쪽만 하고 강의실에 올 때가 비일비재하다고 했다. 나는 그 지도교수에 그 제자라 생각했다. 친구의 병환이 위중할 때 미국으로 전화를 했다.

“진 교수. 이렇게 진 교수와 오랫동안 통화하니 기운이 나네. 걱정해주어 고맙고, 진 교수는 건강하게 장수하게.”

칠십이 조금 넘어 이 세상을 떠났으니 애석하기만 했다.

‘유 박사. 천상에서 평화와 풍요 속에 잘 지내고 있겠지? 그러나 저러나 내가 자네에게 묻지 못한 질문이 있네. 도대체 자네는 천상에 오기 전에 정말 샌드위치는 한 번도 먹어본 적이 없었는가?’

나는 요즈음도 출장 가는 길 기차 안에서 샌드위치를 자주 먹곤 한다. 간편하기도 하려니와 잘 고르면 영양학적으로도 괜찮다. 미국에서 직장생활을 할 때에는 따뜻한 샌드위치를 선호했다. 따라서 따뜻한 로스트비프(roast beef)나 파스트라미(pastrami, 양념한 소고기를 훈제하여 차게 식힌 것)가 들어 있는 샌드위치를 주로 선택했다. 동남아 여행 중엔 맥도날드도 가끔 찾는다. 내가 좋아하는 버거는 피시(생선)버거인데 우리나라에서는 쉽게 찾을 수가 없어 아쉽다.

오늘은 안사람에게 오랜만에 ‘사랑의 샌드위치’가 먹고 싶다고 해야겠다. 그 ‘사랑의 샌드위치’ 덕분에 2년 7개월 만에 박사학위 논문을 제출하고 심사에 통과할 수 있었다. 2년 9개월 만에는 영광의 학위수여식에도 참여할 수 있었다.

단상에서 내려오는 나를 보고 있던 안사람의 두 눈에 눈물이 가득 고였다.

"여보, 고맙소. 당신 덕분에 내가 무사히, 이렇게나 빨리 박사학위를 취득할 수 있었소. 당신이 싸준 사랑의 샌드위치 덕분이었소."

박사복을 입은 채 강당 한쪽에서 나를 기다리고 있는 안사람을 꼬옥 안아주었다. 1969년 6월 5일. 이 날은 내 생에 가장 행복한 날이었다.

# 막냇동생,
# 하늘이 내려주신
# 보배

"이 추위에 이렇게 일찍 이모님이 웬일이셔요?"

등교하기에도 이른 시간에 화양리에 살고 계시던 이모님이 추운 겨울 아침에 우리집에 오셨다. 지금으로부터 60년 전 1957년 1월 26일 아침이었다.

"너 아직 몰랐니? 네 동생이 세상에 나오려나 보다, 정일아. 너는 어서 걱정 말고 학교에 다녀오거라."

왠지 두려운 느낌에 나는 부지런히 집을 나섰다. 나에게는 두 살과 12살 차이가 나는 두 여동생이 있었다. 12살 차이가 나는 귀염둥이 여동생은 1953년 7월 휴정협정 후에 태어났으며 나와는 나이 차이가 많이 나 동생이라는 느낌이 꽤 오랫동안 들지 않았다. 이제 또 다른 동생이 태어날 모양이었다. 어린 내 마음에 물결이 일었다.

'그럼 나하고 15살 차이가 되나? 남동생이 없으니 남동생이면 좋겠다.'

하교 후 얼마나 빠른 속도로 집엘 왔는지 추운 겨울임에도 불구하고 온몸이 땀으로 흠뻑 젖었다.

"정일이 오는 구나. 너 남동생 생겼다!"

집에 들어서자 이모님께서 제일 먼저 반겨주셨다.

"어머니는요?"

"편히 쉬고 계시단다. 뒤늦게나마 너에게 남동생을 선물(?)할 수 있어 흐뭇해하는 눈치더라."

"어머니, 고생 많으셨습니다. 고맙습니다."

이후 저녁 때쯤 들어오신 아버님께서는 동생이름을 무엇으로 지어야 할지 고민하셨다.

"네 동생 이름을 무어라 지을까? 작명소까지 가긴 싫고. 실은 네가 정일(政一)이라는 이름을 계속 쓸지, 아니면 요즈음 새로 사용하고 있는 동성(東成)이라는 이름을 쓸지가 문제거든. 그게 결정되어야 돌림자를 정할 텐데…."

"아버지, 아이디어가 하나 있어요!"

"무언데? 말해보거라."

"동일(東一)이가 어때요? 제가 어떤 이름을 택하든 돌림자가 생기잖아요!"

"그거 괜찮은 생각이구나."

한참 후의 일이다.

"정일아, 동일이라는 이름으로 네 동생 출생신고를 마쳤다."

아버지께서 어딘가에 알아보셨더니 동일이라는 이름이 매우 좋은 이름이라는 이야기를 듣고 결심하셨던 모양이었다.

섬짓했던 기억이 떠오른다.

"정일아, 동일이가 형 기억이 흐릿하단다."

막냇동생이 초등학교 3학년 때 훌쩍 미국으로 유학을 떠난 후 8년이나 떨어져 살았으니 그럴 만도 하다고 생각했다.

골목에서 친구들과 딱지치기를 하느라 주변이 어두워졌는지도 모른 채 놀이에 집중하던 동생을 호되게 꾸지람하던 때가 엊그제 같은데 벌써 고등학교 3학년이 될 게고, 키도 나보다 10센티미터 이상 더 크단다.

귀국한 우리 내외와 조카들이 집안을 소란케 하니 고3 수험생에게는 힘든 경험이었으리라. 어쩌다 집에서 마주치면 푹 머리를 숙인 채 인사도 하는둥마는둥 휙 지나간다.

"공부는 잘 되니?"

"그저 그래요…."

"그게 무슨 말이지? 그저 그렇다니!"

더 이상 대구도 없이 지나버린다.

'혹시 어렸을 때 내가 엄하게 한 것들을 기억하나?'

그저 세월이 지나길 바랐고, 결국 내가 권한대로 대학에서 화학공학을 전공했다. 그 후 기업체에서 충실히 근무해 사장자리까지 올랐으니 나로서는 막냇동생이 장하게만 여겨진다.

"진 교수님, 동일이는 우리 동기 중에서 가장 잘 나가는 친구입니다."

같은 대학 화공학과 교수로 있는 동기생이 동생을 치켜세운다.

"다행이군요. 저는 요즈음 집안 대소사에 주로 동일이 의견을 따르고 있답니다."

"경영학 석사학위를 따면서 기업경영을 공부하더니 이제 사장까지 됐구나! 우리 진 사장의 건승을 위하여 건배합시다!"

온 집안이 축하와 감사, 풍요로움으로 가득 차 향그럽다.

"동일아, 시간 한번 낼 수 있겠니?"

"왜요, 형?"

"하루면 돼. 아침 일찍 집에서 떠나면 저녁땐 충분히 돌아올 수 있어."

"어델 가시려구요?"

"응. 너에게 홍천군에 있는 산을 하나 보여주고 싶어서…."

"산을요? 무슨 산인데요?"

"우리 집안의 옛 역사 얘기를 지닌 산이 하나 있어서…."

"네…."

꽤 윗대의 조상 한 분이 아직도 묻혀 있는(하도 오래되어 봉분도 흔적만 남아 있다.) 강원도 홍천군의 어느 산줄기 하나가 나의 소유로 되어 있다. 부모님께 크게 물려받은 유산이 없었던 우리들이지만, 나는 동생에게 무언가를 주고 싶었다.

"동일아! 저기 저 산 보이니? 오래전부터 우리 집안 소유로 되어 있었고, 현재는 내가 소유자로 되어 있는데, 너에게 주마!"

"네? 왜요? 현철이, 현욱이도 있는데요!"

"그 애들은 내가 알아서 할 터이니 너는 걱정 말아라! 정확한 주소를 너에게 알려줄 터이니, 등기이전 하거라. 그 대신 모든 절차에 들어가는 비용은 네가 책임져."

"고마워요. 형님!"

"고맙긴…."

자식 같은 동생이 이젠 나의 기둥이 되어 있다. 더구나 내 큰아들은 미국에서 영주하기로 한 터라 더욱 그렇게 느낀다.

"형님, 오늘 저녁시간 괜찮으셔요? 형수님과 저녁 모시려고요. 정희누나도요. 현욱(내 둘째아들)이네와 우리집 애들은 시간이 되면 오라지요."

어느 회사의 사장이라 바쁜데도 불구하고 막냇동생이자 유일한 친 남동생인 동일은 자주 우리 내외와 함께하는 식사자리를 마련하곤 한다. 특히 아버님과 어머님이 타계하신 후에는 동일이 덕분에 우리 형제들의 만남이 더 자주 생겼다. 어느 때는 12살, 15살 아래인 동생들이 우리 내외를 마치 부모처럼 생각하며 살펴준다는 느낌을 받을 정도다. 아쉽게도 바로 밑 2살 아래 여동생은 멀리 미국에서 살고 있어 열외가 되고 말았다. 엄하게 대하기만 했던 나도 어느새 동생들과 짙은 형제의 정을 더 깊이 느끼며 하루하루를 살아간다.

'내가 늙어가는 탓인가?!'

"형님. 이번 구정 때는 제주도로 모실게요. 애들은 두고, 우리 형제 부부들만 함께 가기로 하지요."

"그러자. 그거 좋지!"

"내년에는 대만에 가고요…."

"그것도 좋은 생각이네."

어느새 신정 때는 조상님들을 모시고, 구정 휴일에는 형제들끼리 함께 여행을 즐기는 전통이 생겼다. 모두 아들같은 막냇동생 덕분이다. 돌아가신 부모님께 감사드린다.

'보배 같은 막내를 낳아주신 부모님! 저에게 가장 큰 행복을 남기고 가셨군요. 고맙습니다!'

# 가장 맛있던 콩서리
## —외할아버지와의 추억

초등학교 6학년 때 외조부께서 돌아가셨다. 외아들인 외삼촌은 전통적 상복을 입고 긴 대나무 지팡이를 짚고 문상객들을 맞이하셨다.

"정일이가 왔네! 외할아버지가 정일이를 정말 좋아하셨지!"

이모 한 분이 말씀하셨다. 나는 얼른 할아버님 영정에 절을 올리며 흐느껴 울었다. 내 흐느낌이 주위의 다른 가족들과 친척들의 곡을 이끌어냈다.

"에이고, 에이고, 에이고…."

7공주 중 막내딸이셨던 어머니의 곡성이 가장 크게 들렸다.

할아버님은 그날도 평소와 다름없이 밭에 나가려고 준비중이셨다고 한다. 당시에는 신발을 마루 댓돌 위에 두었고, 신발을 신기 위해 아래 댓돌로 몸을 구부리다 쓰러지셨다. 그런 후 3일간 누워 계시더니 결국 영면에 드셨단다. 지금처럼 의료 시설과 기술이 좋았다면 어느 정도 치료도 가능했을 텐데….

쨍하게 더운 날이다. 시골 초가에서 지내는 게 좋고, 외사촌 동생 및 이종사촌들과 어울리는 일도 즐거워 여름방학에는 으레 외가를 찾았다. 시골이라고 해봤자 화양동(당시 화양리)이었으니, 요즈음 사람들은 상상도 못하리라 믿는다. 물론 외조부모의 극진한 사랑과 외숙부모의 따뜻함이 있었기에 어린 내가 편안한 마음으로 오랫동안 외가에 머무를 수 있었다.

할아버지의 걸음은 꽤 빨랐다. 헐떡거리며 빨리 걸어도 할아버지와 나란히 걷기란 쉽지 않았다.

"할아버지, 오늘은 어느 밭에 가세요?"

"저 안산 너머 수수밭에 새 쫓으러 가야 돼. 맛있는 수박이랑 토마토 등을 따줄 터이니, 원두막에서 할아버지 새 쫓는 것 구경하거라."

"네, 할아버지!"

안산 너머 밭이라면 지금의 건국대학교 쪽에 있던 밭을 가리킨 설명이었다.

"할아버지, 이 콩밭도 우리 거예요?"

"아니."

"그런데 왜 콩을 뽑으셔요?"

"괜찮아."

할아버지는 콩 대여섯 그루를 뽑아 세우시더니 주위에서 마른 풀을 모아 콩 그루 주위에 놓고 불을 붙이셨다. 장죽을 피우시던 할아버지인지라 라이터는 항상 소지하고 계셨다.

"정일아, 콩이 잘 익거든 데지 말고 잘 먹거라. 맛있을게다."

"네, 할아버지."

남의 밭에서 콩을 뽑아 서리하는 시골 풍습에 익숙지 못한 나에게는 불편한 경험이었으나, 그 맛만큼은 기가 막힐 정도였다. 특히 그을림 맛은 콩의 맛을 북돋아주었다. 한참을 먹고 나니 할아버지가 보이질 않았다. 갑자기 콩밭 주인이라도 나타나면 어떻게 해야 하나하는 걱정에 다시 내 발걸음을 독촉했다.

"맛있게 먹었니, 정일아? 입 주위 닦아야겠다. 시꺼멓구나. 아니면 저 밑 개울에서 멱(미역) 감을래?"

"네, 할아버지! 더우니까 멱 좀 감을래요."

"그러렴, 정일아. 밭에서 참외와 토마토를 따 물에 담가 시원하게 해 놓으마!"

밭에서 조금 떨어져 있는 개울물은 매우 시원했다. 한참을 허비적대면서 수영을 즐겼다.

"할아버지, 나 원두막에 올라가게 도와주세요!"

"오냐…."

원두막 그늘로 시원한 바람이 불어왔다. 넓은 밭을 내려보니 부자가 된 느낌이 들었다. 할아버지가 차갑게 해놓은 참외와 토마토는 지금 생각해도 가장 맛있었다.

"먹고 있거라. 할아버지는 조밭과 수수밭에 가 새들 좀 쫓으련다."

할아버지는 긴 지팡이 끝에 철판을 좁게 말고는 못으로 박아 동그란 삽을 만드셨다. 삽질하듯 해 새 쫓을 흙을 그 속에 넣으셨다. 그 지팡이를 어깨 위로 들으셨다. 그리고는 밭에 있는 새들을 쫓기 위해 '워, 워….' 하시면서 흙을 멀리 퍼뜨리며 던지셨다. 군데군데 우습게 생긴 허수아비들도 만들어놓으셨지만 새들을 모두 막지는 못하는 듯 싶었다.

"할아버지, 콩서리할 때 조금 무서웠어요!"

"왜?"

"주인이 올까 봐요."

"괜찮아, 정일아. 할아버지가 있잖아. 더구나 조금만 캤는데…."

저녁때 이 얘기를 외사촌 동생과 이종사촌 형에게 설명했더니, 깔깔대면서 웃어댄다.

"정일이 형, 콩서리 조금 하고 겁났나보지."

"응."

"그거 아무것도 아냐!"

옛 시골의 훈훈한 민심 덕분에 시골에서의 추억들은 지금도 내게 따뜻한 기억으로 남아 있다.

할아버지의 상여는 화양리집을 출발해 중곡동 아차산 밑자락까지 가는데 두세 시간은 족히 걸린 듯하다. 상여꾼들을 위한 여러 민속적 행사(?)가 계속되었기 때문이다. 개발의 바람이 불어 할아버지 묘는 결국 파묘해야 했다. 현재 살고 있는 집의 위치가 옛 할아버님 묘자리에서 그리 멀지 않아 더욱 할아버님 생각을 자주하게 된다.

'극락세계에서 영원한 평화를 누리소서!'

"오줌 누련?"

외가에서 밤을 보내야 할 때면 나는 으레 할아버지, 할머니와 함께 자야 했다. 밤에 소변이 보고 싶으면 방 위편에 놓여 있던 요강을 찾아 엉금엉금 기어가야 했다. 깜깜한 방에서 잠에 취해 방향감각을 상실한 나에게 항상 길잡이 소리가 들렸다.

"댕댕댕…."

어찌 아셨는지 할아버지는 긴 장죽 끝으로 요강 몸을 두드려 소리를 내주셨다. 어떻게 할아버지는 내가 소변을 보고 싶을 때를 알고, 으레 '딩, 딩, 딩….' 소리를 내주셨을까? 밤새 주무시지도 않은 채 나를 살피고 계셨던 것일까?

"아이 잘한다. 정일이가 할아버지 장죽에 불도 잘 붙이네!"

"할아버지, 무슨 맛이지요? 나도 맛볼까요?"

"아이 매워!"

조금 빨아본 장죽 담배 맛은 쓰기만 했다. 이걸 왜 그렇게 좋아하셨는지 이해할 수가 없었다.

"정일아! 이건 네 몫이다. 어서 마셔라!"

"네…."

나는 할아버님 막걸리 잔에 남은 마지막 찌꺼기분을 거부감 없이 마셨다. 어쩌다 외할아버님이 우리집에 들리시면, 어머니는 으레 막걸리 한 되를 받아오셨고 간단한 안주거리와 함께 막걸리를 대접해드렸다. 할아버지는 그걸 그렇게도 좋아하셨다. 할아버지 긴 수염에 막걸리 방울이 매달려 있는 모습도 재미있었고, 할아버지에게서 나는 시골냄새도 좋았다. 그래서 나는 할아버지 곁에 앉아 막걸리 한 모금의 차례를 기다리곤 했다. 그래서인지 지금도 나는 막걸리를 좋아한다.

어머니가 학교에 등교한 첫날 받아온 교과서를 모두 아궁이에 넣고 태워버리시면서 할아버지가 하셨다는 어이없는 말씀을 들은 기억이 아직도 머릿속에 남아 있다.

"계집년들이 무슨 학교엘 가! 집에서 일 배우고 시집이나 가지!"

할아버지의 고집에 어머니는 평생 배우지 못한 한을 가슴 속에 품고 사셨다. 그러나 천재적 기억력과 명석한 판단력의 소유자였던 우리 어머니는 힘든 세상을 잘 헤쳐 사시며 2남 2녀를 잘 키우셨다. 혹여 어머님이 아직도 할아버님을 원망하고 계시지는 않으신지….

그분들의 사랑을 먹고 자랐기에 더욱 그리워진다. 그분들이 그립고 또 그리운 밤이다.

# 손주들을 향한
# 할아버지 사랑

"여보, 당신 축하해요. 첫 손자 보셨어요!"

2000년 1월 19일 새벽 3시가 조금 넘은 시각, 미국 클리블랜드로부터 안사람의 전화가 왔다. 안사람의 목소리는 노래 부르듯 높아 있었다.

"아들이구나. 고맙구먼! 산모와 애기는 건강해?"

"네. 둘 다 건강하고, 자연분만했어요!"

"어, 그거 잘 됐네! 당신이 수고가 많구려!"

큰며느리 출산예정일이 가까워지자 안사람은 국제운전면허증까지 마련해 미국으로 떠났다. 떠난 지 일주일이 지난 후 받은 기쁜 소식이었다. 그렇게 홀연히 나에게 첫 손자가 나타났다. 이 기쁨을 어떻게 표현해야 할지 몰랐다. 안사람과 통화를 마친 후 나는 혼자서 소리를 질렀다.

"나, 첫 손자 봤다. 야, 신난다! 부처님, 고맙습니다!"

개인주택에 살고 있어 아무리 깊은 밤중에 소리를 질러도 다른 집에 피해가 안 가기 때문에 거리낌없이 기쁜 감정을 폭발적으로 표현했다. 그렇게 나는 한밤중에 마음껏 소리쳤다.

안사람은 매일 큰 손자(성언, 미국이름 스티븐)의 사진을 찍어 보내왔고, 나는 성언이가 하루 사이에 얼마나 컸는지 사진이 닳도록 들여다보았다. 우리 진 씨 남자들보다 눈도 크고, 얼굴도 커 남자다워 보였다.

"오늘 또 성언이 사진이 왔나? 어디 좀 보자. 밤새 얼마나 컸는지…."

부모님(성언의 증조부모)도 매일 성언이의 사진을 보시며 좋아하셨다. 진 씨 집안의 다음 대(代)는 더이상 걱정할 필요가 없게 되었다. 그저 건강히 자라 훌륭한 사람이 되기만 빌면 되었다.

"얘들이 오늘 입국하나, 여보?"

"예. 점심시간 때 정도면 집에 도착할 수 있을 거예요. 성언이 외가에서 연락이 왔는데, 공항에서 픽업해 바로 우리집에 데려다 주신다고 하셨어요."

"응, 그렇구먼. 한시라도 빨리 손자 보고 싶으시겠지."

이 세상에 태어난 지 5개월 만에 성언이가 한국엘 온단다. 삼촌(작은아버지)의 약혼식에 참여할 겸 증조 할아버지와 할머니를 비롯해 전 가족들과 첫 대면도 할 겸 겸사겸사 한 달 간 한국에 온단다.

아래층 우리 부부방은 통째로 성언이의 방이 되었다. 모든 식구들이 성언이 주위만 맴돌았다. 나도 당시 대한화학회 회장으로 꽤 바쁜 나날을 보내고 있었지만 될 수 있는 대로 성언이와 많은 시간을 함께하고 싶었다. 성언이를 안고 정원에 나가 이런저런 꽃들을 보여주면서 한국의 초여름 바람을 맛보게 해주었다. 첫 한국 방문이 그의 기억 속에 얼마나 남을지 모르겠으나, 아주 어린 손자에게 한국을 되도록 많이 느끼게 해주고 싶었다.

"여보, 성언이 보세요! 엎드려 손을 뻗고 뜀뛰기 준비자세를 하고 있어요!"

"어, 정말이네. 엉덩이를 씰룩씰룩 곧 달릴 것같이 하네!"

"장하다고 칭찬해주면, 그 행동을 더 반복해요. 우리가 좋아하는 모습이 자기도 좋은가봐요!"

"그만하라고 그래요. 이마가 땅에 닿겠어요."

성언이가 집념이 강한 녀석이라는 느낌을 받았다. 세월이 금방 지나 벌써 대학입시 원서를 제출중이라니 그저 잘되기만을 바랄 뿐이다. 반년 후 성언이의 고등학교 졸업을 축하하기 위해 미국을 방문할 계획을 세우고 있다. 미국에서 성언이를 다시 볼 생각을 하니 벌써부터 가슴이 설렌다. 둘째 손자 재언(미국이름 데이비드)가 1년 반 후에 태어났을 때는 솔직히 큰놈 때처럼 흥분되지는 않았다. 대신 '이제 손자를 둘씩이나 얻었으니, 잘 되었구나!' 하며 안도감이 들었다. 특히 고생한 며느리에게 고마웠다.

"여보. 이러다가 우리집에 여자가 안 생기면 어쩌죠?"

"둘째 며느리가 딸 낳으면 되지요, 뭐."

"그게 마음대로 되는 일이 아니잖아요!"

둘째 며느리가 첫애(승언)를 낳고 몇 년이 지나도 둘째 소식이 없었다.

"애를 더 안 낳으려나봐요."

"정말? 그렇진 않겠지요. 슬쩍 둘째 소식 없냐고 압력 좀 넣으시지요!"

"그래야 되겠나 봐요."

손자 승언이가 초등학교 입학이 가까워지고 있었다. 어렸을 적부터 크게 말썽도 부리지 않고, 나를 어찌나 따르던지 승언이를 볼 때마다 나는 기분이 좋아졌다. 그래서 승언이가 공부도 잘 하고 학교생활도 즐겁게 하며 지내기를 바랐다. 무엇보다도 건강히 잘 크고 있는지가 우리 내외의 가장 큰 관심사였다. 그렇다보니 할아비 마음에는 승언이가 동생 없이 혼자 외로이 클까 걱정도 되어 좀 섭섭해지기 시작할 무렵이었다.

"여보, 아무래도 승언이가 동생을 보려나 봐요!"

"응? 정말요? 정말 좋은 소식이군요!"

"당신은 또 손자이길 바라시지요?"

"아무렴 어때요. 아들이면 승언이에게 여러 면으로 좋겠지만 집안에 딸이 없어서 좀 그렇기도 하고요…."

며느리의 다음 출산을 기다리는 일이 예전과는 달랐다. 그저 건강한 아기를 탈없이 순산하기를 기원했다.

"여보. 주연—둘째 며느리 이름—이가 그러는데, 딸이라고 의사가 암시적으로 말해주더래요. 초음파 검사에서 태아가 매우 건강하대요."

"잘 됐구려. 드디어 우리집에 공주가 탄생하려나…."

우리 내외가 병원에서 첫 손녀를 마주한 그 기쁨이란 글로 서술하기엔 불가능하다.

"아니, 여보. 딸이라 그런지 다른 손자녀석들하고는 많이 달라 보이네요. 아이고. 예쁜 손과 발, 손가락과 발가락을 보세요!"

새로운 생명 탄생의 신비로움이 우리 내외를 점령했다. 우리는 유리창을 떠나지 못하고 빙글빙글 웃으며 첫 손녀 채언이를 보고 또 보았다. '틀림없이 예쁘게 자랄거야.'라는 믿음과 바람이 우리 마음속에 매달려 있었다. 특히 두 번씩이나 재왕절개를 겪어야 했던 며느리가 고마웠다. 차분한 성품의 둘째며느리는 우리 부부에게 큰 믿음을 주는 우리 집안의 기둥이다.

"병원에서 퇴원 직후 수원으로 가 산후조리를 하기로 했대요. 아무래도 친정이 더 편하겠지요."

수원에 며느리와 손녀(채언)를 보내고 나니, 손녀를 마치 이역만리에 떠나보낸 것처럼 매일매일 기다리는 신세가 되었다. 며느리가 산후조리 중인 사돈댁에 들락거릴 수도 없고….

채언이가 백일이 되어서야 내 품에 바짝 안아볼 수 있었다. 나는 보드라운 행복감에 짙게 젖어들었다. 또 다짐했다.

'채언아. 예쁘고 건강하게 잘 자라다오. 또 행복하게 살아다오. 할아버지는 너의 든든한 보호자, 후원자가 되어주마.'

"할아버지, 정원에 나가 야구 하자!"

어느새 부쩍 자라 초등학교에 다니고 있는 채언이가 우리집에 놀러오면 나와 정원에서 공치기를 함께 하는 것을 좋아한다. 때때로 이층으로 뛰어 올라가 피아노를 뚱땅거리기도 한다. 어제는 며느리에게서 동영상 하나를 받아보았다. 채언이가 방과후 합동시간에 친구들과 바이올린 연주를 하는 모습이 담긴 영상이었다. 영상 속 채언이의 모습은 너무나 사랑스러웠다.

"채언아. 학교 가는 것 좋으니?"

"좋을 때도 있고, 싫을 때도 있어."

"너에게 못살게 굴거나 너를 귀찮게 하는 친구가 있니?"

"아니."

"다행이구나. 친구들과 정답게 잘 지내라."

이번 주말에는 채언이가 우리집에 온다고 연락이 왔다. 나는 얼른 채언이가 와서 나와 함께 놀아주기를 기다리고 있다. 오늘이 화요일이니 아직 한참을 기다려야 한다. 빨리 주말이 오길. 그래서 하나밖에 없는 손녀, 채언이를 꼭 껴안아줘야지!

# 출국 전날, 뜬눈으로 지새우다

참으로 답답한 처지였다. 여러 해 가까이 지내며 미래도 함께 하기로 굳게 약속한 사이였지만, 혼자 유학길을 떠나야 하는 나였다. 선자는 아무 말도 하지 않고 내 눈치만 보고 있었다. 경제력도 문제였지만 학생이 동반인과 함께 유학을 가기도 힘든 때였다. 출국날짜가 가까워지면서 우리 둘은 말을 하지는 않았지만 각자 속으로 이를 어찌 해야 하나 하고 고민하고 있었다. 드디어 1966년 9월 7일자 출국 비행기 표를 샀다.

"선자, 나 혼자 비행기 타고 떠난 후 우리 둘 사이는 어떻게 되지? 박사학위 취득까지는 여러 해가 걸릴 터인데 내가 귀국할 때까지 기다릴 수 있겠니?"

나는 힘든 질문을 던졌다. 선자가 잠깐 침묵을 지켰다. 나는 그녀의 입만 쳐다보고 있었다.

"기다릴 수야 있지요. 십년이라도…. 그러나 어떤 방법을 찾아봐야지요."

"무슨 말이지?"

"선배들과 친구들이 미국에 가 있으니 저도 미국에 갈 수 있는 길을 찾아봐야지요."

선자는 자못 결의에 찬 듯 목소리에 힘이 들어 있었다. 간호학과 영문학을 공부한 그녀인지라, 아마도 미국 취업이 쉬운 간호직을 염두에 둔듯 싶었다.

"그렇게 할 수 있겠니? 그런데 미국이 하도 큰 나라라…. 나는 뉴욕시로 가는데…."

"친구들이 필라델피아에 많아 저도 그쪽을 생각중이에요. 뉴욕시와도 비교적 가깝고…."

"꼭 그렇게 되면 좋겠군."

우리 둘의 대화가 여기서 끊겼고, 다시 침묵이 흘렀다. 우리 둘 사이의 언약과 결심이 있더라도, 그냥 나를 떠나보내는 부모님 특히 선자 부모님의 생각은 편치 않으리라는 점은 충분히 짐작이 가는 일이었다. 물론 선자 자신의 마음이야 더 말할 수 없으리라는 생각이 들었다. 간단하게라도 결혼식을 양가 부모님 모시고 한 후 출국하면 되지 않을까 하는 생각도 했다. 그러나 양가 부모님들께 부담을 드리기가 싫었고 결혼식을 준비할 시간적 여유도 없었다.

"선자."

"네. 오빠."

"내가 혼자 훌쩍 떠나면 선자가 불안하겠지?"

"좀 그렇기야 하겠지만, 참고 기다려야지요."

"고마워. 그렇게까지 마음 먹고 있으니…."

"그러면 양가 부모님께 부탁해 우리 약혼식까지만 할까?"

갑작스러운 내 제안에 선자는 약간 당황한 듯 나를 올려보았다.

"왜? 불만이야?"

"아뇨. 그럴 바엔 간단하게라도 결혼식까지 올리는 건 어떨까 해서요…."

"선자 마음을 이해하는데 나에겐 너무 부담이 돼서…."

"왜 부담이 돼요? 뭐 미국에서 딴 여자라도 만나려고요?"

"별 소릴 다하네."

여러 가지 생각이 내 머리를 스쳤다. 그 생각들 중에는 '혹시라도 선자가 미국에 못 들어오게 되면 정말 내가 공부를 끝내고 귀국할 때까지 기다려야 할 텐데, 그때까지 나를 기다릴 수 있을까? 나이가 들어갈게고 부모님의 걱정은 커져만 갈 텐데…. 또 내가 언제 귀국하게 될지 아무도 모르는 일이니, 지금에는 '약혼'정도가 가장 합리적'이라는 판단이 나를 붙들고 있었다.

"선자. 나를 믿고 우리 약혼까지만 하자. 선자가 노력해서 미국에 꼭 오도록 하고, 결혼식은 내가 미국에서 멋지게 할 수 있도록 노력할게."

결혼식 준비로 내 출국날짜가 늦어지는 것을 원치 않았던 다른 이유가 또 있었다. 그 해(1966년) 병역 신체검사에서 상류층 자제의 부정비리가 많아 병역면제자들을 대상으로 재검을 해야 할 것 같다는 뉴스가 흘러나오고 있었기 때문이다. 판정결과에 이변이 생기지야 않겠지만—나는 두 번의 신검에서 '무'종과 '병'종을 받았다.—신검을 다시 받고 결과가 나오려면 적어도 몇 개월은 걸릴 테고, 그렇게 되면 미국대학 등록에도 불가피하게 차질이 생기기 때문이다.

신경써야 할 일도 많은데 웬 송별회는 그리도 많은지, 하루가 멀다 하고 이 사람 저 사람들과 송별주연이 계속되어 몸도 매우 피곤한 상태가 되어갔다.

한참 후, 선자가 입을 열었다.

"네. 잘 알겠어요, 오빠. 부모님과 상의해볼게요. 언제쯤으로 날짜를 잡길 원해요?"

"글세…. 9월 7일이 출국일이니 기억에 잘 남게 8월 15일로 할까?"

"8월 15일이요? 좋은 생각이네요."

그렇게 해서 우리 둘은 선자 집에서 양가 부모님과 친구 몇 명이 참석한 조촐한 약혼식을 올렸다. 나는 정장을 입고 선자는 곱게 한복을 입고….

우선 양가 부모님 앞에서 약혼식을 가졌다는, 결혼과정의 첫 단계를 밟았다는 안도감을 느꼈으나, 선자나 나나—말은 하지 않았지만—미완성이라는 부족감도 동시에 느꼈다.

"선자, 우리 공원에나 갈까? 바람도 쐴 겸."

"그렇게 해요. 오빠."

"어느 공원엘 갈까? 경복궁 어때?"

"좋지요."

8월 15일이라 아직 여름의 열기가 뜨거웠으나 우리 둘은 비교적 한적한 경복궁-당시는 지금처럼 관광객의 방문이 많지 않았다.-내 그늘을 찾아 천천히 걷기도 하고 벤치에 자리잡고 앉아 앞날에 대해 여러 이야기들을 나누었다.

"미안해. 선자!"

"무슨 말이에요, 오빠?"

"함께 미국에 못 가는 상황 말이야."

"저도 이해하니 미안해하지 말아요. 내년 이맘때쯤이면 저도 미국에 도착해 오빠를 만날 수 있도록 최대한 노력할게요. 한 눈 팔지 말고 기다리세요."

"아니, 한 눈 팔 새나 있겠어? 공부와 연구에 시달릴 텐데…."

우리 둘은 마주보며 두 손을 꼭 잡았다. 아쉬움과 희망과 맹세가 섞여 있는, 이 세상에서 우리 둘만이 느끼고 있는 그 묘한 감정을 추스르기가 힘들었다. 그 당시 미국 방문이나 유학이 그리 흔한 시절이 아니었으나, 여유로운 가정에서는 자녀들 짝을 함께 미국에 보내는 일도 종종 있었다. 우리 둘은 아무도 탓하지 않고 양가 부모님들의 따뜻한 사랑을 품고, 우리 둘의 능력으로 앞날을 개척하겠다는 결의에 차 있었다.

"아버님. 비행기 표하고 법적으로 허락되는 50달러만 마련해주시면 고맙겠습니다. 제가 미국으로 유학가기 전 마지막으로 아버님께 드리는 부탁입니다."

"그것 갖고 되겠니?"

"그럼요. 미국에 도착하면 학비면제에 생활비도 월 240달러 받도록 되어 있으니 괜찮습니다."

출국 전날인 9월 6일 밤, 우리 가족과 선자는 거의 밤을 지새웠다. 내일의 이별과 이별 후 가족들의 안녕, 선자 혼자의 삶, 미국에서 나의 생활들을 걱정하며….

김포공항은 출국자와 환송객으로 붐볐다. 평소에 잘 돌봐주지도 못했던 두 어린 동생이 내 눈에 확대되어 들어왔다.

# 4부

# 시련도 나의 스승

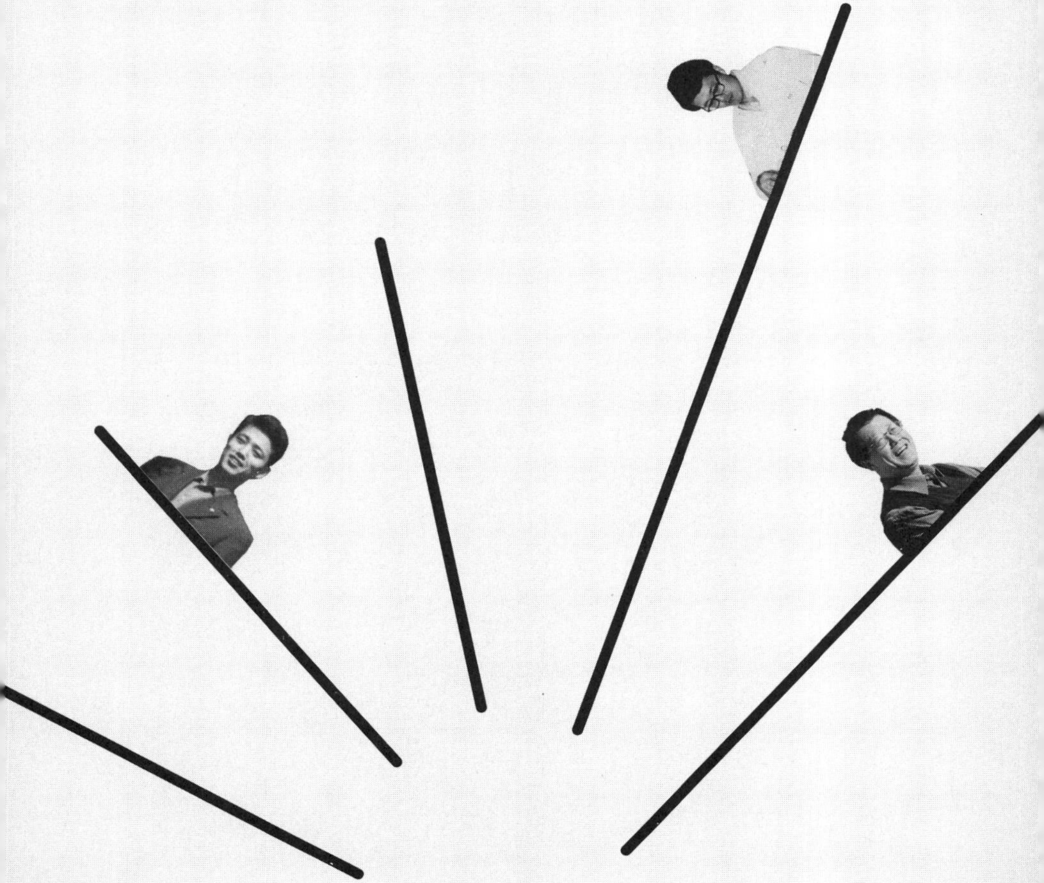

**1** 뉴욕시립대 박사학위 수여식에서 김기수, 잭 노보도프, 조 리와 함께. 1969년 6월 5일.

**2** 미국 스타우퍼 케미칼에 입사. 1969년 8월.

**3** 미국 뉴욕주 어빙톤시 우드 브룩 가든 아파트에서 9개월 된 큰아들 현철. 1970년 5월 3일.

**4** 실험에 몰두하는 모습. 1975년경.

**5** 스위스 취리히 ETH 공대 화학과 건물 앞에서. IUPAC 고분자 명명법 위원회 회원들과 함께. 1992년 여름.

**6** 한국과학상 수상기념 학술강연회에서. 1991년 12월.

**7** 어머니 미수 기념 모임. 2011년 8월.

**8** 과학의날 과학기술훈장 1등급 창조장 받음. 2013년 4월 19일.

# 엄청난 차이에 실망하던 나날들

1966년 9월 미국 뉴욕시의 동부 맨해튼의 파크 애비뉴에 자리잡고 있던 헌터대학(Hunter College) 가장 위층에 있는 연구실을 찾았다. 16층이었다고 기억한다. 층의 맨 끝에 있는 연구실 창을 통해 맨하탄의 고층 건물들이 손에 잡힐 듯 보였다. 그리 크지 않은 연구실이었지만 기체크로마토그래피, 프렙GC(Preparative 기체크로마토그래피), 로타벱(회전증류기, rotary evaporator), 레저발진기, UV-vis, 분광분석기, 왕컴퓨터 등과 질소와 헬륨 고압통이 눈에 띄었고, 환기후드도 설치되어 있었다. 처음 접하는 장비들이었지만 대단치는 않아 보였다. 그러나 그게 전부가 아님을 곧 알게 되었다. 지하 별도 기기실에 우리 연구진에 속하는 핵자기공명분석기(NMR)과 전자스핀공명분석기(ESR)와 질량분석기가 자리하고 있지 않은가! 한국에서 석사과정 마칠 때까지 구경도 해보지 못한 고가의 정밀 분석기기들이 사용자가 오기를 기다리고 있는 듯 했다.

한국에서 접해본 적외선분광분석기(IR)가 안 보여 나는 어디 있느냐고 물었다. 한국에서도 직접 사용하진 못했고 내 시료를 가져가 도움을 받았을 따름이다. 미리 연구실에 도착해 연구를 시작한 인도 유학생 카마쓰(Y. Kamath) 군이 '그건 저기 학부 유기화학실험 실습실에 있는 기기를 사용하지요.' 하며 찡긋 웃으며 답해주었다. 무어라고? 나는 내 귀를 의심했다. 학부 유기화학실험 실습실에 IR 기기가 있다면 학생들이 실습실험하면서 그런 기기를 사용한다는 말인가?

개학이 되어 학부 학생들이 들락거리기 시작했다. 나는 유심히 유기화학실험 실습실을 관찰했다. 내가 본 광경은 충격 그 자체였다. 학생들이 실습실험에서 얻은 합성물을 직접 IR 기기로 스펙트럼을 얻어 그 구조를 확인하고 있었다. 우리나라에서는 기기에 손상이 갈까봐 담당자만 접근하도록 엄격히 사용을 제한하던 기기를 학생들이, 그것도 학부 2~3학년생들이 직접 사용하다니!

우리나라 학생들은 박사자격 시험까지는 우수하게 합격하지만, 창의적 연구에는 뒤처진다는 얘기를 친한 서양 교수들에게 종종 듣는다. 나도 어느 정도 그 부분을 실감하고 있다. 과학을 교과서와 시험 위주로 공부한 까닭이 이런 결과를 가져왔으리라. 내가 석 · 박사 과정생들을 지도하면서 느낀 바는 이때까지 실험을 해본 경험이 적어 이로 인해 이들이 겪는 어려움이 많다는 것이었다. 유학시절의 이 경험을 통해 다양한 실험경험이 얼마나 중요한지 깨닫게 되었다. 그래서 교수시절 나는 학생들에게 이 점을 더욱 강조했다. 미국 학급 동료와 직장 동료들이 새로 구입한 연구장비를 자기가 필요로 느끼는 바에 따라 쉽게 개조하는 모습에 자주 놀라웠고 존경스럽기까지 했다. 보물 모시듯이 기자재를 모셔놓는 우리나라와는 얼마나 큰 차이인가!

요즈음 자주 중·고등학교를 방문해 강연을 한다. 종종 과학실험실이라고 문패가 붙어 있는 교실에서 특강을 하곤 한다. 그럴 때마다 느끼는 점은 실험실에 있는 매우 제한된 초자(硝子, 유리기구)들과 장비마저도 사용한 흔적을 별로 찾을 수가 없다는 사실이다. 특히 고등학교들에서는 더욱 그렇다. 이미 대학입시 준비를 위해 교과서에 나오는 실험마저 행하지 않고, 참고서의 그림과 결과로 실험을 외우고 있다는 추측과 결론을 내리게 한다. 일부 대학을 제외하고 아마 대부분의 대학에서도 학생들이 실험실습을 얼마나 중요시하는지, 또 담당교수들이 수강하는 학생들에게 그 점을 강조하고 있는지 의문이 갈 때가 많다. 나는 학생들에게 과학적 태도와 생각함을 키우기 위해서는 실험교육의 강화가 절대적임을 강조하고 있다.

1980년대까지도 고려대 화학과 대학원생 연구용 NMR 분석기가 겨우 60㎒기계였는데, 지금은 충북대 교수가 된 제자 정용석 군이 공부하던 미국 오하이오 주립대 화학과 학부실험실을 구경하고 크게 한숨을 쉬었던 기억이 생각난다. 학부학생들 실험실습실 옆의 기기실에 100㎒ NMR 기기가 버젓이 있지 않은가? 우리나라 전국에 몇 대밖에 없는 기기가…

10여 년 전 캐나다 맥길대(McGill Univ.) 화학과 교수로 있는 친구 알퍼(Howard Alper)가 한국을 방문했다. 그 전후에도 여러 번 우리나라를 방문한 그다. 저녁을 함께하며 그에게 물었다.

"한국의 대학이 어떤 점을 가장 빨리 개선해야 된다고 생각하십니까?"

"몇 가지가 눈에 띄는데, 언어 문제인지 모르겠으나 강연 중에나 강연 후에 질문을 거의 받지 못해 토론이 이루어지지 못한 점이 아쉽게 느껴져요. 내 연구 분야에 관심이 없거나 내가 강연을 잘 못한 건지…. 그 다음은 대학 연구실이 대기업 연구실보다 환경과 장비 면에서 훨씬 뒤처진 것을 보고 놀랐어요. 그래서야 졸업생들이 어떻게 산업체에 취업한 후 연구를 이끌어갈 수 있을지 걱정이 됩니다."

알퍼 교수는 내가 가장 걱정하고 우려하고 있던 현실과 문제점을 정확히 지적했다. 석 · 박사과정을 지도하면서 학생들이 자신의 연구 아이디어로 연구가 진행된 사례를 거의 찾을 수 없음을 보면, 분명 우리 학생들의 창의성에 큰 문제가 있어 보인다. 서구에서 박사과정생들이 자기들의 연구테마를 들고 와 지도교수와 논의하면서 결정하고 진행시켜가는 모습이 부럽기만 하다. 조금씩 개선의 조짐이 보이고는 있으나, 여전히 청소년들의 창의력 장려를 위한 교육방법과 교육제도의 확립은 큰 숙제이다. 지금까지처럼 암기 위주의 교육이 초 · 중등 학생들의 학교생활과 학교 밖 사교육을 지배해서는 그들의 창의성을 키울 수 없다.

또 대학에서는 얼마나 바람직한 교육, 특히 과학교육이 행해지고 있는지도 깊이 반성해볼 일이다. 물론 서구의 지도교수들보다 훨씬 더 친절하게 학생들을 지도하는 우리나라 지도교수들의 지도방법도 냉철히 평가해볼 일이다. 그 친절의 바탕에는 되도록 속히 연구결과를 얻고 싶은 지도교수들의 조바심과 짧은 연구비 지원 기간으로 인한 시간적 제약이 깔려 있다. 더구나 요즈음은 교수들의 업적평가가 엄격해져 교수들의 조급증을 더욱 독촉하고 있다.

우리나라 과학계를 보면 실망스러운 점이 몇 가지 더 있다. 그중 가장 속히 바뀌길 바라는 점은 박사학위를 취득한 젊은 과학도들의 연구태도다. 자기만의 연구분야를 설정하고 설계하는 일부 젊은 과학도들도 있지만, 대부분은 쉬운 길을 택하는, 매우 바람직하지 않은 첫걸음을 시작한다. 흔히 박사과정에서 행한 연구를 약간만 확장하면서 독립된 연구가 시작된다고 착각하는 우를 범하는 경우도 자주 보인다. 가끔 '○○박사는 아직도 옛 지도교수 연구 아이디어의 틀 속에서 연구를 하고 있는 걸 보니, 지도교수에 대한 충성이 대단하군. ○○박사가 좋은 연구결과를 얻을 때마다 본인보다는 지도교수 명성을 더 높여주는 꼴이라고. 자기가 노벨상 탈 연구를 해야지 다른 사람을 도와주느라고 꽤나 노력하고 있군.' 좀 야박하게 들릴지 모르지만 내 마음은 솔직히 그렇다. 서구의 젊은 과학자들이 자기들의 독창적 연구를 통해 독립적으로 새로운 분야를 개척하는 모습과 크게 대조되어 안타까울 따름이다.

나 자신도 그 점에서 크게 내세울 만한 업적이 없다는 것은 잘 안다. 그러나 새로운 분야를 개척해 적어도 우리나라에 그 뿌리를 내리려 노력했다는 점은 자부할 수 있다. 액정고분자, 전도성 및 광특성, 컨쥬게이티드 중합체, DNA와 변형DNA의 광학 및 자기특성 등의 연구를 꼽을 수 있다. 한국의 뒤처진 교육여건이 속히 개선·개혁되고, 연구자들의 도전적 태도와 창의성이 무럭무럭 커지길 고대한다.

# 고국의 낯선 모습들

"진 박사, 이리 좀 앉아봐."

오후 6시쯤에 1층 교수휴게실에 들려 게시판과 우편함을 둘러보고 휴게실을 나서려는 참에, 누군가와 이야기를 나누고 계시던 김 교수님(서울대 화학과의 대선배)이 손을 저으며 나를 부른다. 왜 그런지를 모르는 나는 엉거주춤하며 다가갔다.

"이 사람아, 누구는 가정이 없고 집이 없겠나? 진 박사는 어떻게 된 사람이 퇴근시간만 되면 부지런히 집으로 가나! 저녁시간에 교수들하고 어울리고 한잔도 하고 해야지. 오늘 나와 한잔 함세!"

꼼짝없이 잡혔음을 느꼈다. 그러지 않아도 신 교수가 나에게 주의를 준 바 있었다.

"진 교수, 그분 조심하십쇼. 만만히 보이면 매일 저녁마다 그 양반에게 끌려다닐걸…. 저녁때 곧장 집으로 가시는 일이 드문 분이거든요."

"네. 그렇군요…."

"아 글쎄. 제 말 좀 들어보세요. 그분의 결혼 20주년이 얼마 전에 지났는데 사모님이 그분께 여쭤보시더래요."

'여보, 사람이 똑같은 일을 20여 년이나 하면 싫증도 날 만한데, 당신은 안 그러신가 보지요? 어떻게 20여 년을 하루도 빠짐없이 약주를 밤늦게까지 하고 들어오세요. 통행금지시간이 있기 망정이지….'

1974년 8월에 만 8년의 미국생활을 뒤로하고 귀국한 나에게, 고국인 한국생활은 오히려 여러 면에서 낯설고 불편했다. 먼짓길로 달리는 시내버스는 사람들을 짐짝처럼 실어나르고 있었고, 모든 것이 무질서의 극치로 보였다. 대학의 현실은 미국에 비해 많이 뒤처져 있었고, 교수들은 엄청난 강의부담에 허덕이고 있었다. 한편 소위 초과수당이라도 챙겨야 먹고 살 수 있던 현실은 또 다른 부담이었다. 한 학기에 다른 교과목으로 다섯 강의를 개설해야 하는 일은 비일비재했다.

그런데도 저녁 회식과 술모임은 매일 거르질 않았으니 나로서는 머릿속에 물음표를 달 수밖에 없었다. '영수증 처리를 위해 사인하라.'는 방식으로 적지 않게 공금을 썼음을 후에 알게 되었다. 그 한계가 얼마나 되었는지 지금도 나는 모른다.

월급 이외에 시험감독수당, 입시수당, 대학원생지도수당, 대학원생 논문 심사비 등 비과세성 수입이 심심치 않았다. 이러한 부수입(?)덕분에 종종 술자리가 만들어졌다.

그러나 술자리는 술자리 이상의 의미를 지니고 있음을 곧 알게 되었다. 낮시간에는 강의와 잡무에 바쁘다보니 학과 교수들 간의 대화와 소통이 부족했고, 드문드문 있었던 과회의는 여러 가지 관심사를 논의할 충분한 기회를 제공해주지 못했다. 따라서 저녁시간은 매우 중요한 소통의 장이 되었다. 물론 여러 가지 교내외 소식, 관심인물들의 근황과 가십, 학회 및 연구비 관련 사항들, 신임교수 인사 관련 문제들이 폭넓게 다루어지곤 했다. 이런 일들이 대략 마무리되면 으레 이차를 했다. 단골집에서 백주를 마셨고, 여러 대학 교수들과 종종 마주치기도 했다. 그럴 때마다 자연히 테이블을 이동하며 함께 술과 교류를 즐겼다. 가끔 까닭 모를 다툼으로 언성이 높아지는 일도 있었다. 재미있는 경험이라고 느꼈으나, 엄청난 시간낭비라는 생각도 들었다.

한번은 과 회의 겸 점심을 안암동 개성집에서 갖기로 해 교수들이 함께했다. 과 교수들이라 해야 고작 9명밖에 되지 않았고, 5~6명 정도만 참여했던 것으로 기억한다. 강의가 없었던 날이었던지 점심인데도 소위 반주라는 술 순배가 돌았고 이윽고 대선배 교수님 몇 분은 살짝 취기를 즐기고 계신 듯했다. 점심식사 자리는 끝나지 않고 서서히 술자리로 변해갔다.

"이봐, 진 교수. 술 좀 해!"

영 편치않은 나를 향해 윗분 한 분의 목소리가 들려왔다.

"네. 진 선배님. 한잔 하세요!"

나보다 2년 일찍 고려대 화학과에 부임한 최 교수가 합세했다.

어느덧 4시경이 되었나 싶었다.

"여기 너무 오래 있었으니 우리 돈암동으로 가시지요!"

김 교수님의 제안이다.

"그럴까…."

가장 연장인 박 교수님과 다른 한 분이 동조했다.

이를 어쩐담. 내일 수업준비 등 할 일이 산더미처럼 쌓여 있는데….

어쩔 수 없이 성북동을 거쳐 미아리 주점까지 갔으니 대낮에 시작한 파티(?)는 밤늦게야 끝났다. 정말 어처구니없는 오후였다고 생각했다. 과 회의 내용인즉 다음 학기에 학부와 대학원생을 위해 어떤 과목을 강좌로 개설할지였다. 학과목은 이미 교과과정에 명시되어 있었기에, 강의를 맡을 교수와 강사를 할당하는 일이었다. 몇 명도 되지 않는 교수였으므로, 실제 교수회의는 길어봤자 30분이면 끝날 일이었건만 오후 반나절을 낭비하다니….

1974년의 대학 현실을 지금 회고해보면, 교수들의 임무는 거의 강의로 차 있었고, 학술연구는 뒷전에 밀려 있었다. 연구를 위한 시설도 거의 전무했고, 연구지원비도 구경조차 하기 힘들었다. 교수 봉급내용을 살펴보면 월급과 연구비가 거의 1:1로 되어 있었는데, 연구비는 생활보조비의 성격을 띠고 있었으며 비과세 대상이었다.

내가 미국에서 받던 월급의 5분의 1 수준이었다. 교수들의 봉급이 이 정도밖에 안 되었는데도 잦은 회식과 술자리비용은 어떻게 해결하는지가 우리나라에서 직업인으로 새출발한 나에게는 매우 이해하기 힘든 일이었다.

후에 알게 된 일이지만, 당시 거의 모든 대학교재는 한글판이었다. 교수들의 저서나 번역서였다. 이 저술들의 인세가 비교적 괜찮은 부수입이었던 것 같다. 인세 외에도 채택료라는 낯선 이름으로 출판사 쪽에서 추가적으로 매년 판매부수(액)의 일정 퍼센트를 저자에게 제공했고, 이는 모두 비과세성 음성수입이 되었다. 또 확실치는 않으나 화학과 같은 경우는 교육에 사용하는 시약과 기자재를 공급하는 시약상과 기자재업자들이 화학과에 보조비조로 뒷돈을 제공하고 있었던 듯싶다. 고려대 화학과 교수들은 이 같은 수입을 모아 대학원생들을 위한 장학기금을 만들었다. 당시로서는 획기적인 발상이었다.

일부 교수들은 과중한 강의부담에도 불구하고 타대학에 출강—교수 수가 절대적으로 부족하던 시절이었기에 서로 도와주는 품앗이의 성격도 짙음을 알게 되었다—하여 용돈(?)을 추가적으로 마련하기도 했다. 이를 흔히 보따리 장사라 불렀다.

서울시에도 비포장도로가 많았고, 겨울이 되면 19공탄 연탄재가 눈 온 뒤 얼어붙은 길을 뒤덮어 먼지처럼 뽀얗게 날리던 광경. 매캐한 연탄가스가 도시를 점령하고 일산화탄소 중독으로 수없이 많은 생명을 잃던 그 시절. 국민들의 표정이 어둡지만은 않았다. 1966년 유학의 길에 올랐던 그 시절보다 별로 달라진 것이 없다고 느꼈던 그때의 답답한 심정은 요즈음도 종종 나를 다시 휘감는다.

그러나 사람의 적응력은 정말로 대단하며, 때로는 불가사의하다. 5년간 다닌 스타우퍼 화학회사의 동부연구소장인 알처(Sigfried Altsher) 박사에게 '이미 말씀드린 대로, 한국으로 영구 귀국하기 위해 써왔습니다.'라고 말하며 사직서를 내밀었다.

연구소장은 나를 물끄러미 보았다.

"정, 이리로 앉아봐!" 직장에서는 나를 정(Jung)이라 불렀다.

"네가 고국에 대해 느끼는 사랑과 귀국하고 싶은 심경은 이해가 되는데, 틀림없이 귀국 후 적응에 매우 힘들어할 걸세. 내가 3년 휴직을 허락할 터이니, 한국생활에 적응해보려 노력한 후 나에게 연락하게.”

참으로 고마운 제안이었다. 결국 귀국 2년 만에 나는 스타우퍼에 공식적으로 사표를 보냈고, 내 미국 영주권도 힘을 잃게 되었다. 귀국 후 2년이 되니

‘글쎄. 어떻게 생각하면 서울생활도 견뎌낼 수 있겠는데. 재미도 있고.’라는 생각이 나를 점령하기 시작하고 있었다.

이런 과정에서 안사람의 눈물과 인내, 협조가 가장 값진 보배였다.

어처구니없는 일들이 일상이었던 그 시절에도 주위 사람들과 학생들의 인정과 예절은 지금보다 훨씬 풍요로웠다. 사람들의 마음을 녹여주던 그 따뜻함을 이제는 어디에서 찾을 수 있을까.

## 태어나 처음 벌어본 돈

조그만 대나무 소쿠리를 들고 즐거운 표정으로 집 대문을 뛰어 들어오며 나는 크게 소리쳤다.

"어머니, 강냉이 바꿔왔어요!"

소쿠리에 담긴 옥수수튀김을 어머니께 보여주며 행복해했다.

"잘 됐구나. 옛 물건도 쓸 데가 있구나!"

쟁그렁쟁그렁, 엿과 강냉이를 수레에 싣고 다니며 팔던 아저씨는 현금뿐만 아니라 돈이 되면 무엇이든 받았고, 이를 엿이나 강냉이로 바꿔주기도 했다.

이전 해 6월 북한의 남침으로 발발된 전쟁은 전 국토를 폐허로 내몰았고 전쟁과 정전협정 논의가 함께 진행되는 동안 국민들의 생활은 더욱 처참해졌다. 식품은 점점 귀해졌고, 치솟는 물가는 일반인들의 생활을 위협했다. 전쟁 전에는 비교적 풍요로웠던 우리 가정도 예외는 아니었다. 특히 아버님이 계시지 않아 우리 세 식구의 생활은 더욱 쓸쓸하게 느껴졌다. 그렇게 익숙하던 주전부리도 뚝 끊긴 지 오래였다. 갑자기 수입이 끊겨 어머니는 한동안 아버님이 남기고 가신 저축에 의지하며 살아야 했다. 아직 돈벌이에 뛰어들 생각은 못 하신 채 화양동에서 농사를 짓던 친정에 많이 의지하시는 듯했다.

"어머니, 이 구두장 속의 내 가죽구두들이 이제는 너무 작아 신을 수 없으니 엿장사와 바꿔 먹을까요?"

"그래 보렴."

과거는 항상 아름다운 추억의 보고이다.

"정일아, 오늘 우리 시내에 가서 네 옷도 맞추고 멋진 구두도 맞추자."

"네, 아버지. 맛있는 점심도 사주실 거지요?"

우리 둘은 세바퀴 택시를 타고 시내(현재 동대문 창신동)로 갔다. 양복점에 들러 옷도 맞추고 구둣방에서 구두도 맞추었다. 동대문이 서 있고, 전차가 달리고, 길가의 멋진 사람들…. 내가 살던 성수동(당시에는 상원이라 불렀다.)과는 너무 달랐다. 밭이 주 농지였던 상원과는 공기냄새부터 큰 차이가 났다.

맞춤양복에 가죽구두를 신고 학교 교실에 들어서면 친구들의 눈길이 느껴졌다. 담임선생님도 아는 척을 해주셨다.

"정일이 오늘 멋지네!"

성수초등(뚝섬국민)학교에는 성수 1, 2동뿐만 아니라 화양동, 중곡동, 군자동, 광장동 등지의 어린이들도 함께 다녔다. 따라서 이웃동네 애들과도 잘 섞일 수 있었다. 내 경우에는 외사촌과 이종사촌을 학교에서 자주 만날 수 있어 좋았다.

옛 구두와 바꾸어 온 옥수수튀김은 꿀맛이었으나 신발장은 머지않아 비워졌고 엿장사가 받을 다른 물건을 찾아야 했다.

밑바닥에 구멍 난 양은냄비, 깨진 꽃병, 이것 저것 들고 나가 엿이나 강냉이로 바꿔 먹었다. 지금 생각해보면 아버님이 아끼던 골동품급 장식품도 그중에 포함됐던 듯싶다. 마침 길 건너의 옛 철공장 폐철더미에서 쓸 만한 녹슨 고철을 고르면 한 자루에 얼마인가를 준다는 소문이 돌았다. 전쟁 전에는 우리나라에서 알아주는 커다란 주물공장이었으나 전쟁 중 화재와 폭격으로 폐허가 되어 흉물로 전락한 곳이었다. 동네사람들이 공장 폐철더미로 몰려들었고 나도 그 속에 끼어들었다. 적은 돈이라도 벌어보겠다는 욕심이었다.

"애, 정일아. 너는 그곳에 가지 마라. 다칠라."

"네 어머니. 조심할게요!"

지금 돌이켜보면 그때 받은 돈은 100원 정도밖에 되지 않았던 것으로 생각된다. 그러나  태어나 처음 벌어본 그 돈은 나에게 참으로 소중했다. 자랑스럽게 어머니께 손을 내밀었다.

"어머님, 오늘 철공장에서 받은 돈이에요."

"너, 기어코 그곳에 갔구나! 그 돈은 네가 원하는 대로 사용하거라."

어머니의 배려에 코허리가 시큰했다. 노동의 대가를 직접 경험한 나는 추수가 끝난 무·배추 밭에서 버려진 무와 배춧잎을 주워보기도 하고, 논밭에 떨어진 나락을 줍기도 했으나 현금 교환력은 매우 미미했다. 전쟁 전 여유로웠던 시절이 까마득히 멀게만 느껴졌다.

그러나 주위가 모두 힘들고 어려웠던 터라 슬프거나 좌절감에 젖지는 않았다.

다시 학교가 문을 열었다는 소식이 들려왔다. 피난으로 주민들이 사방으로 흩어졌고 동시에 낯선 이주민들이 섞여 학교에는 알아보지 못할 얼굴들이 많이 눈에 띄었다. 또 새로운 특징은 3, 4학년이 한 반에서 같이 공부하게 된 점이다. 나는 3학년 진학 직후 전쟁이 발발했으므로 3학년 반으로 들어가야 했으나 3, 4학년 합반에 배정되었고, 학교의 수업정상화는 멀어 보였다. 담임선생님이 전쟁 전에 사용하던 교재를 읽어주는 식의 수업이 진행되었으며, 학생들은 교재는 물론이거니와 필기도구도 제대로 갖추지 못하고 있었다. 전쟁 중 학기 시작이 6월 1일에서 5월 1일, 4월 1일로 옮겼으며 1952년 4월에는 5학년이 되었다. 결국 국민(초등)학교 1, 2학년 교육은 제대로 받았으나 전쟁 발발로 3, 4학년은 실질적으로 건너뛰고 5학년에 진학한 셈이었다. 그러나 5학년 진학 후 곧 집안사정으로 경남 대산초등학교로 전학을 가야 했고 이듬해에 다시 상경해 서울 홍인초등학교 6학년으로 전학을 가야 했으므로 나에게 초등학교 동창생이라는 표현은 어색할 따름이다.

1950년 6월 25일 전쟁발발 후 서울의 모든 학교는 문을 닫아야 했고, 1952년 10월 30일에 공식적으로 다시 학교가 문을 열 때까지 어린 우리들은 거의 버려진 신세였다. 일찍이 부산 등지까지 피난에 성공한 친구들은 전시 임시학교라도 다니면서 학교생활을 이어갔으나—물론 전체에 비하면 이 숫자는 매우 적었다.—그렇지 못한 우리들은 학교와 거리를 두고 지낼 수밖에 없었다. 그렇기 때문에 학교가 다시 문을 열었을 때 복학한 학생들이 찾아간 학년은 매우 다양했다. 나처럼 제대로 수업을 받지 못했다 하더라도 나이에 따라 학년을 찾아간 학생들이 있는가 하면 2년여를 학교에 다니지 못한 사정을 계산해 저학년으로 복학한 학생들도 많았다. 이런 사정은 초등학교뿐만 아니라 중 · 고등학교는 물론이고 대학에까지 영향을 주었다. 따라서 내 동창들의 나이분포는 약 3년에 이른다.

"어머니, '따라지'라는 말이 무슨 뜻이에요?"

"에이, 너는 그런 말 쓰면 안 된다. 누가 그런 말 쓰던?"

"몇몇 애들이 38선 넘어온 38 따라지래요."

"너 우리들이 남쪽으로 피난 다녀온 것 기억하지?"

"네, 어머니!"

"38선 너머를 북한이라 하지?"

"네."

"북한에서 38선을 넘어 남한으로 피난 온 사람들이 많단다. 너희 반에도 그런 학생들이 꽤 섞여 있나 보구나! 어른들이 하는 화투놀이에 3끝과 8끝을 합치면 11끝이 되는데, 10은 빼고 가장 낮은 한(1) 끝을 '따라지'라고 부른단다."

"아, 그렇군요. 결국 남 · 북한 경계선인 38선을 넘어왔다고 하여 그렇게 호칭을 붙였군요!"

"그렇단다…."

제2차 세계대전 종료 후 5년 후에 찾아온 남 · 북한의 분단, 그리고 그 뼈아픈 결과물 중 하나가 바로 '따라지'라는 단어에 숨어 있다. 우리가 자주 듣는 '이산가족 상봉'의 원인이요, 뿌리인 38선의 원한을 우리는 현재도 기억하고 있다.

# 생애 첫 구두가 사라지다

참으로 어처구니없는 일이 벌어졌다. 하긴 그 시절에는 이보다 더한 일도 자주 일어났다. 평생 처음으로 새까만 가죽구두를 맞춰 신고(당시에는 기성화가 거의 없었다.) 상원에 있는 작은삼촌집을 찾았다. 서울대에 입학했으니 교복도 입고, 구두도 신고 여러 친척집을 돌며 인사를 해야 한다는 부모님의 귀찮은 명령(?)에 의한 방문이었다.

작은아버지와 작은어머니, 사촌동생들과 둘러앉아 즐거운 얘기를 나누었다.

“정말 장하구나, 정일아. 형님이 난을 만나 뜻밖의 고생을 많이 하셨는데 이젠 네가 집안을 다시 일으켜야지!”

“예. 명심하겠습니다, 작은아버지.”

어렸을 때 같은 동네에서 살았을 뿐 아니라 손재주가 뛰어나셨던 작은아버지는 아버님이 운영하던 공장에 근무하면서 우리집의 조그만 일거리들을 모두 척척 해결해주셨다. 동생들은 부러운 눈으로 내 교복을 쳐다보며 빙글빙글 웃고 있었다. 얼마나 시간이 흘렀을까? 다른 곳도 들러야 한다는 말씀을 드리고는 방문을 나와 마루를 거쳐 댓돌에 벗어놓았던 구두를 신으려 하는데, 구두가 없지 않은가!

"아이쿠, 이 못된 것들이 조카 구두를 훔쳐갔나 보네! 엊그제는 부엌에 안쳐놓은 밥솥을 들고 가더니…."

동네에 버스종점이 들어서고 낯선 사람들이 모여들면서 전에는 상상도 못한 일들이 종종 일어난다는 설명을 듣고는 가슴이 철렁했다.

전쟁 후 밀려온 가난과 무질서는 나라 전체를 혼란과 범죄의 구덩이로 밀어넣고 있었다.

'밥솥을 들고 가다니….'

몇 집을 더 들러 인사를 드렸다. 내가 구두를 잃어버렸다는 얘기가 동네에 쉽사리 퍼졌다.

"정일이 왔구나. 아유, 반가워라. 서울대 입학을 축하한다. 이 동네 출신으로 네가 첫 서울대생이 되었구나! 자랑스럽다!"

그러나 이어 내가 들은 얘기들은 도저히 믿지 못할, 도둑과 관련된 끔찍한 사건이었다.

"예, 정일아! 너 말도 말아라."

동네 아주머니 한 분이 아저씨 흉을 보면서 이야기보따리를 풀어놓으셨다.

"한밤중에 아저씨가 자꾸 중얼중얼 잠꼬대를 하시더라고. 나랑 얼굴이 반대방향으로 하고 있어서 무엇이라 그러시는지 모르겠더라고. 소리도 낮았고…. 자세히 들으니 '도, 도, 도….' 하시는 것 같기도 했고. 그러더니 갑자기 큰소리로 '도둑이야!' 하고 소리를 지르시는 게 아니니!"

"여보, 잠꼬대를 왜 그리 심하게 하셔요?"

하면서 아저씨를 흔드니

"여보, 저기 좀 보구려!"

하시면서 유리창문을 가리키셨다고 했다. 창문이 열려 있었고, 창문 밑 벽을 따라 쭉 걸어놓았던 옷가지들이 전부 없어졌다고 했다. 아저씨의 더 자세한 설명에 의하면, 한밤중에 갑자기 찬바람이 느껴져 눈을 떠보니 창문이 서서히 열렸고 이후 쇠갈고랑이가 들어와 벽을 훑으면서 걸려 있던 옷가지들을 차례로 하나씩 걷어갔다는 얘기였다. 그래서 '도둑이야!'라고 소리를 지르려 노력했으나 하도 놀라 소리가 나오지 않았고, 도둑이 옷을 모두 걷어간 후에야 큰소리가 나오더란다. 당시의 집들이 오래된 나지막한 집들이었으므로 이런 일이 쉽게 일어날 수 있었다. 이같은 1960년 봄철의 얘기를 들어보면 얼마나 험악한 세상이었든지 짐작할 만하다. 지금은 그 동네에 높은 아파트촌이 들어서서 옛모습은 조금도 찾을 수가 없다.

대학 1학년 시절, 나는 점심을 어떻게 해결했을까? 물론 매일 어머니가 양은 도시락통에 밥과 반찬을 담아주셨다. 반찬은 요즈음과는 달리 멸치볶음, 감자조림, 어묵조림, 김치, 김 등이 주 메뉴였고, 드물게 장조림도 끼였다. 운 좋은 날은 달걀프라이가 밥 위에 있기도 했다. 학교식당에서 사먹을 생각은 거의 하지 않았고 식당에서 사먹을 수 있는 점심도 신통치 않았다. 그러나 빡빡한 도시락 먹기란 그리 쉽지 않아 우리는 흔히 식당에서 국물만 한 대접 샀다. 어머니가 김밥을 싸주시려 하면 극구 사양했다.

"어머니, 김밥이 제 입에 들어올 수 있나요! 모두 하나씩 집어가면 제 입에는 잘해야 두어 개밖에 들어오지 않는 걸요!"

일부 친구들은 점심시간에 보이질 않았다. 몇몇 친구들은 아예 점심을 거르고 있었던 듯싶었다. 그중에는 시골에서 올라와 입주가정교사를 하면서 학비와 생활비를 조달하던 친구도 있었는데, 가정교사 노릇을 그만두어야 할 때에는 숙식할 곳이 마땅치 않아 막막해하곤 했다. 때로는 조그마한 내 공부방에서 함께 자기도 하고 점심을 나누어 먹기도 했다. 졸업식 날까지도 가정교사 노릇을 하던 친구도 있을 정도였다. 지금에 와서 회상해보면, 가난이 어찌나 깊이 우리와 함께했는지, 가난에 대한 적개심이나 슬픈 감정이 별로 없었던 것 같았다. 극소수의 예외는 있었으나 우리 모두가 가난했으니까….

1960년 우리나라 GDP가 944달러(2010년 달러 가치 기준)였으니까 당시 국민들이 얼마나 먹고 살기 어려웠는지 짐작이 가리라 믿는다. 1953년 즉 휴전이 되던 해의 GDP는 67달러로 최극빈 국가에 속했다.

우리 부모님의 경제능력이 당시 우리나라 사정으로 보면 그리 나쁘지는 않았다. 그러나 형편이 어려웠던 중학생 시절 우리가족은 집을 잃어 주거사정이 나빴다. 어쩔 수 없이 아버님 친구댁, 큰집 등과 셋방을 전전했고, 대학교 2학년 겨울방학 때부터 졸업 때까지는 입주 가정교사로 철새신세를 면할 수 있었다. 더구나 가정교사 수입의 상당부분을 내 용돈으로 사용할 수 있어 '가난'한 축에서는 약간 벗어나 있었다. 어느 큰 회사의 중역으로 계시던 학생부모는 나에게 친절히 대해주셨다. 더구나 삼촌과 매우 가까이 지내던 분들이셨다. 고등학교 2학년이던 큰아들을 고등학교를 졸업할 때까지 지도하였다.

비교적 여유로운 집이라 아침과 저녁도 잘 먹을 수 있었으나, 왠지 우리집에서 어머니가 준비한, 반찬이 모자라는 저녁을 대할 때보다 마음이 편치는 않았다.

가을에 접어들면서 친구 몇 명과 주말에 교외로 나들이를 다녀왔다. 우리는 저녁 전에 흩어졌지만 홍 군 집에 돌아가 저녁상을 받기에는 늦은 시간이었다. 한 번 혼자 배터지게 먹고 귀가할 수 있는 기회였다. 홍 군 집으로 가는 골목 입구와 골목 양쪽에 이런저런 음식점들이 있었다. 그중에서 한 집이 눈에 들어왔다. 건강에 좋은 '우족탕.'

'옳다. 저거다! 우족탕 한 그릇으로 배 좀 채워보자!'

"우족탕이요."

"네!"

입 주위가 어찌나 미끈거리고, 뱃속은 그들먹하던지. '그래, 이거다!' 편하게 마음껏 먹고 나서 짙은 행복감에 절어 필운동 언덕길을 올라갔다. 지금은 그 집터에 여러 주택이 들어섰음을 얼마 전에 알게 되었다.

대학시절 첫 가정교사 월급으로 학원사에서 출간된 세계대백과사전 1권을 샀고, 그 후 매월 한 권씩을 더해 한 질 전체를 마련했다. 세계대백과사전 전집은 지금도 내 서가를 장식(?)하고 있다. 먼 훗날 백과사전 속에 들어 있어야 할 사진들이 일부(극히 일부이긴 하지만) 없어진 것을 발견했다. 내가 연구차 장기간 미국을 방문했을 때 초등학교에 다니던 큰 놈이 학교 숙제를 하면서 백과사전의 일부 사진을 오려 붙여 제출했단다. 이를 보고 한편으로 화가 나기도 했으나 또 한편으로는 숙제 자료를 백과사전에서 찾을 생각을 했다는 것이 기특하기도 했다.

요즈음 대학을 함께 다닌 친구들 10여 명과 정기적으로 점심을 함께하고 있다. 모두 팔십에 가까워지는지라 대화 주제 중 빠지지 않는 단골 메뉴는 말할 것도 없이 '건강'이다. 더러 대학시절에 가난했던 얘기도 양념으로 끼어들곤 한다.

"광수(가명)야!"

"왜?"

"자네, 그 구두 팔아 엿 바꿔 먹었니?"

"그 구두라니?"

"그 구두 있잖아. 하도 오래 신어서 앞창이 너덜너덜대던 그 구두. 맨날 밥 달라고 입벌리고 있던…."

"아, 그 구두? 내가 얘기 하지 않았나? 엿 바꿔 먹기 전에 도둑 맞았다!"

후진(가명)이가 대화를 끝낸다.

"맞다. 내가 그 구두 강냉이 바꿔 먹으려 했거든. 근데 나보다 더 빠른 놈이 있었대!"

가난을 슬퍼하거나 원망하지도 않고, 그 속의 삶이 우리의 정상적인 삶인 양 그렇게 살았던 시절의 얘기다. 먼 나라 얘기 같은 그 시절의 가슴 아픈 회상을 나눈다.

# 수업료에 얽힌
# 슬픈 매

그러니까 내가 중학교 2학년 시절이다. 1955년 집안이 형편없이 기울어 우리 가족은 집을 팔고 상왕십리동에 방 한 칸짜리 자그마한 일자집에 전세를 들었다. 집에 수도가 들어오지 않아 물지게를 지고 길 건너 우물에 가 집식구들이 쓸 물을 길어 왔다. 처음에는 양동이의 물 움직임과 발 딛기가 조화를 이루지 못해 출렁출렁, 비틀거렸으나 곧 요령을 터득했다. 등에 둘러멘 물지게와도 제법 친해졌다. 힘든 하루들이 쌓여가던 시절이었다. 그러나 학교가 가까워 좋았다. 아버님은 사방으로 일자리를 구하러 다니시는 눈치였다. 전시 중 몇 년 간 몸담았던 경찰에서 나오셨고, 저축은 거의 없었던 것 같았다.

집안사정이 힘들수록 나의 다짐은 단단해지기만 했다. 이럴수록 나는 학업에 열중해 부모님께 효도하고, 훌륭한 사람이 되자! 게으름 피우지 않고 공부에 집중해 학업성적은 항상 선두그룹에 끼어 있었다. 특히 영어, 수학, 국어, 과학 등 주요 과목에서는 앞서가고 있었다. 때문에 담임선생님을 비롯한 몇몇 분들로부터 귀여움도 꽤 받는 축이었다. 그러나 잊지 못할, 지겨웠던 일이 생각난다. 종례식 때의 일이다.

"수업료 안 낸 학생들이 2학년 반 중에서 우리 반이 가장 많은 거 아니? 수업료 마감일이 지난 지가 언젠데 아직까지도 안 내니!"

담임선생님의 독촉이시다. 개중에는 석달치를 한꺼번에 납부하는 수업료를 다른 목적으로 사용한 학생들도 있는 듯했고, 일부는 잊고서 부모에게서 수업료를 받아오지 않기도 했으며, 나 같은 애들은 집안 사정상 차마 부모님께 달라고 말하지 못해 수업료를 내지 못하였다.

"애 정일아! 이게 웬 멍이니? 무슨 일 있었니? 왜 궁둥이에 이렇게 멍이 들어 있니? 아프겠는데…."

"아니에요. 한눈팔다 뒤로 넘어져 엉덩방아를 찧었어요."

"아이고. 조심하지 않고…."

매자국인지 모르신 어머니는 눈치를 채지 못하시고 넘어가는 듯하시더니 어느새 생각이 났는지 되물으신다.

"너 또 수업료 못 냈다고 벌매 맞았나 보구나?"

어머니 말씀은 옳았다. 일주일에 한 번씩은 담임이 수업료 납부 독촉으로 종례를 채우곤 했다. 수업료 납부 기록이 빼곡히 적혀 있는 수첩을 빼든 담임은 미납 학생들을 하나씩 호명했다.

"너 엉덩이 맞을래 아니면 종아리 맞을래?"

학생의 선택에 따라 담임은 커다란 대나무 막대로 4대씩 후려쳤다.

"진정일!"

급우들의 시선이 나에게 쏠렸다.

"네." 하면서 앞으로 나갔다.

"정일이를 어떻게 때리지? 그러나 할 수 없네. 엉덩이 아니면 종아리?"

"엉덩이요!"

대나무막대가 내 엉덩이를 네 번 내리쳤다. 엉덩이의 감각이 없어진 듯했다. 종아리를 맞으면 매자국이 어머니 눈에 쉽게 띌 테니, 엉덩이를 택했는데 그날은 팬티를 갈아입다가 어머니 눈에 잡혀들고 말았다.

아픈 매는 싫었으나 슬프지는 않았다. 아마도 매 맞은 친구들이 많았기 때문에 '일상'으로 여겼는지도 모르겠다. 가난이 일상이었던 시절이었으니까….

"정일아, 이 집에는 공부방도 없고 하니 청량리 큰집으로 가 있지 않으련? 큰아버님께는 말씀드렸고, 그분도 흔쾌히 좋다고 하셨단다."

청량리에 있던 비교적 큰 한옥주택은 명절 때마다 다녀 비교적 익숙했고 방도 몇 개 있는 집이었으므로 그렇게 하기로 하였다.

며칠 전 저녁모임에 참석차 중앙선 기차를 타고 왕십리역에서 청량리역까지 가면서 기차 창을 통해 밖을 찬찬히 내다보던 중 큰댁에서 지내던 시절이 떠올라 회상에 젖었다. 청량리에서 철도를 따라 왕십리까지 걸어와서 다시 상왕십리동에 있는 학교까지 걸어다니던 시절, 비록 큰댁에서 지내고 있었지만 처음으로 가족들과 떨어져 살아야 하는 현실이, 또 아침 저녁으로 길게 따라 걷고 있던 뻥 뚫린 철로가 외로움과 쓸쓸함을 안겨주었다. 더구나 큰댁에서도 큰어머님이 타계하신 후라 나는 푸근함을 전혀 느끼지 못했다. 가장 큰 문제는 공부방이라는 편한 공간이 나에게 주어졌건만, 공부에 집중이 잘 되지 않았다. 통학시간은 매우 길었고, 함께 통학할 친구도 찾지 못해 외로움을 더 탔던 모양이다. 성수동에서 학교까지 왕눈깔 사탕을 물고 걸어 다니며 단련시킨 다리라 힘들다고 느껴지지는 않았다.

어떻게 말이 전해졌던지 한번은 큰아버님께서 수업료와 용돈까지 주셔 크게 고마움을 느꼈다. 그 끔찍한 장대나무 매를 피할 수 있었으니 얼마나 고마웠던지…. 과묵하셨지만 인자하시던 큰어머님이 안 계신 큰집의 전체적 분위기에는 아늑함이 사라지고 있었다. 사촌여동생이 두 명이 있었지만 가사에 바빴던 여동생들과는 별로 어울리질 못했다. 예전에 할아버지와 할머니께서 생존해 계셨을 때처럼 단란하고 따뜻했던 가족애는 이미 사라진 후였다. 그분들 생존시에 나는 으레 그분들과 별상에서 밥을 먹는 특대(?)를 받곤 하였다.

학교를 끝내고 청량리 큰댁으로 돌아가는 길에 부모님들과 동생들 얼굴을 보고 싶었으나 의식적으로 이를 피했다. 만날 때의 기쁨보다 헤어질 때의 가슴 아픔이 더 컸고, 나를 쳐다보는 부모님의 시선에는 미안함이 묻어있는 듯해 더욱 피하고 싶었다. 그래서 현재의 별거가 나에게 만족감을 제공하고 있다는 허세(?)도 느끼게 해드리고 싶었다.

돌이켜보면 이때부터 부모님들의 경제사정에 따라 가족들과 떨어져 살아야 하는 환경에 익숙해졌고, 이런 경험이 내 개성에도 변화를 준 듯하다. 초등학교 시절 특히 6·25전쟁 직후까지는 비교적 쾌활한 성격에 반장도 여러 번 하는 적극적인 어린이였으나 점차 조용해지고 내성적으로 변하였다. 다행히 고교 상급반으로 진학할수록 학업에서 큰 진전을 보였고 또 대학 및 유학, 미국에서의 직장생활을 통한 수련덕분에 적극성과 융통성을 되찾을 수 있었다. 물론 그동안 집안도 안정되어 갔다.

대나무 장대로 나에게 매를 주시던 담임은 영어선생이셨으며, 전쟁 중 해군에 종군하셨다. 중학교 선생님에 만족치 않고 유학을 준비하고 있다는 소문도 들렸으나 상급반으로 진학하면서 연락이 끊겼다. 현재는 그분의 행방을 아는 친구가 없어 보인다.

내가 그 자리에 있었더라도 수업료 안(못) 낸 그 어린 학생들을 그 긴 대나무 매로 때렸을까? 그 선생님은 무슨 압력(?)을 받았기에 그렇게 했을까? 그분에게 자녀들이 있었을까? 등 지금이라면 이것저것 여쭙고 싶다.

그러나 그 담임선생님에 대한 추억은 대나무 매에만 있지는 않다. 그분의 아름다운 선행이 내 기억에 지금도 생생하기 때문이다. 수업료를 내지 못해 상급반으로 진학하지 못하게 될 가장 가난한 학생들의 마지막 수업료를 자기 월급을 털어 내주셨다는 담임선생님에 관한 미담이 내 기억에 더 크게 자리잡고 있다.

선생님, 지금 어디 계십니까? 안녕하신지요?

선생님의 매가 저에게 많은 가르침을 주었습니다. 고맙습니다.

내내 건강하시고 행복하십시오.

# 당신 정말
# 겁도 없나 봐요

"여보. 오늘 척추 MRI 결과 보았는데 역시 수술하자는 서 박사의 권고가 있었어요."

"그래서 어떻게 하셨어요?"

"수술날짜 잡자고 했지. 다음달 독일의 뉘른베르크에서 유럽화학연합회(EuCheMS) 학술대회에 내가 IUPAC 대표로 가야 해서 하루라도 빨리 수술하는 게 좋을 듯 싶어서요. 그래야 회복기를 가질 수 있지 않겠소!"

"그러나 척추수술은 모두들 피하고 싶어하잖아요."

"그렇긴 하지만, 수술밖에는 원천적인 치유법이 없다고 하니 별 수 없지 않겠소?"

소위 척추관 협착증으로 걷기가 어려운지 몇 달이 지난 후의 일이다. 2010년 1월 일본 출장 중 갑자기 서 있기가 힘들어 일본 농공업대 오노(Hiroyuki Ohno) 교수에게 내 강연 중 만약을 위해 의자 하나를 준비해달라고 할 정도였다. 허리를 구부리고 있으면 통증을 느끼지 않아 조금은 편하게 있을 수 있었지만 자세를 곧게 하면 허벅지부터 정강이를 거쳐 발목까지 통증이 심해져 진땀이 날 정도였다.

우선 동네 정형외과를 가보니 물리치료를 하란다. 두어 달 열심히 물리치료를 받았으나 나아질 기미가 조금도 보이지 않았다.

"정일아, 너 정형외과로 다니지 말고 신경외과를 가보지 그래."

"그래야 하니?"

외과의사인 친구 오 박사의 충고에 따라 고려대 병원 신경외과를 찾았다.

"서 박사. 나 4월 마지막 주에 독일을 가야 하는데 그것에 맞춰 수술날짜를 좀 잡아보시지요."

"가실 수는 있겠지만 복대를 하고 가셔야 합니다. 복대는 수술 후 적어도 2개월을 하셔야 하거든요."

"네. 알겠습니다. 그런데 서 교수, 사람들이 척추에 칼 대는 것을 금기시하는데 왜 그렇지요?"

"모르니까 그렇지요. 선생님 연구실에서 매일 실험하시듯이 저희는 매일 척추수술을 하는 걸요."

"네…."

밀차에 실려 수술실로 들어가면서 경험한 느낌은 분명 유쾌하지는 않았다. 또 많은 환자들이 붐비는 수술실은 무슨 공장 같은 느낌이었다. 차가운 수술실 공기가 나를 감싸올 때 마취주사 바늘이 나를 찔렀다. 이후 나는 깊은 잠에 빠져들었다.

얼마나 시간이 흘렀을까? 희미하게 방 안의 전등 불빛이 보이기 시작할 때 갑자기 추워지더니 몸이 건잡을 수 없을 만큼 떨리기 시작했다. 왠지 무서운 생각이 엄습했다.

"정신이 드세요, 교수님?"

간호사가 물었다. 간호사에게 답하기 전에 안사람부터 보고 싶었다. 안사람이 옆에 있어야 이 불안한 감정이 가라앉을 것 같았다.

"내 안사람, 최선자 씨를 찾아주세요!"

후에 들은 바에 의하면 처음에는 낮은 목소리로 중얼거리는 듯싶더니 차차 목소리가 커지면서, 회복실이 쩌렁쩌렁 울리게 안사람을 찾더란다. 하도 안사람을 계속 찾아대니 간호사들 사이에서 회자되었다는 안사람의 후일담을 듣고는 웃고 말았다.

"여보, 고생하셨어요! 서 교수께서 수술은 아주 잘 되었다고 걱정 마시라고 하셨어요."

조금 후 서 교수가 나에게 다가왔다.

"마취에서 깨어나시는 데 시간이 좀 걸리셨어요. 아무래도 연세가 있으시니까요! 수술은 깨끗이 잘 되었으니 회복도 빠르실 겁니다. 곧 입원실로 이동할 터이니 푹 쉬십시오, 진 교수님."

척추 4번째인지에 작은 티타늄 파편 세 개를 삽입해 척추관 속의 신경줄을 제 위치로 잡아놓는 수술을 했단다. 입원실로 옮겨진 후 침대 위에서 무릎을 움직이니 놀랍게도 종아리 통증이 전혀 느껴지지 않았다. 2주를 입원실에서 지낸 후 두꺼운 복대를 한 채 퇴원을 했다. 퇴원하니 세상 살 것 같았다. 회복속도도 매우 빨라 간호사와 의사들이 초고속 회복자(superspeed recoverer)라는 별칭까지 붙여주었다. 고마웠다.

두터운 복대를 한 채로 공항에 갔다. 비즈니스 클래스(2등석)을 예약해놓았다. 우선 독일의 프랑크푸르트까지 비행기로 간 후 뉴뉘른베르크까지는 열차로 가기로 했다.

"좋은 좌석으로 부탁드립니다. 허리수술을 받은 지 얼마 되지 않아 복대까지 하고 있으니까요."

"네. 좋은 자리로 드렸습니다."

정말 좋은 좌석을 주었다. 비즈니스 클래스의 좌석들이 개조되었는지 의아해했는데, 일등석으로 한 등급 올려 좌석을 배정해주었던 모양이었다.

학술대회 개회식에서 연설할 때 이 복대를 어떻게 할지 신경이 쓰였다. 한 시간정도 복대 없이 견뎌볼까 하는 생각을 했으나 의사들의 경고가 어찌나 강했던지 복대를 와이셔츠 속으로 하고 양복 단추를 잠그고 눈에 띄지 않도록 했다. 그렇게 개회식을 무사히 잘 마쳤고 아무도 내 허리에 대해 묻지 않았다. 어느 누구도 내 허리가 이상하다는 것을 감지하지 못한 듯했다. 감추기에 성공했다는 안도감이 들었다. 주최 측을 당황시키지 않기 위한 작전이 잘 먹힌 셈이었다.

"이 수술로 적어도 20년은 무사히 지내실 수 있을 겁니다, 진 교수님."

수술 후 8년이 다 되어간다. 낮은 산에도 다니고 걷기운동도 부지런히 하고 있다. 허리에 무리가 가지 않도록 조심하면서 지내고 있다. 수술 전 고통스러웠던 다리 증상은 지금까지도 전혀 느껴지지 않으며, 유사한 증상으로 고생하고 있는 친구들에겐 기꺼이 수술한 무용담(?)을 풀어놓는다. 나이가 들수록 허리, 다리, 무릎 등에 통증을 토로하는 친구들의 수가 늘어난다. 인간이라는 기계가 그저 70여 년정도 잘 쓸 수 있게 만들어진 건 아닐까 하는 생각이 들기도 한다.

척추수술 몇 년 전에는 S결장이라는 대장부분을 11센티미터나 잘라내는 수술을 받았다. 매년 생일 전후에 한 번씩 종합검진을 받는다. 특히 그해에는 대장내시경까지 받았다. 소위 말하는 용종과는 달리 S결장에 좁쌀만한 돌기가 장이 꺾이는 부분에 다소 넓게 퍼져 있었다. 조직배양을 통해 암세포는 없다는 판단을 받았으나 영 께름칙했다.

"아직은 괜찮으신데 이런 유의 돌기들이 나중에는 결국 암세포로 발전한다고 알려져 있습니다, 선생님."

과거 나에게 유기화학을 들었던 진 교수의 말이었다. 내 강의를 들었으니까, 더구나 고려대 교수로 잘 하고 있다니 신뢰감이 느껴졌다.

"진 교수, 그럼 미리 잘라내면 어떻소. 나 그놈들 몸에 데리고 다니기 싫거든."

"수술이야 뭐 쉽지요. 내시경으로 하나씩 잘라내든지 아니면 그 주위 한 10센티 정도를 잘라내든지요. 후자의 경우에는 외과의 김 교수(또 나에게 배운 의사였다.)가 로봇수술 전문가니까 김 교수와 상의하겠습니다."

수술은 무사히 끝났고, 얼마 후 진 교수를 다시 만나니 웃으면서 모니터를 보란다.

"교수님. 자른 길이는 11센티미터가 좀 넘고요, 이 사진은 그 부분을 길이로 잘라 펼쳐놓은 사진입니다."

"그러게. 그 좁쌀알 같은 것들이 보이네. 꼭 곱창같네. 하하하…."

몇 달 후 소위 시티페트(CT PET)로 전신을 검사하니 암세포는 없다는 결과를 통지받았다.

"하여튼 당신은 정말 겁도 없나 봐요. 큰 수술을 몇 년 사이에 두 번이나 하고요!"

"쓸데없는 골칫거리는 될 수 있는 대로 빨리 제거해야 하는 거예요. 여보."

세상사 모든 일이 그렇지 않던가! 더구나 회복에 시간이 걸리는 수술은 한시라도 빨리 하는 것이 좋다고 생각했다. 체력이 회복의 해결사임을 잘 알고 있는 나로서는 그런 결정을 당연시 하였다. 그러고 보니 수술대 위에 누웠던 적이 무려 네 번이나 된다. 남은 인생은 건강히 지내도록 내 몸 관리를 철저히 해야겠다.

# 빚으로 시작한 미국 직장생활

"진 박사. 이제 내년도 차들이 출시되기 시작했으니까, 차라리 올해 나온 차를 사면 좀 싸게 살 수도 있을 것 같아요."

"네. 그렇게 하지요!"

매장에 전시되어 있는 여러 자동차를 둘러보고 포드 페어레인(Ford Farelane)을 사기로 결정했다. 당시 나는 신용이 없어 단독으로 돈을 대출 받을 수 없었고, 같은 연구소에서 근무하고 있던 한국인 교포 선배의 공동 사인으로 차를 살 수 있었다. 박사학위 취득 후 1969년 8월 중순부터 연구실에서 근무하기 시작했으나, 이때까지 자동차 없이 지냈다. 그러나 머지않아 안사람의 출산이 다가오고 있어 우선 빚을 내어서 자동차부터 샀다. 그러나 운전면허가 없던 나는 다급해졌다. 겨우 러너스 퍼밋(Learner's Permit)을 갖고 동료 심 박사님을 옆에 태우고 출퇴근을 하면서 운전을 배웠다. 그러나 마음이 급해서 그런지 도로주행시험에 두 번이나 떨어지고 말았다.

실로 오랜만에 떨어져 본 시험이었다.

미국에 이미 3년여를 살아왔으면서도 자동차 운전면허도 따놓지 않았던 내 신세가 부끄러웠다. 은행 빚으로나마 생애에 첫 번째로 산 자동차를 마음껏 끌고 다닐 날만 기다려야 했다. 결국 세 번째 도로주행시험에서 합격을 했고, 드디어 운전면허를 취득할 수 있었다.

"진 박사님. 아드님이 탄생했습니다."

미국 의사의 전화였다.

"네. 대단히 감사합니다. 아기와 산모 모두 건강하지요?"

"네. 그렇습니다."

"점심 후에 병원에 가겠습니다, 박사님."

근처 용커스(Yonkers) 시의 세인트 존 병원(St. John's Riverside Hospital)으로 당장 달려가고 싶었으나, 연구소 주차장에 세워놓은 내 차를 혼자서 운전할 수 없는 신세가 한탄스러웠다. 아직 운전면허가 없으니 점심시간이 끝나기를 기다려 심 박사님과 함께 갈 수밖에 없었다.

병원에 도착해 큰아들과 첫 대면을 했다. 약간 저체중이었던 아기는 눈을 감고 자고 있었다. 자연분만시 사용한 핀셋 자국이 얼굴에 벌겋게 남아 있었고, 힘들게 세상에 나오느라 머리모양이 약간 길따랗게 변형되어 있었다. 그러나 무사히 탄생했다는 사실에 그저 고마워할 뿐이었다.

"여보, 고생했소. 그리고 정말 고맙소."

아내의 손을 잡고 볼에 뽀뽀를 선사했다. 웃으면서 안사람이 답했다.

"별 말씀을요. 의사 때문에 웃었어요. 당신께 전화했더니 점심시간이니까 점심 먹고 온다고 했다며, 아기보다 점심이 더 중요한 모양이라고 놀리더라고요!"

"글쎄. 둘러대지 못하고 솔직하게 말한다는 게 그렇게 말하고 말았어요, 하하."

"의사가 지나가면서, '지금쯤 네 남편 점심 끝났을 터이니, 곧 오시겠지요!' 하면서 또 놀리더라고요."

다행히 첫아들이 건강히 잘 자랐고, 성격도 아주 밝아 우리 내외를 기쁘게 해주었다. 아파트 내 여러 사람들의 사랑도 듬뿍 받았다. 박사학위 논문을 작성하던 중 안사람의 임신소식을 듣고 잠깐 아득한 생각이 들기도 했다. 당시 나는 건강보험에 가입되어 있지 않아 안사람의 출산 시 병원비를 생돈(?)으로 지불해야 했기 때문이다. 어차피 미국에서의 내 생활은 빚으로 시작했으나, 학위 후 직장생활은 그야말로 빚더미에서 시작했다고 표현해도 별로 과장되지 않았다.

월 1400달러 급여 중 세금과 보험료를 제하면 1150달러정도가 실제 수입이었다. 이 돈으로 아파트 월세로 250달러를 내고 나면 매달 1000달러도 채 되지 않는 돈이 안사람의 손에 쥐어졌다. 그리 여유 있는 삶을 살 수는 없었다. 물론 자동차 할부금, 큰아들 병원비 등도 매월 떼어가는 형편이니 살기가 정말 빠듯하다고 느꼈다. 또 장남인지라 한국에 계신 부모님께도 심심치 않게 송금하기 시작했다. 당시 동생 둘이 부모님과 함께 살고 있었으며, 각각 고등학교와 중학교에 다니고 있었다. 동생들의 학비라도 보태드리고 싶었다.

처음 미국에 올 때도 주머니에 달랑 50달러만 가지고 왔던 내가 아니었던가! 지금의 직장생활은 박사과정 학생생활 시작 때보다는 훨씬 여유로웠다. 회사 연구소 식당에서 따뜻한 점심을 먹을 수도 있었고, 주말은 집에서 쉬면서 무럭무럭 자라고 있는 첫아들의 재롱을 마음껏 즐길 수도 있었다. 행복이 무엇인지 알 것 같기도 했다. 이런 와중에 나는 연구에도 매우 열중했다. 평생 내 전문 분야에서 누구보다 앞서기를 원했으며, 이를 위해 정진했다.

첫애가 두 살 반쯤 되었을 때 둘째가 태어났고, 그때는 사정이 훨씬 나았다. 1972년 3월 29일 아침이었다. 출근 준비를 하고 만삭이 된 안사람에게 '여보 급하면 곧바로 전화해요!' 하며 아파트를 나서려는데 안사람이 급한 모양이었다.

"여보. 나 병원에 가야 할까 봐요."

"그렇소? 밤새 많이 불편했던 모양이구려. 나를 깨우지…."

"견딜 만했어요!"

부지런히 안사람을 차에 탈 수 있도록 도와주고는 미리 예약해둔 오시닝(Ossining)에 있는 병원으로 향했다. 연구실에는 전화를 걸어 "아마도 내가 늦게나 들를 수 있을 거요."라고 팀(연구실의 연구보조원)에게 연락하였다.

"곧 애기가 나올 준비가 되어 있네요. 이렇게까지 애기엄마가 참고 있었군요. 어쨌든 다행입니다."

안사람은 곧바로 분만실로 옮겨졌다. 첫아들 때에는 안사람의 진통주기가 얼마나 짧아지는가를 적어가며 체크한 후, 병원에 입원 후 12시간이 넘은 후에야 출산했다. 그러나 이번에는 안사람이나 나나 비교적 느긋했다. 그러다보니 긴박한 상황을 경험하게 되었다. 병원에 도착한 후 45분이 지났을 때 의사가 둘째아들의 출생을 알려왔다.

“진 박사님. 둘째아들의 탄생을 축하합니다.”

산모와 애기 둘 다 건강하다는 의사의 말을 듣고 안도의 한숨을 쉬었다. 이역만리에서 안사람과 나 둘이서 경험하는 두 번째 출산이었다. 우리 내외는 ‘우리가 해냈다!’는 장함에 젖었다.

“여보, 고생 많았소. 내가 아들을 얼마나 좋아하는지 알고 당신이 나에게 두 번째 아들을 선물해주어 정말 고맙소!“

아내의 이마에 가볍게 입술을 댄 후 안사람의 두 손을 쓰다듬으며 내 사랑과 고마움을 표현했다. 핑 도는 눈물을 안사람에게 보이지 않으려 노력했다. 큰 애보다는 키가 크고 가늘어 보였던 둘째는 키가 180cm 넘게 자랐다. 큰애는 나와 비슷해 170cm정도에서 그쳤다.

큰아들은 어찌나 뛰어놀기를 좋아하는지 아파트 주민들 사이에 ‘올림픽 달리기 종목 유망주’라고 불릴 정도였으나, 그와 반대로 둘째는 매우 정적이었다. 밤새 눈이 많이 온 다음날이었다. 밖에 눈이 수북이 쌓여 아파트 어린이들은 모두 좋아라 뛰어놀고 있었다. 물론 큰애도 이미 눈 위에 뒹굴며 신나게 놀고 있었다. 이 모습을 보며 둘째도 밖에 나가길 원했다. 안사람은 서둘러 두꺼운 외투를 입히고 방한화를 신겨 창가에서 잘 보이는 위치에 있는 눈 속에 둘째를 심어 놓았다. 얼마나 지났을까, 밖에서 둘째가 우는 소리가 들렸다.

‘왜 그러지? 누가 눈뭉치를 에디(둘째 미국명)에게 던졌나?’

창문으로 밖을 내다보니 둘째에게 아무 일도 없어 보였다. 밖으로 나가 둘째에게 물었다.

“왜 그러니, 에디야?”

“추워서 그래. 아빠!”

세상에, 나는 눈앞에 펼쳐진 광경을 믿을 수가 없었다. 둘째는 우리가 데려다 놓은 그 자리에 고대로 10여 분 이상을 움직이지 않고 서 있었던 것이다!

적자로 시작한 미국생활에서 두 아들은 무럭무럭 잘 자랐고, 이제 큰애는 미국에서, 둘째는 한국에서 직장을 잡고 가정을 꾸리며 잘 지내고 있다. 둘 다 박사학위를 지니고 있어 우리 삼부자는 소위 박사 삼총사이기도 하다. 이런 일이 가능토록 고생한 안사람에게 모든 영광을 돌린다!

# 아냐,
# 너 혹시
# 도망갔나 해서

미국 체류시기를 제외하고 평생 부모님과 함께 살아온 우리 부부는 부모님과 이루 헤아릴 수 없을 만큼 많은 추억을 나누었다. 그중 가장 아픈 경험은 어머니의 노화에 따른 행동 변화였다. 아버님이 돌아가신 후 3개월 정도 지났을 때부터 시름시름 앓고 계시던 어머님이 결국 병원에 입원하셨다. 그러나 의사들도 이렇다 할 건강상의 문제를 찾아내지 못했다. 아버님 타계로 받은 충격이 그리 심했는지, 알아채지 못한 부끄러운 자식으로서 크게 자책하였다. 평소 꽤 담대하시다고 생각했던 어머님의 태도에도 큰 변화가 감지되기 시작했다. 자신감을 잃어가셨고, 또 그리 즐겨 만나시던 친구들과의 모임에도 거리를 두기 시작하셨다. 특히 집에 혼자 계시기를 몹시 싫어하셨다. 급기야 안사람이 바깥일을 보거나, 학교로 내 심부름을 위해 잠깐 들를 때도 어머님을 차에 모시고 함께 다녀야 했다.

'배우자를 잃은 충격이 인간이 겪는 충격 중 가장 크다.'고 수없이 들어온 터이지만 어머님의 변화는 우리 내외를 적지 않게 당황하게 만들었다.

"되도록 따뜻하게 모시도록 노력합시다."

"무엇이 하고 싶으시냐고 묻고, 가능하면 어머님과 함께 시간을 갖도록 노력합시다."

"어머니가 TV시청을 즐기시니, 되도록 함께 보도록 하시지요."

"원래 식성이 조금 까다로우시니, 평소 좋아하시는 음식위주로 식사를 마련해 드리고, 군것질감도 신경씁시다."

그러나 어머니의 증상은 별로 호전되지 않았다. 일 년 후에는 다시 병원에 입원하셔야 했다. 여러 검사 끝에 뇌(치매) 검사까지 실시했다.

"글쎄요. MRI를 보면 이 연세 분들 평균 정도의 뇌세포 손상이 있습니다. 아주 초기 치매라고 할까요…."

박 교수의 설명을 듣고 어머니의 기억력에 이상이 있는지 여러 각도에서 관찰했으나 나이가 들어 기억력이 줄어든 정도 이상으로 느껴지지는 않았다. 치매검사에서도 정상으로 나왔다.

"이렇게는 안 되겠네. 집 근처의 사설 노인복지센터에 어떤 프로그램이 있는지나 알아봅시다."

다행히 아침과 저녁 때 버스로 노인들을 모시는 가까운 노인복지센터를 찾았다. 센터 운영자들이 매우 친절했다. 특히 노인들의 출퇴근을 책임지고 있는 센터 운영주의 아들은 노인들이 매우 좋아하는 잘생긴 청년이었다. 어머님도 이 청년에 호감을 보이셔서 마음이 놓였다. 어머님이 아침에는 버스가 오기를 미리 대문 앞에 나가 기다릴 정도가 되었다. 우리 내외는 가끔 센터를 들러 운영자들과 환담을 나누기도 했다. 센터는 노인들의 요양원도 함께 운영하고 있었다.

새로 친구들도 사귈 수 있었고, 또 센터의 여러 프로그램들에 참여하며 즐거워하시는 듯했다. 낮시간에 볼일을 볼 수 있어 우리 내외는 매우 고맙게 생각했다. 그러나 시간이 지남에 따라 어머님의 노쇠함은 점점 깊어졌다. 급기야 치매약도 드시게 되었으나, 의사도 말했듯이 치료효과는 없고 치매진행을 더디게 해줄 따름이라 어머님과의 대화는 점차 어렵게 되었다. 평생 잊지 못할 어머님의 토막말이 생각나 입가에 웃음을 띠게 한다.

"여보, 어제 저녁 때 깜짝 놀랐어요."

"왜요? 무슨 일이 있었어요?"

"이쪽 방에서 빨래를 개고 있었는데, 갑자기 뒤에서 인적이 느껴지더라고. 순간 무서운 생각이 들어 고개를 돌려보았지요."

"그런데요?"

"정말 놀라 소리 지를 뻔했어요!"

"뒤를 돌아보니 백발의 노파가 나를 빤히 보고 있잖아요!"

"에이. 어머니였겠지요."

"맞아요."

"그런데, 왜 놀라요?"

"어머니 발자국 소리도 듣지 못했고, 머리만 쏙 내밀어 저를 보고 계시잖아요."

"그래 어떻게 반응했소?"

"'어머니 왜 그러고 계세요. 들어와 옆에 앉으시지 않구요!'라고 했더니 어머니께서 '아냐, 너 혹시 도망갔나 해서. 나 버리고….'라고 말씀하시고는 씩 웃으시면서 다시 어머님 방으로 가셔서 TV를 보시더라고요."

아버님을 잃으시고는 우리도 자신 곁을 떠날 수 있다는 두려움이 생기셨구나 하고 생각하니 가슴이 메어지는 듯했다. 이후 어머니가 남의 도움을 받지 않고 혼자 다닐 수 없게 되자 사정은 더욱 악화되었다. 자리에 누워 있고 싶어하셨고 활동력이 급격히 감소하셨다. 그와 동시에 치매증상도 악화되었다. 어머니와의 대화는 점점 힘들어졌고, 대소변도 도와드려야 했다.

2012년 8월 17일 타계하시기 약 1년 전 2011년 9월 1일부터 써놓은 '어머님과의 대화'라는 제목의 내 일기장을 들춰보면 지금도 눈물이 앞을 가린다. 의사소통이 거의 되지 않던 마지막 1년은 내 인생에서 가장 고통스러운 한 해였다. 타계하시기 한 8개월 전에 쓴 일기장 내용 일부를 옮겨본다.

아침 인사하러 어머니 방으로 건너갔다.
"어머님. 일어나 앉으셨네요!"
"응. 이제 다 했다. 이제 나 갈래!"
"어디를 가시려고요?"
"아. 내가 여기서 지낸 지도 한 삼일 되었으니, 집에 갈래."
"네? 집엘 가세요?"
"응."
"집이 어디세요?"
"화양리."

지난 23년을 지내신 어머님 방이 아닌, 당신이 태어나 결혼 전까지 사셨던 자기의 옛 고향인 화양리 집으로 가시고 싶단다.

저녁 때 퇴근 후 다시 어머님 방으로 갔다.

"어머니, 저 왔어요."

"응."

"어머니, 저 누군지 아셔요?"

"아니. 몰라."

아마도 어머니의 마지막 부처님 오신 날이 될 것 같다는 예감이 들어 가끔 기도 드리러 가는 집 근처 절에 들렀다. 집에 오는 길에는 어머님이 계신 요양원에도 들렀다. 요양원에 계신 지 한 달이 조금 지났을 때였다. 내가 어머니 병상으로 가까이 다가가니 내 얼굴을 흘끗 보는 듯하셨으나 아무 반응이 없었다. 안사람이 말씀드렸다.

"오늘이 부처님 오신 날이라 절에 들러 부처님께 어머님 빨리 낫게 해달라고 빌었어요."

어머니 오른쪽 눈가에 눈물이 반짝이는 듯했다. 안사람이 휴지로 닦아드렸다. 그 후 석 달도 되지 않아 어머니는 극락세계로 소천하셨다.

'영원히 평안하게 잠드십시오, 어머님.'

# 내 가슴에 대못을 박은 연탄

미국 생활을 접고 귀국해 힘들게 적응하며 14년을 지낸 1988년 여름에 지금 살고 있는 집으로 이사를 했다. 110여 평이 넘는 터에 이층 양옥으로, 부모님을 모시면서 두 아들과 편히 지낼 수 있는 구조라 특히 좋았다. 아들 둘은 머지않아 우리 곁을 떠났고, 부모님과 넓게 펼쳐놓고 살았다. 이제는 부모님도 타계하셔서 우리 둘이 숨바꼭질을 하며 지낸다. 알맞게 큰 정원도 사시사철 다른 모습을 보여준다. 봄이 오면 앵두꽃, 개나리, 진달래가 환한 웃음을 보여주며, 뒤이어 여러 색깔의 영산홍이 정원 구석구석에서 화사함을 불태운다. 이어 목단, 작약, 장미가 순서를 잇고 목백일홍과 능소화가 여름과 가을까지 정원을 아름답게 꾸며준다. 잔디 관리가 힘들 때도 있지만 늦봄부터 가을까지 그들이 내뱉는 짙푸름은 마음과 눈을 맑게 해준다. 가을에 들어서면 여러 색의 국화가 자기 차례를 알리며 향을 뿜어낸다. 화분 가꾸길 좋아하는 안사람은 군자, 제라늄, 백일홍,

봉숭아, 금잔화, 라벤더, 로즈마리, 바질, 민트 등 허브, 여러 종류의 난을 가꾸고 있으며, 이에 덧붙여 상추, 부추 등도 키운다.

집 뒤에 아차산이 가까이 있으며, 큰 길 건너에는 어린이대공원이 있어 계절을 가리지 않고 날씨와 공기만 좋으면 우리 내외는 산책을 즐기며 건강관리를 한다. 우리 내외의 마음을 편하게 만든 건 따로 있었다. 연탄 및 연탄가스와의 싸움(?)에서 해방된 기쁨이었다.

대가족이 함께 지냈기에 데워야 하는 방이 여럿이었다. 아궁이, 난로와 보일러에 갈아 넣어야 하는 연탄의 개수는 상당하였다. 겨울에는 문제가 더욱 심각했다. 부모님과 안사람은 그놈의 연탄과 밤새 씨름하느라 밤잠도 설치시는 듯했다. 가끔은 나도 합세했지만 별 도움이 되지는 못했다. 더구나 매몰차게 추운 겨울밤에 잠옷 위에 외투를 걸치며 모든 연탄아궁이들을 챙기고 나면 밤잠이 날아가버리기 일쑤였다. 또 연탄의 불이 자라는 초기에는 집안에 매캐한 연탄가스 냄새가 퍼지곤 했다. 그럴 때면 혹시 그 무서운 연탄가스 중독이 우리 식구에게 찾아오지 않을까 마음을 졸였다. 더구나 귀국 직후 이런 사고로 장인을 잃은 나에게는 큰 공포감이 있었다. 14년 만에 고통의 생활에서 벗어날 수 있었다. 이 기쁨으로 온 가족 특히 부모님과 안사람의 얼굴에서 모든 주름이 사라지는 듯했다. 1988년 여름, 드디어 우리 식구들도 소위 기름보일러 집에서 살게 되었다.

엊그제 대전에서 1호 박사제자인 이수민 교수 내외와 함께 저녁 식사를 했다. 식사를 하면서 지난날의 추억들을 나누었다. 그 자리에서 연구실 연탄난로 얘기가 나왔다. 연탄난로 얘기는 이 교수가 박사과정에 있던 시절의 얘기로, 당시 대전에서 통학을 하던 이 교수는 대전에서 새벽같이 출발해 누구보다 먼저 연구실에 도착했다. 70년대 중반 대학연구실의 낙후된 모습을 잘 말해주는 광경이었다.

겨울이 되면 문제가 심각해졌다. 실험에 사용한 초자(유리그릇)들을 세척하는 일이 쉽지 않았다. 상수도관이 동파할 것을 염려해 아예 수돗물을 잠가버리기도 했다. 사실 물이 너무 차가워서 초자 세척이 쉽지 않았다. 유일하게 살아 있는 화장실 상수도 물을 양동이로 날랐다. 물론 이 역시 찬물이었다. 연구실에 있던 연탄난로 위에 커다란 세수대야로 물을 데워 사용하던 시절이었다. 커다란 32구공탄을 땠으니, 연탄 갈 때는 꽤 힘이 들었다. 따라서 연탄갈이는 신입생들 몫이었다. 양동이를 난로 위에 얹어 물을 데우려다 바닥에 구멍이 생겨 낭패를 봤던 경우도 있었다.

환기시설도 매우 열악했다. 환기펌프시설도 없어 겨우 굴뚝을 만들어 환기를 시켰다. 기압이 낮은 날이면 연구실 화학약품 냄새가 바깥으로 나가는 대신 바깥의 오염된 공기가 오히려 연구실로 몰려들어왔다. 난방을 연탄에 의존하던 서울시의 공기는 호흡하기 불편할 정도로 연탄가스로 오염되어 있었다. 당시에는 눈이 온 후 제설작업이 잘 되지 않았고, 서울 거리는 빙판길이었다. 미끄럼을 방지하기 위해 뿌려놓은 연탄재는 후에 고스란히 먼지로 변해버렸다. 따라서 눈과 얼음이 사라질 즈음에는 서울시는 온통 연탄재 먼지로 뒤덮이곤 했다. 아침에 새로 입은 화이트셔츠의 소매와 목둘레는 낮시간에 이미 새까매졌다. 하루만 물걸레질을 하지 않으면 연구실 실험대가 뽀얀 먼지로 뒤덮이고 말았다. 이런 상황에서 화학실험연구를 진행하려 노력한 나와 내 제자들의 만용에 가까운 용감함(?)과 불굴의 정신은 지금 생각하면 존경스럽기까지 하다. 이렇게 열악한 환경에서 이수민 교수가 박사과정을 밟고 있었다.

나는 현장에 없었지만, 놀랄 만한 일도 있었던 모양이다. 32구공탄 난로가 과열되었는지 아니면 완전연소가 되지 않은 연탄재가 원인이었는지 기억은 분명치 않다. 어쨌든 난로 바로 위 실험실 천장에 둥그렇게 그을린 자국이 새로 생겨 있었다. 다행히 큰 화재로 이어지지는 않았지만, 아찔한 사고였다. 아직도 어느 학생이 원인을 제공했는지 아무도 내게 알려주지 않았다. 서로들을 감싸려는 기특한 마음들인지라 더 이상 묻지도 않았다.

실험실이 있던 그 오래된 건물이 드디어 헐리고 새로운 건물이 들어선다니 늦었지만 천만다행이다. 연기 감지기, 살수장치 등도 설치되어 있지 않았던 그 건물은 실험실로 사용하기에 부적합했으며, 너무 오랫동안 쓰여왔다.

연탄이 내 가슴에 큰 못을 박은 사건이 드디어 일어났다. 미국에서 연구생활을 하고 있던 1979년 초겨울로 기억한다. 한국 연구실에서 날아온 충격적인 비보였다. 내 지도하에 석사과정을 밟은 후 미국 유학을 준비하던 제자 한 명이 취침 중에 연탄가스 중독으로 운명을 달리했다는 내용이었다. 유달리 화학약품의 독성에 민감하게 반응하고, 젊은이답지 않게 건강에도 신경을 쓰던 우수한 제자였다. 자기 집이 학교에서 멀다며, 연구실에서 조금이라도 더 시간을 보내고자 학교 근처에서 자취생활을 하고 있었다. 자기 방 입구 바로 밑에 있던 연탄아궁이에서 생긴 연탄가스가 문틈을 통해 방으로 스며들어 왔으리라는 제자들의 설명이었다. 가슴이 철렁 가라앉는 기분이었다. 몇 년 전 장인의 때이른 죽음의 기억이 되살아났다.

우리나라가 지금처럼 잘살게 된 게 오래되지 않았음을 젊은이들에게 자주 들려준다. 윗대분들이 이 나라를 부강하게 만들기 위해 어떤 노력을 기울였는지도 말해준다. 우리나라보다 더 잘 살던 나라들이 어떻게 무너져버렸는지도 설명해준다.

오늘도 나는 제주도에까지 내려가 한 고등학교 학생들에게 특별강연을 하게 되어 있다. '과학의 달'의 특별행사로 초청을 받았다. 1930년대 우리나라 과학의 대중화, 과학지식의 보급 및 민족과학기술과 공업의 진흥을 위한 사회운동에 앞장섰던 김용관(金容瓘, 1897~1967)을 생각하며 머리를 숙인다. 형식에 얽매인 정부주도의 과학의 날(4월 21일) 행사가 우리 국민들에게 얼마나 깊게 가슴에 파고드는지 느껴지질 않아 안타깝기만 하다.

# 5부

# 내 인생을 풍요롭게 한 만남들

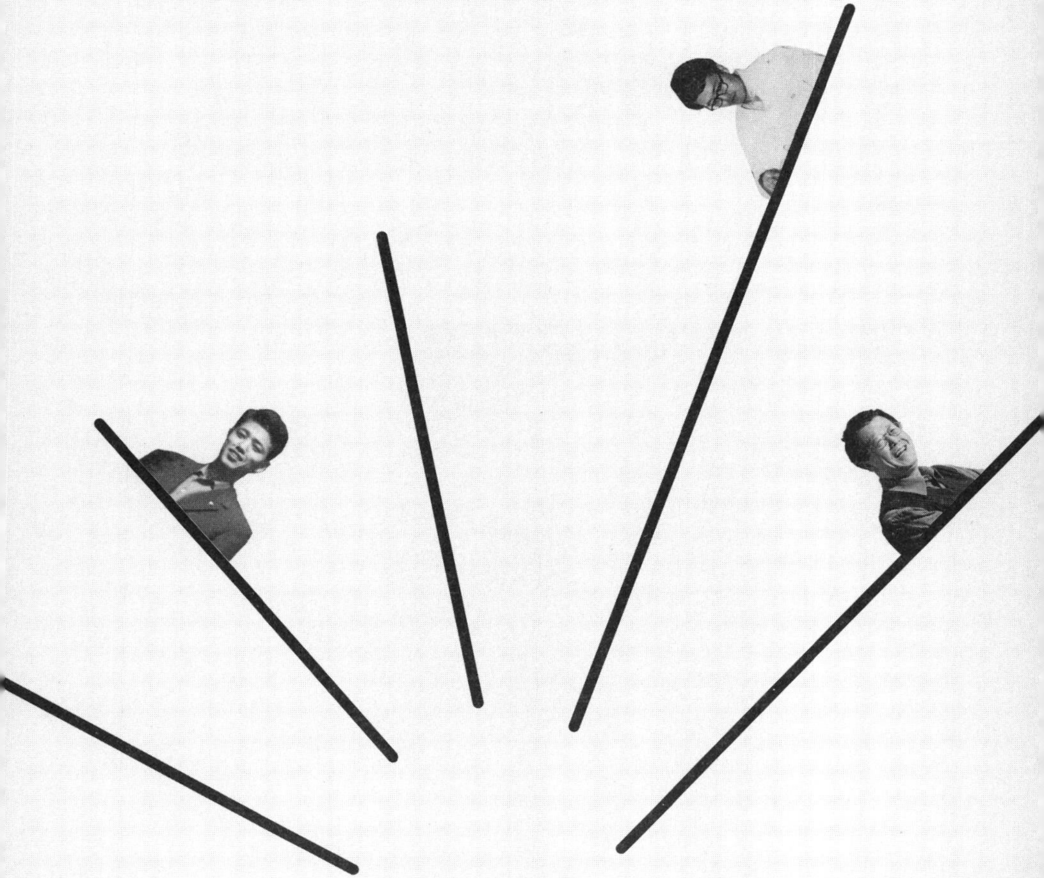

1

2

**1** 흥인초등학교 졸업사진. 1954년 3월.

**2** 전 서울대 문리과대학 교정(대학로)에서 벗 정충혁(왼쪽)과 함께. 1961년.

**3** 동숭동 서울대 화학과 건물 앞에서 의형제를 맺은 진정일(앞 왼쪽), 김수동(앞 오른쪽), 정충혁(뒤).

**4** 헌터칼리지 연구실에서 동료 로버트 어스벨과 함께. 1968년 10월 9일.

**5** 매사추세츠 앰허스트의 매사추세츠 대학에서 로버트 렌즈 교수와 함께. 1980년 초.

**6** 중국 쪽 백두산 정상에서 왼쪽부터 고 심상철(KAIST 전 원장), 본인, 고 김시중(전 과기부장관), 정봉영(고려대 교수). 1991년 8월.

**7** 한국을 방문한 동료 밥과 프레드와 함께. 1994년 8월.

**8** 와이넨 교수와 미국 급우들, 뉴욕시 밥의 아파트에서. 2002년 7월 25일.

9 평양 냉면집 옥류관에서 심홍구(KAIST 교수), 조병욱(조선대 교수)과 함께. 2007년 8월.

10 미국 필라델피아에 있는 독립의 종 앞에서. 2008년 8월 16일.

11

12

**11** 인도 갠지스 강에서 조병욱 교수와 함께. 2010년경.

**12** 반기문 UN 사무총장과 함께. 2009년 2월.

# 미국에서의 첫날을 함께 보낸 은인들

1960년 4월 초였다. 입학식 후 화학과의 신입생 환영회가 한 일반화학 실험실에서 있었다. 신입생 40명은 옹기종기 서서 호기심에 가득 차 있었다. 앞쪽에서 누군가가 말했다.

"여러분, 서울대 화학과 입학을 진심으로 축하합니다. 저는 3학년에 재학중인 대표 심상철입니다."

그러나 목소리만 들릴 뿐 사람이 보이질 않았다. 그러자 뒤에서 한 신입생이 큰 목소리로 말했다.

"말씀하시는 분 어디 계시죠? 안 보입니다!"

그러자 자그마한 키에 단단하게 생긴 선배가 선뜻 실험대 위로 뛰어올랐다.

"이제 보입니까?"

"예."

후에 안 사실인데, 3학년이라 했지만 입학년도로 따지면 우리들보다 4년이나 앞선 심상철 선배였다. 2년간의 군생활을 마치고 막 3학년으로 복학했단다. 삽시간에 심상철은 신입생들에게 유명인사가 되었다. 후에 심 선배는 서울대 졸업생 전체 1등으로 졸업식에서 대통령상을 받았다. 곧 그는 미국 캘리포니아공대(California Institute of Technology, CalTech(칼텍))로 유학을 갔다. 전남 곡성의 가난한 농가 출신 심상철의 뛰어남이 이미 널리 알려져 있었다.

"어, 진정일 아냐?"

힘들게 칼텍 기숙사에 도착하니 심 선배가 기다렸는지 새벽시간인데도 나를 맞아준다. 어찌나 반갑고 마음이 놓이던지….

"그런데, 이조웅이는?"

"조웅이를 공항에서 못 만났어요!"

"저런! 며칠 전부터 정일이 만나러 간다고 들떠 있었는데…."

샌프란시스코에서 비행기를 갈아타고 LA공항에 도착했을 때는 이조웅에게 연락해둔 시간보다 훨씬 늦었었고, 비행기편도 달랐으니 그 큰 공항에서 그를 만나는 것은 일찌감치 포기했다. 우연히 만난 낯선 한국인에게 구걸하다시피 부탁해 패서디나(Pasadena)까지 승용차로 올 수 있었다. 승용차 속에서 이런저런 얘기를 나누다 이 낯선 젊은이가 고등학교 후배인 것을 알게 되었다. 어찌나 반가웠고 또 안도했던지. 후에 뉴욕에 도착해 두어 번 서신 연락도 했으나 그 후로 연락이 끊어졌다. 지금은 이름도 기억하지 못하고 있어 안타까울 뿐이다. LA에 있던 흥사단 회원이라고도 했는데….

"고단할 테니 어여 씻고 한숨 자지."

심 형이 기숙사의 한 방으로 안내해주었다.

"너 여기서 자고 있나?"

커다란 소리와 함께 내 이마에 꿀밤이 떨어져 눈을 떠보니 늦은 아침이었다. 공항에서 밤새 나를 찾아 헤매다 포기하고 기숙사로 돌아왔단다. 밤을 세워서인지 그의 두 눈이 시뻘겋게 충혈되어 있었다.

이조웅 박사는 나보다 일 년 일찍 서울대를 1등으로 입학한 재목이었다. 화학을 공부하길 원했으나 약대를 입학했다. 결국 화학과로 전과해 나와 함께 2~4학년을 함께했다. 함께 석사학위과정에 진학했으나 일 년 후 칼텍으로 유학 와 있었다. 수학 및 물리학 분야에 특히 뛰어났으며, 칼텍에서 본 배치시험(placement exam)에서도 매우 우수한 성적을 받아 칼텍 화학과의 화젯거리가 되었을 정도였다. 이조웅 박사는 귀국해 수많은 고생 끝에 모교에 자리를 얻었으며 우리나라에 NMR분광학 뿌리를 내렸다. 심상철 박사는 부르클린 공대에서 교수생활을 하던 중 KAIST가 설립되었고 초대 KAIST 교수로 한국에 귀국해 우리나라에 유기광화학을 심었다. 심 선배는 우리나라 화학계에서 여러 면모로 존경받는 학자로 우뚝 섰으며, KAIST의 원장 자리에 오르기도 했다. 나와 선배는 우리나라 화학계의 현재와 미래를 위해 여러 생각을 함께 나눈 가까운 사이였다. 물론 술자리도 종종 함께했다. 이 박사는 친모와 장모를 함께 모신 효자였으나 청력이 나빠 차차 사회생활을 주저했고, 30대 중반에 발견된 간경화 증상은 계속 그를 괴롭혔다.

1966년 9월 8일 미국에서 나의 첫날을 이 두 보배 같은 사람들과 보냈다. 이때의 추억과 더불어 고국에 귀국해서도 함께 많은 추억을 쌓았던 이 두 천재의 단명은 나에게 큰 충격과 아쉬움을 주었다. 공교롭게도 둘 다 만 65살 전후(2002년과 2006년)에 이명을 달리했다.

"저 위에 계신 분이 잘 부려 먹으려면, 젊고 머리 좋은 사람들부터 솎아 가겠지. 늙고 써먹기 힘든 둔재들은 이승에서 고생이나 하며 살게 오래오래 내버려두는 모양이야!"

내가 자주 내뱉는 그리움의 표현이다. 특히 우리나라 학계의 답답함이 나를 괴롭힐 때에는 심 형이 더욱 보고 싶어진다.

패서디나에서 저녁을 먹고 밤 비행기로 목적지인 뉴욕에 가기로 되어 있었다. 신혼인 심 형 내외의 초청으로 조그만 아파트에서 한식으로 배를 채웠다. 이 저녁이 내 기억에 꽤 오랫동안 마지막 한식 저녁이라는 꼬리표를 달고 남아 있었다. 1966년 9월 9일 오후의 일이었다. 최근에 형수께 그 얘기를 했더니 기억을 못 하신단다. 50년이 지났으니…. 심 형의 장남 정섭이가 고려대를 졸업하고 미국에서 고분자화학 분야에서 박사학위를 취득한 후 한국 LG에서 여러 해 근무했다. 현재는 가족이 있는 미국으로 건너가 살고 있으며, 드물게나마 소식을 교환하며 지낸다. 형수는 안사람과 종종 만나고 있으며, 최근에는 우리집도 방문해 심 형과 내가 함께 찍은 사진을 보면서 옛 이야기를 하셨단다. 지기를 잃은 가슴 아픔이 쉽사리 사라지지 않는다.

8년간의 미국 생활을 접고 1974년 여름에 귀국해보니 우리 가족의 생활은 꽤 궁핍하게 쪼글어 들어 있었다. 생활환경도 매우 나빴고, 우리집 경제사정도 부족한 부분이 꽤 많았다. 부모님과 동생 두 명, 우리 네 식구 이렇게 8명이 한 지붕 아래에서 살기란 쉬운 일이 아니었다. 아버님은 이미 경제력이 미미하셨고, 두 집 살림으로 나누기에는 내 수입이 변변치 않았다. 오죽하면 안사람이 가끔 내게 이런 말을 했을까.

"여보. 밖에서 잘 잡수세요. 반찬도 잘 해드리지 못해 죄송해요…."

가끔 동료들이나 선배들과 즐거운 저녁과 반주를 할 때면 안사람의 푸념이 생각나곤 했다. 특히 가까이 있는 KIST와 KAIS(KAIST의 전신) 선배들과의 저녁시간은 풍요로웠다. 특히 고분자과학자 중 KAIS의 조의환 박사와 KIST의 김은영 박사는 귀국해서 처음 사귀게 된 선배들이었다. 그분들의 인품과 후배를 사랑하는 모습에 젖어 쉽게 친해졌으며, 나를 한국 고분자학계에서 많이 이끌어주신 고마운 분들이다.

조 박사님은 서울대 6년 선배로 서울공과대학 화학공학과를 졸업한 후 미국 뉴욕의 브루클린 공대(Brooklyn Polytechnic Institute)에서 1966년에 박사학위를 취득하고 1972년에 귀국해 우리나라 고분자학계를 이끌고 계셨다. 우수한 과학자였으며, 유머와 얘깃거리가 항상 풍부한, 넓은 마음의 소유자였다. 더구나 같이 있던 심상철 박사와도 매우 가까운 사이였다. 정년퇴직 후 오히려 건강이 좋아보이던 조박사께서 2009년 8월 초에 갑작스레 세상을 떠나셨다. 74세였다.

"첫째보다는 둘째가 더 행복한 법이야. 더 올라갈 수도 있고…."

하시던 조 선배의 웃음 섞인 달변이 종종 뇌리에서 재생된다. 어찌해서 우수한 인재들은 세상을 빨리 등지는 것일까?!

가까이 지냈던, 화학과 급우였던 박수문 박사의 급거도 내 가슴을 아프게 했다. 충주고교 천재로 소문났던 박 박사는 20년의 미국 대학(뉴멕시코대) 교수직을 뒤로하고 귀국해, 포항공대에서 퇴직 후, 울산과기대 석좌교수로 있었다. 그러던 중 2013년 1월 추운 겨울에 만 71세의 나이로 세상을 떠났다. 박 박사는 우리나라에 전기화학의 뿌리를 내렸다.

"정일아, 나 오늘 서울 못 올라가니까 내 여자친구 좀 대신 만나줄래?"

대학 졸업 후 충주비료공장에 취업 중에 사귀던 여자친구와의 약속을 어기게 된 모양이다. 그 여자친구는 훗날 박 박사의 부인이 되었고, 나는 미국여행의 끝을 뉴멕시코주 알버쿼키의 박 박사 집에서 마무리하곤 했다.

"여보, 왜 세탁물이 하나도 없어요?"

"아이, 또 수문이 색시가 모두 세탁기에 넣었던 모양이지."

박 박사 집에 도착할 즈음에는 내 트렁크 속은 빨랫거리로 가득 차 있기 마련이었다. 그런 사정을 잘 알고 있던 부인은 내가 잠든 사이에 가방 속 빨래거리들을 모두 세탁해 다림질까지 해 귀국가방을 정리해주곤 하였다. 부인과의 연락도 최근에는 뜸해져 안타깝다.

우리가 얼마나 가까웠는지는 글로 다 표현하기 힘들다.

"수문아, 오늘 데이트 잘 했니? 어디 갔었어?"

여자친구와 헤어진 후 자려고 내 공부방을 찾은 박 박사와 낄낄대며 새벽까지 이야기를 나누던 그 옛날이 그립다.

나를 지탱해주고 이끌어주었던 이 아름다운 분들이 극락세계에서 어울려 나와 나눈 행복했던 시간을 회상하며 이야기하고 있을까? 그분들의 명복을 빈다.

# 의삼형제
# 가시 삼총사

대학입학식을 끝내고 모인 화학과 신입생 40명의 배경은 매우 다양했다. 전국에서 왔을 뿐 아니라 재수생은 물론 일부 삼수생도 있었다. 나와 같은 고교출신이었던 다른 친구가 제2지망으로 치의예과에 합격하는 바람에 나 혼자였다. 나는 친한 친구를 빨리 만들고 싶었다. 그러나 워낙 자존심이 강하고, 또 경쟁심에 가득 찬 이들인지라 우정이 그리 쉽사리 피어오를지가 슬쩍 걱정이 되었다. 당분간은 강의실과 실험실에서 부딪치며 서서히 가까워지길 기다리는 수밖에 없었다. 그 동안은 수학과, 물리학과, 영어영문학과, 불어불문학과, 독어독문학과 등에 다니는 고교 동문친구들과 어울려 문과대 캠퍼스 구석구석을 익히며 생활했고, 그들을 통해 새로운 친구들도 사귀었다.

화학과생들은 주로 화학실험실에서 생활하게 된다. 처음 입학하고 나니 담당조교가 가장 편한 방식이라 생각했는지 가나다 순으로 두 명씩 조를 만들어 실습에 임하게 했고, 따라서 한 실험대의 양쪽에 두 명씩 배치해 모두 합해 네 명이 한 실험대를 공유하게 됐다. 나는 성이 정(鄭)인 충혁(忠爀)과 파트너가 되었다. 점잖아 보이며, 착실하고 단정한 충혁의 모습이 처음부터 마음에 들었다.

충혁이의 단점(?)은 학업이 끝난 후 감쪽같이 사라져 도무지 저녁시간을 함께할 수 없었던 그의 빡빡한 일정이었다. 집에 여유가 없어 가정교사로 열심히 학비를 마련하고 있음을 후에서야 알게 되었다. 충혁이를 통해 같은 S고등학교 출신인 김수동(金秀東)과도 친하게 되었다. 수동이는 충혁이보다 웃기도 잘했고 접근하기가 훨씬 쉬워 보였다. 여러 면에서 그의 머리가 뛰어남을 발견하기도 했다. 비록 부친이 의사라 했으나 전혀 여유가 있어 보이지 않았고, 그도 아르바이트(가정교사)로 바쁜 듯했다. 우리 셋은 키도 비슷하고 마르기도 비슷하였다. 생일을 따져도 그랬고, 성격을 따져도 충혁-나-수동이의 순서였다.

교정에서 셋이 어찌나 붙어 다녔던지 친구들은 우리를 '가시 삼총사'라 불렀다. 얼마나 야위게 보였기에 그런 별명이 따라다녔을까. 같은 실험대의 조 양과도 가까이 지냈으나 그 당시만 해도 남녀구별이 지금보다 심해 일정거리를 유지하며 지냈다. 거기에 덧붙여 조 양은 고교졸업이 우리들보다 일 년 앞서 거기에서 오는 거리감도 있었다.

우리들의 대학 1학년 생활은 격동하는 국내 정치에 휘말려 엉망이 되었다. 더구나 학생운동의 본거지나 다름없는 문리과 대학에 다니고 있었으니 캠퍼스가 조용할 리가 없었고, 4·19 후에는 신생활학생운동본부가 이끄는 대로 일과가 결정되는 지경이었다. 많은 시간을 길거리에서 보내야 했고, 배운 것도 없이 이학년으로 진학했다. 학점관리가 어떻게 되었는지도 기억이 잘 나지 않을 정도다. 그러는 와중에도 우리 셋의 우정은 깊어만 갔다. 도서관, 영화관, 길거리 신생활운동 등 많은 시간을 함께했다. 그러나 2학년을 마치고 수동이는 공군에 입대했고, 충혁은 졸업 후 육군에 입대했으며 나는 석사과정 후 도미하는 등 우리들의 길이 달라지기 시작했다. 어쨌든 우리 셋은 성실하고 옳게 살아야 한다는 공통된 생활신조를 지니고 있어 더욱 가까이 지낼 수 있었다. 내가 석사과정 중 수동이가 제대해 내 석사과정 마지막 실험부분을 많이 도와주었다. 수동이의 실험재주가 상당함을 알게 되었고, 아마도 그런 재주가 제조업체(주 마미손)에 평생 몸담게 했던 모양이다. 충혁은 군복무를 마친 후 진해비료, 대우엔지니어링을 거쳐 수처리 엔지니어가 되어 후에는 자기 사업을 차렸다.

충혁의 두 아들은 대학교수가 되었고, 수동이의 아들은 신학대 교수, 딸은 프랑스 유학 중 의사와 결혼했다. 나의 아들 둘도 다 공학박사가 되어 큰놈은 연구원-교수를 거쳐 미국에서 다시 연구원 생활을 하고 있고, 둘째는 국내 한 대학에서 교수를 하고 있으니 우리 셋의 자식들은 다 잘된 셈이다. 이세들의 나이도 엇비슷하다.

"아 글쎄, 말복이 지났는데도 올해는 보양을 못했지 뭐야. 그래서 연락했던 거지."

"잘했어, 진 박사. 그러지 않아도 우리 둘이 연락 좀 하자고 말하고 있던 차였어."

충혁이가 대답했다.

"그러게. 다들 건강해 보이니 다행이군!"

수동이가 말을 보탰다. 이제 셋 모두 만 75세를 넘었다. 일 년에 보통 부부동반으로 두세 번 만나왔으나 앞으로는 더 자주 만나잔다. 우리들이 나이가 들어가기도 하지만 충혁과 수동이의 건강문제에 신경이 쓰여 더욱 그러기를 원하고 있다.

충혁은 최근 일을 자주 잊는다고 불평하고 있고—우리 나이면 누구던지 그렇지 않던가—, 수동이는 몇 해 전에 폐 한쪽을 약 3분의 1정도 절제하는 암수술을 받았으나 이제는 건강이 회복되어 기쁘다.

충혁은 황해도에서 어머니, 남동생과 셋이서 남하해 홀어머니를 모시며 힘들게 살았던 옛시절 기억 때문에 지금도 어머니 얘기가 나오면 눈시울을 붉힌다. 대학 졸업 후, 그 어렵다는 취업에 성공했으나, 충혁은 공부에 대한 미련을 버리지 못하고 있었다. 나는 지도교수에게 충혁을 추천해 충혁은 장학금까지 받으며 유학을 올 수 있는 기회를 얻었다. 도미 비자까지 받았으나, 홀어머니를 모셔야 한다는 의무감에서 벗어나지 못해 결국 유학을 포기하고 말았다. 참으로 안타까웠다.

수동이는 회사일을 하도 열심히 해 주말도 없이 회사를 나가 부부가 가끔 티격태격하기도 했으나 금년에 정년을 선언하며 요즈음은 두 부부가 열심히 교회를 나가면서 행복하게 지내고 있다. 부인은 S대 국문과 출신으로 여러 권의 시집을 출간한 시인이다. 그래서 문인 여성의 감수성을 종종 느끼게 한다. 약간 골골이형이라 항상 건강에 신경을 쓰고 있다. 우리 안사람은 유학생시절까지는 나에게 경제적 도움을 꽤 주었고 귀국 후에도 직장생활의 유혹을 많이 받았으나 큰 집 살림을 꾸리고 애들 키우는 역할에 최선을 다했다. 아직 큰 병은 없으나 조심하면서 살고 있으며 옛이야기를 함께 나눌 수 있어 좋고, 어릴적 추억을 공유하고 있어 옛이야기를 나누기도 편하다.

"정일아, 수동이 회사가 문을 닫아야 할 판인데, 혹시 누가 인수할 수 있을까?"

미국에서 직장생활을 하고 있던 어느 해에 충혁이 우리집을 찾아와 수동이의 근황을 전했다. 충혁은 대우엔지니어링 일로 출장을 꽤 자주 다니던 시절이었다. 생각 끝에 충혁에게 의견을 물었다.

"글쎄. 유한집에 접촉할까?"

대학시절 가정교사로 있던 집 H사장의 말을 꺼냈다. 사실 수동이도 그집 딸을 가르친 적이 있다. 결국 H사장과 인척(특히 사위)이 수동의 회사 일부를 인수해 '마미손'이라는 회사로 재탄생시켰고, 수동이는 공장장-사장으로 내내 고무장갑을 비롯한 고무제품 개발과 생산에 전 생애를 바쳤다. 건강하던 그가 폐암이라는 무서운 암과 투병한다는 사실을 듣자마자 처음 내 머릿속에 의문이 일었다.

'고무제품 생산에 여러 가지 첨가제가 들어가는데 혹시 그중 일부가 폐암의 원인이 된 것은 아닐까? 흡연을 했지만 많이 피우지는 않았는데….'

"우리 함께 여행할 기회를 만들면 좋겠어요!"

전 시인(수동이의 처)의 제안이다.

"맞아요. 우리 공유할 수 있는 추억을 많이 만들도록 노력해요."

안사람이 맞장구를 친다.

"그래. 그럼 당장 오는 단풍계절에 우리 함께 나들이 가기로 하지."

내 말이 끝나기 전에 수동이가 덧붙인다.

"너무 멀리는 말고 가까운 해외도 좋지 않나?"

"그럼 어디 찾아보자!"

점심 후 가까이 있는 내 사무실에서 편안한 마음으로 진행된 대화는 끝날 기미가 보이지 않았다.

"아이쿠, 벌써 4시야. 이제 어서들 가. 나는 끝내야 할 일들이 좀 있어!"

마지못해 흩어지면서 서로들 사랑의 눈길을 나눴다.

친구들이여. 우리 모두 제발 건강하게 살자. 그래서 남은 여생 함께 즐겁게 지내자!

## 특별한 친구,
## 엿장사

친구들의 별명도 우스꽝스럽다. 엿장사, 깜씨, 똥개, 병아리, 달라이라마…. 지금도 만나는 친구들이다. 불행히 '똥개'는 캐나다로 훌쩍 이민을 가더니 갑작스레 세상을 떴다. 엿장사와 깜씨는 중학교 시절에 이미 당수 유단자가 되었고 병아리는 권투선수였다. 주먹하고는 거리가 먼 나와는 어울리지 않는 친구들 같았지만 끼리끼리 모일 때면 꼭 나를 불러댔다. 떡 벌어진 어깨에 걸을 때마다 으쓱으쓱대는 듯한 이들의 모습은 한편으로는 나를 불안하게 했으나, 또 한편으로는 든든하게 했다.

"정일아, 누구든지 너를 귀찮게 하면 너는 네 힘껏 그놈을 주먹으로 치고 튀면 돼! 나머지는 우리가 처리할게!"

친구들에게서 여러 번 들은 얘기다. 그러나 다행히 내가 그렇게 해야 할 경우는 생기지 않았다. 이들 친구 중 엿장사는 특별하다. 초등학교 6학년 때 같은 반이었으니 1953년부터 65년간 우정을 나누어온 터이다.

“정일아, 너는 공부 열심히 해 세계적인 학자가 되거라. 나는 공부는 틀렸으니 돈이나 많이 벌거야!”

“돈 많이 벌어 뭐하려고?”

“좋은 일 많이 하고, 후손들도 잘살게 해주고…. 나는 광화문 네거리에 높은 빌딩 지어 소유하는 게 꿈이야. 나 부자 되면, 너는 공부하느라 돈도 별로 벌지 못할 터이니 네 용돈은 내가 책임질게….”

“고맙다. 네 얘기만 들어도 나는 벌써 배가 부르다!”

K대학 철학과에 입학했으나 집안이 기울어 학업을 중단하고 군에 입대하였다. 비교적 부유했던 집안의 장남이었던 엿장사는 구김없이 잘 자라 명랑하고 친구들과도 잘 어울렸다. 그러나 대학 입학 후부터는 집이 어려워져 자기 인생에 대해 고민하기 시작했다.

“아휴, 오늘은 비누가 딸려 한 박스밖에 배당받지 못했어요. 내일은 더 많이 받아드릴게요!”

땀을 뻘뻘 흘리면서 자전거에서 비누 한 박스를 내려놓으며 우리 부모님께 연신 미안하다고 말한다. 미안할 까닭이 전혀 없는데도 말이다.

당시 우리 부모님은 잡화점 소·도매업을 하고 계셨는데, 세탁비누 공급이 딸려 단골손님을 유치하기 위해서는 세탁비누의 풍부한 공급이 급선무였다. 그중에서도 ‘무궁화표’ 세탁비누는 최고의 인기를 누리고 있었다. 비누 배급소에서 매일 배당받는 수량만으로는 단골고객들을 만족시킬 수 없던 차에, 엿장사는 반가운 소식을 전해왔다.

"걱정마셔요. 우리랑 가까운 친척분이 서대문 쪽에서 무궁화비누 배급소를 운영하니까 특별히 부탁해 제가 매일 받아다드릴게요."

돈 한푼 받지 않고 그는 자전거로 무거운 비누상자를 서대문까지 가서 실어 나르곤 했다.

"균홍아, 우리 부모님 잘 부탁한다. 광자도 해외로 나갈 계획을 하고 있으니 집에는 어린 동생들밖에 없을게다. 너 시간 있는 대로 들려 우리 부모님 안녕 좀 살펴다오. 나는 너만 믿을게!"

도미 직전에 우리 둘은 집근처 막걸리집에서 잔을 나누며, 비록 내가 이역만리 미국으로 유학을 떠나도 우리 우정은 변치 말자며 그에게 어려운 부탁을 했다.

"걱정마, 정일아. 너는 몸이 약하니 건강 조심하면서 공부하거라. 네가 금의환향하면 세상 떠나가게 큰 파티 한번 해야지!"

성격이 급하고 조금은 튀는 방향으로 결론짓는 경향을 지니고 있기 때문에 엿장사 엿가락 마음대로 늘리듯 한다고 해서 '엿장사'라는 별명을 얻은 내 친구는 지금도 그 별호를 떼어버리지 못하고 있다.

엿장사와는 특별한 추억도 나누었다. 대학재학시절이었다.

"정일아, 오늘 크리스마스 이븐데, 무슨 스케줄 있니?"

"왜? 별로."

"응. 그러면 됐네."

"너 또 무슨 일 저지르려고?"

우리 둘은 지금은 상상도 못할 계획을 세웠다. 어느 여대 기숙사에 머무르고 있던 내 여자친구(현재 내 안사람)를 보러 기숙사로 찾아 가는 일을 계획했다. 저녁은 일단 우리 둘이서 먹고 내 여자친구를 만나기로 했다.

"야, 정일아. 면회시간이 지났네!"

"그럼 우리 둘이 막걸리나 먹으러 가자!"

"야, 여기까지 와서?"

"그럼 어떻게 하니…."

어떻게 하던 기숙사에 접근하기로 한 우리 둘은 지하실로 내려가 기숙사 식당 속으로 들어갔다. 발자국 소리를 죽이며, 쿵쾅대는 가슴을 누르며 남의 눈에 띄지 않게 한 발자국씩 옮겼다.

아뿔싸, 이를 어쩌나! 우리 둘이 식당으로 들어간 문 이외에 모든 문들이 잠겨 있지 않은가! 식당에서 기숙사로 접근하려던 우리 계획은 완전히 실패로 돌아갔다. 지금 생각하면 천만다행이었다. 만약 기숙사에 접근해 붙잡혔다면 다음날 모든 신문에 우리 둘의 얼굴이 대문짝만 하게 기사로 실렸으리라. 아찔한, 다행히 실패한 젊은 날의 만행이었다.

"아니, 그러셨어요! 나도 별일이 없어 한편 기다리고 있었는데 연락이 없어 친구들과 저녁약속이 있나 싶었지요…."

훗날 엿장사가 옛이야기를 할 때마다 큰소리로 이 모험 얘기를 떠들어대 이젠 제법 많은 친구들이 알고 있는 추억거리가 되어버렸다. 10여 년 전에 우리 대학병원에서 위암수술을 받고 완치되어 지금은 건강히 지내고 있어 다행이다.

"야, 균홍아, 너 건물을 여러 개 갖고 있으니 이제 정리 좀 하렴. 그걸 네가 다 관리하고 있으니 얼마나 힘들고 고단하겠니…."

아직도 손수 운전하면서 여기저기 다니는 엿장사가 좀 더 많은 시간을 나와 함께 보낼 수 있길 바란다.

"정일아, 오늘 우리 부모님 묘소에 다녀왔는데 오는 길에 네 부모님 묘소도 들려 소주 한 잔 부어드렸어!"

"아이고 고마워라. 왜 혼자 갔니? 저번처럼 나와 함께 가지 않고…."

추석이 다가오니 벌초니, 성묘니 하며 조상을 찾고 있다. 나보다 먼저 우리 부모님께 인사드린 내 친구 엿장사. 오늘도 나는 엿장사의 우정에 눈시울을 붉힌다.

내 영원한 벗, 엿장사!

# 결국 배달된 쌀가마

"여보. 서울역 수화물 보관소에서 쌀 한 가마니가 와 있다고 찾아가라는 연락이 왔어요!"

"웬 쌀이?"

"모르겠어요. 누구한테서 무엇 때문에 온 쌀인지…."

"보낸 사람이 누군지 물어보지 않으셨어요?"

"아니요. 당신은 알고 있는 일이겠지 생각했지요."

"그럼 가봐야겠네요."

볏짚으로 만든 새끼줄 가마니에는 지금은 거의 친구처럼 지내고 있는 조 교수 부친의 성함이 발신인으로 적혀 있었다. 그가 내 연구실에서 뒤늦게 석사과정을 밟고 있을 때였다. 화학공학 분야에서 이미 석사학위를 보유하고 있었으나 화학지식이 모자란다며 화학과 석사과정에 다시 입학해왔다. 그러나 워낙 빡빡한 성격을 지닌 나인지라 그를 대할 때에는 다른 어린 학생들과 차이를 두지 않았다.

"왜 이런 걸 보냈지? 여보, 이거 돌려보냅시다. 더구나 사전에 나에게 아무런 얘기도 없었고, 나 이런 거 받을 이유가 없지 않소!"

결국 발신인 앞으로 그 쌀가마는 되돌아갔다. 며칠 후 조 교수에게서 연락이 왔다.

"선생님. 죽을죄를 지었습니다. 실은 아버님께서 보내신 걸 저도 전혀 모르고 있었습니다. 용서하시고, 너그럽게 받아주십시오!"

조 교수의 설명인즉 '초등학교 교장이셨던 아버님이 농사를 조금 지으시는데, 금년 벼농사가 특히나 잘 되어 아들을 지도하시느라 고생이 많으신 선생님께 고마움의 표시로 조금의 쌀을 보내드렸으니' 제발 받으시라는 하소연이었다.

"조 선생. 내가 무얼 특별히 해준 것도 없는데, 무슨…."

기어코 그 쌀가마니는 다시 서울로 와 우리집에 배달되었다. 얼마 전 조 교수 선친께서 지내시던 장평의 시골집을 방문했다.

"선생님. 옛날 쌀가마니 사건 생각나세요?"

"하하…. 생각나고 말고. 내가 어렸지…. 아버님께 고맙다는 인사도 못 드려 한이 많지."

"바로 이 논이 그 쌀을 추수하셨던 논입니다."

옛 집 앞 작고 맑은 냇가 건너편 논에는 누렇게 익은 벼가 고개를 숙이고 있었다. 조 교수 아버님이 보내주셨던 그 쌀의 생산지가 바로 이곳이란다. 아들을 향한 아버지의 따뜻한 사랑이 느껴져 오히려 내가 더 부끄러웠다. 논을 건너 저편에 있는 초등학교에 계신 아버님 동상에 염(念)의 인사를 드렸다.

대학교수 생활을 하면서 이런저런 선물에 얽힌 사연이나 얘깃거리들도 적지 않게 있지만 나는 학생들이나 학생들 부모로부터 오는 선물은 '배격'하며 지냈다.

"야. 네가 이 다음에 돈벌이 잘할 때, 그때 선물 갖고 오면 반갑게 받을 터이니 이건 너에게 (또는 네 부모에게) 되돌린다. 네 성의는 잘 알겠고, 고맙다!"

보통은 이렇게 때를 넘기곤 했다. 또 다른 난처한 경우도 종종 있었다. 아침에 출근하려는데 대문 앞에 과일상자가 놓여 있었다.

"여보, 이리 나와 보세요. 이거 누가 갖다 놓았지요?"

나무 사과상자에 이름 석 자가 쓰여 있는데, 도저히 누군지 알 수가 없었다. 이름을 적어 학교에 가서 알아보기로 했다.

"여보, 이 상자 건드리지 마세요. 돌려보낼 거니까."

"네. 잘 알았어요. 그런데 누가 가져가면 어쩌나."

당시 의예과 학생들을 가르치고 있을 때라, 의예과생들의 출석부를 차례대로 훑어보았다.

'아! 이 학생이군. 이 골치 아픈 재일교포 여학생이었네!'

당시 1970년대에는 해외동포나 외국인에게 입학정원 외로 소수 학생들을 뽑을 수 있는 입학제도가 있었고, 소수의 재일교포학생이 의예과에 입학해 다니고 있었다. 대부분 일본에서 대학을 나온 우수한 학생들이라 문제가 없었는데, 이 여학생은 예외였다.

의예과 사무실로 전화를 걸어 그 학생의 거주지 주소를 알아냈다. 물론 그 사과상자는 그 학생에게 돌려주었다. 며칠 후 그 학생이 찾아왔다.

"교수님. 열심히 가르쳐주셔서 감사의 뜻으로 보내드렸는데…."

"성의는 고마우나 앞으로 다시는 그러지 말아요. 학생은 공부에

만 전념하세요. 최선을 다하는 학생 모습을 보는 게 저는 더 뿌듯합니다."

이 학생은 일본에서 영문학을 전공하고 직장생활까지 하다가 와 다른 학생들보다 나이가 많았다. 1, 2차 시험 성적은 그야말로 꼴찌였다. 한번은 연구실로 불러 더 열심히 하지 않으면 결과가 나쁘리라는 경고까지 했던 학생이었다. 학기가 끝나기 전인데도 그 학생은 교실에서 더 이상 볼 수가 없었다.

세상이 달라져 요즘에는 대학원 입학식에도 학부형이 따라온다. 아니, 학부형 일부는 집에까지 찾아오기도 한다. 정말 난처한 일이다. 성숙한 아들딸을 믿지 못하는 듯 싶다.

"진 교수님. 안녕하셨습니까?"

알아볼 수 있는 굵직한 목소리에 가슴이 철렁했다. 무슨 죄를 지어서가 아니라 아무리 바빠도 이 분 전화는 거절할 수가 없을 정도로 연로하신 분이었기 때문이었다. 근처의 한 커피숍에서 나를 기다리시겠단다. 별일 없으셔도 가끔 박사과정에 있는 아들 얘기를 나누고 싶다며 찾아오곤 하셨다. 귀찮다는 생각이 가끔 들기도 했지만, 자식사랑이 지극하셔서 부르는 대로 끌려(?)나가 만나드리곤 했다.

"이놈이 제 막내입니다. 그래서 항상 걱정이지요. 제가 6·25때 월남하는 바람에 저쪽에도 아들·딸이 있지만 이젠 연락도 안 되고요."

벌써 70이 훌쩍 넘으셨으나 건강해 보이셨다.

"교수님. 녀석이 잘하고 있습니까? 저는 매일 그 애에게 교수님 말씀만 잘 듣고 열심히 공부하라고 하지요."

"네, 염려 마십쇼. 매우 착실하고 손재주가 좋아 연구실험도 잘하고 있습니다."

만날 때마다 거의 같은 얘기를 나누곤 했다. 그런데 몇 번 만난 후 거북한 일이 생기기 시작했다.

"교수님, 욕하지 마십시오. 교수님 약주 좋아하신다는 말을 듣고 근처 슈퍼에서 국산 양주 한 병 사왔습니다."

속이 보이지 않게 신문지로 둘둘 말은 양주병을 나에게 건네신다.

"아이구, 아버님. 이러시지 마십시오. 다음에 또 이러시면 아버님께서 찾아오셔도 만나 뵙지 않겠습니다."

"네. 잘 알겠습니다. 이번에만…."

"그렇다면 고맙게 받겠습니다. 계속 건강하십시오. 이제 제가 연구실에 들어가야 해서요."

"야! 네 아버님 만나 뵙고 들어오는 길이다!"

"아버지가 또 오셨어요?"

"그런데 이번에도 또 양주를 사오셨단다. 그러시지 말라고 말씀드려라!"

"네. 뭐 별것도 아닌데요, 교수님…."

커다란 체구에 훈훈해 보이시던 아버님께서 타계하셨다는 소식에 가슴이 먹먹해졌다. 자식에 대한 우리 부모님들의 사랑에는 끝이 없다. 그런데 우리 자식들의 효도는 어디에서 찾을 수 있을까?

원래 사랑과 물은 밑으로, 낮은 곳으로 흐른다 하지 않던가!

# 진로를 바꾸는 모험을 한 제자를 위하여

나에겐 특별한 제자가 여럿 있지만, 그중에서도 장 교수는 더욱 특별하다. 귀국 후 고려대에서 가르치기 시작했던 초창기에 화학과 강의는 대선배님이 담당하시고 나는 공과대학(화학공학과, 재료공학과 등)과 농과대학(주로 농화학과와 식품공학과)의 강의를 주로 맡았다. 농과대학 유기화학강의는 농화학과와 식품공학과 학생들의 합반강의라 학생 수가 꽤 많았으나 강의실 환경은 여러모로 부족했다. 따라서 열심히 배우려는 학생들 사이에는 첫줄 가운데 자리를 차지하기 위해 꽤 치열한 경쟁이 있었던 모양이다. 그런 중에도 첫줄 가운데 자리를 절대로 놓치지 않는 학생(2학년생)이 있었고, 그 학생은 수업태도가 남달리 좋았으며 성적도 단연 뛰어났다. 농화학과 전공학생이었지만 화학과 학생들보다 뛰어난다고 생각했다. 유기화학 강좌를 들은 후 이 학생은 시간이 될 때마다 내가 강의하는 다른 화학과 강의를 수강하거나 청강하려 했다. 기특했다. 물론 가끔 꽤 장시간 이 학생을 보지 못할 때도 있었다. 그럴 때는 혹시 무슨 일이 있지 않나 하고 매우 궁금해지기도 했다.

"선생님, 면담 좀 하고 싶습니다!"

"왜? 무슨 일로?"

"뵙고 말씀 드리겠습니다!"

"그럼 그러지…."

약속시간에 장 군이 내 연구실로 들어왔다.

"자, 편히 안게! 왜 날 만나고 싶었지?"

장 군의 말인즉 석사과정에 화학과로 진학하고 싶다는 말이었다. 더구나 화학과 대학원에 진학해 내 지도하에 고분자화학 석사와 박사학위 과정을 밟고 싶다는 강한 의사표시를 했다.

"나야 자네같이 우수한 학생이 우리 연구실에 오면 고맙지. 틀림없이 연구도 열심히 할 테니!"

"네. 정말 열심히 하겠습니다."

"자네가 그러리라는 건 내가 잘 알지. 그런데 학부의 필수 전공과목의 차이가 있어 선수과목 등을 수강해야 하는 어려움이 있을 텐데, 그 어려움을 감수하겠나?"

"네. 물론입니다."

"그래. 그런 각오라면 화학과 석사과정에 진학을 시도해도 좋겠군. 입학시험 잘 보게. 꼭 합격하길 바라네."

"네. 고맙습니다, 교수님."

물론 장 군은 무사히 석사과정에 입학했고 나의 지도를 받았다. 어찌나 연구를 열심히 했던지 장군의 석사과정 연구논문 내용은 국제학술대회에서 발표는 물론, 고분자의 새로운 합성법이라는 단행본에도 한 챕터로 수록되었다. '상이동중합'이라는 용어까지 제안한 논문이었다. 기특하기 그지없는 제자였다. 물론 장군은 박사학위 과정에도 무난히 진입하였다. 연구경험의 영역을 넓혀주기 위해 석사학위 연구내용과는 다른 연구 테마를 주었다. 워낙 열심히 공부하고 연구하던 그인지라, 테마의 변화가 그를 조금도 서행시키지 않았다. 내가 퇴근한 후에는 내가 보던 학술논문도 거의 놓치지 않고 다 읽는 듯했다.

그러던 어느 날 장군이 나와 상의하고 싶은 일이 있다고 했다.

"무슨 일이니, 장 군?"

"글쎄. 이런 말씀드려도 되는지 매우 주저됩니다."

"뭔데 그러니?"

"구미에 있는 어느 공대에서 고분자화학자를 채용하겠다며, 제가 지망할 의사가 있는지 김 선배가 연락을 주셨습니다."

"그래? 아직 박사학위가 없는데 괜찮다고 하던? 그러면 자네는 박사학위과정 공부는 멈추겠다는 건가?"

"아닙니다. 물론 박사학위과정은 계속하겠습니다."

"어떻게 계속하겠다는 얘기니?"

"이제 박사학위과정 코스워크는 거의 끝났고, 연구실험은 시간이 있을 때마다 서울과 구미에서 계속 진행하겠습니다."

"자네가 얼마나 철저하고 건실한 사람인지 잘 알고 있으니, 자네 말을 믿어도 되겠지!"

"네, 교수님. 믿어주십시오! 죄송합니다. 추천서 좀 부탁드립니다."

역시 기대에 어긋나지 않게 장군은 충실하게 모든 일을 잘 해냈다. 금요일 오후면 부지런히 구미에서 서울로 올라왔고, 올라오자마자 바로 연구실로 달려가 주말이 짧을세라 밤낮을 가리지 않고 연구에 열중하던 장군의 근면함이 오히려 나에게 채찍질을 해주었다. 가르치랴, 자기 연구하랴 그리 바쁜 중에도 연구실 후배 지도도 철저히 해 주었다. 게다가 그리 논문이 채택되기 힘들다는 미국화학회의 《매크로몰리큘스》지에 그의 연구논문이 연이어 두 편이나 실리는 쾌거를 이룩하기도 했다. 지금 생각해도 30여 년 전에 이런 업적을 이룩한 장군이 기특하기도 하지만, 오히려 고맙다고 말해주고 싶다. 후에 외국 친구들에게 들은 얘기지만 한국의 제이 아이 진(J.-I. Jin)이 누구길래 이런 훌륭한 연구를 하고 있을까 궁금해 했단다. 장군과 같은 제자들 덕분에 그 큰 끈기와 노력이 우리나라 고분자화학의 뿌리를 내리는 원동력이 되었다. 한국에는 KU(Korea University, 고려대)에 고분자 연구진이 있다는 국제적 명성도 다 이들의 피와 땀 덕분이었다.

"장 군, 고분자화학 박사가 됨에 축하하네. 그런데 자네 장래를 위해 한 가지 충고를 하고 싶네."

"네, 교수님. 말씀해주십시오."

"자네는 현재 고분자공학과에 재직중이니, 앞으로는 고분자공학쪽 연구에 손을 대길 바라네. 예컨대 고분자 용융물의 흐름거동(rheology, 유변학)이라던지, 고분자 복합체(polymer composites)의 물성 등을 생각해볼 수 있지."

"네. 좋으신 말씀 감사합니다. 저도 그런 방향으로 생각해보고 있었습니다. 계속 많은 지도 부탁드립니다."

장 박사는 자기 소속에 맞게 연구분야를 변경하면서도, 학생지도와 연구에 특출난 업적들을 쌓아갔다.

장 박사가 행한 점토(clay)/고분자 복합물의 구조와 특성에 관한 연구는 소위 나노복합물에 관한 초기연구로 평가되어 그 대표 논문 한 편이 700여 번이나 국내외 학자들에게 인용이 되었을 정도로 그 가치를 높이 인정받고 있다. 얼마나 자랑스러운 이야기인가! 농화학자에서 고분자화학자로, 또 고분자화학자에서 고분자공학자로 전문 분야를 바꾸어 가면서도 크게 성공한 과학자로 인정받는 장 박사는 나의 자랑거리가 아닐 수 없다.

이런 진로변경이 가능했던 까닭으로 세 가지를 꼽을 수 있다. 타고난 우수성, 탄탄한 기초지식의 소화 및 소지, 변화에 대한 탁월한 적응력 및 기회포착능력이 가장 중요한 요인이라고 판단한다. 물론 끈기 있는 노력이 그 밑거름이 된 점을 간과해서는 안 된다.

# 가장 가슴 아팠던
# 첫 번째 주례

신부아버지가 신부를 인도해 주례 앞으로 점점 다가왔다. 아뿔싸! 첫 번째 주례라 잔뜩 긴장했음에도 신부와 함께 걸어오고 있는, 친구의 웃는 얼굴이 보이자 눈물이 내 눈 앞을 가렸다.

'아, 이거 큰일 났네. 이러면 안 되는데!'

마음을 추스르기가 쉽지 않았다. 아직 주례를 서고 싶지 않다는 나를 여기까지 오게 한 결정적인 이유가 있었다. 고등학교 친구인 신부아버지가 건강이 많이 안 좋아, 세상을 등지기 전에 딸의 결혼식을 보고 싶다는 소망 섞인 부탁을 내게 전했다. 더구나 신부가 고려대 사범대학을 졸업했단다. 내 친구 첫딸의 결혼식. 얼마나 아름답고 설레는 자리인가! 그러나 신부가 내 눈에 들어오지 않았다. 그저 머지않아 우리 곁을 떠날—친구는 몇 달 밖에 남지 않았다는 시한부 판정을 받았다.—친구의 모습만 슬프게 다가왔다.

굳게 마음을 먹고 가까이 오고 있는 신부와 신부아버지에게 힘든 미소를 머금고 주례를 행했다. 예고했던 대로 친구는 몇 달 후 세상을 떠났다. 어느 학교 선생이었던 신부는 이제 나이 오십쯤 되어 어머니가 되어 있을게다. 나와 연락은 끊겼으나, 내 주례사에서 기원했듯이 행복한 가정을 꾸미며 모범되게 살아왔기를 바란다.

첫 주례 후 나는 고집스러울 정도로 '우리 큰애가 결혼하면 그 다음에 주례를 설랍니다.'라고 말하며 주례부탁을 고사했다. 아들이 결혼한 후에야 2세들의 결혼이 갖는 의미를 깊게 깨달을 수 있으리라는 믿음 때문이었다. 주례를 피한 또 다른 이유는 주말시간을 아끼고 싶어서였다. 우리나라의 전통이 관혼상제를 중요시 여기며, 참석여부가 관계의 친밀도를 평가한다. 결혼식은 주로 주말에 행해지는데, 주중에 워낙 바쁜지라 주말은 여유롭게 독서도 하고 운동도 하며 가족과 함께 보내고 싶었다.

제자들을 비교적 많이 가르치고 지도한지라 역시 주례 부탁이 심심치 않게 들어왔다. 나도 나이가 그럭저럭 들어가고 있는지라 2000년 전후부터 피치 못할 주례는 받아주기 시작했다. 옛친구들과 사회활동을 통해 사귄 지기들의 자녀 결혼식에서도 주례를 서게 되었다. 그리 많다고는 할 수 없으나 주례를 대략 30번 정도 선듯싶다.

처음 주례를 서기 시작한 후 '아예 모든 주례요청을 거절할걸.' 하며 후회한 적도 있었다. 하객이 겹치는 점을 지나치게 의식해 매번 주례사를 다르게 준비하느라 꽤 시간을 보내야 했기 때문이다. 그러나 세월이 가면서 내 고민이 기우임을 느꼈다. 주례사는 결국 신부와 신랑에게 하는 부탁의 말이 아니던가?! 이런 깨달음에 도달한 후부터는 거의 같은 주례사를 반복했다. 대신 주례를 할 때마다 꼭 주례사를 프린트해서 신혼부부에게 선물로 주었다. 몇몇 신혼부부는 신혼여행에서 함께 주례사를 읽으며 내가 부탁한 대로 살아가겠다고 굳게 결의했다고 말해주어 흐뭇하기도 했다. 결혼식 중 내 주례사가 자기들 귀에 잘 들렸다고 말하는 신랑, 신부는 많지 않았다. 얼마나 많이 긴장했을 터인데 내 말이 그들의 귀를 통해 머리에 꽂힐 수 있었겠나? 그러기에 후에라도 잘 읽어보라고 주례사를 프린트해주었다.

나는 비교적 평범한 내용으로 주례사를 준비해왔다. 그 내용은 세 부분으로 나눌 수 있다.

첫째는 두 사람이 내내 깊이 '사랑'하라고 말했다. 이 세상에서 '사랑'을 빼면 참다운 가치를 아무데서도 찾을 수 없음을 강조했다. 함께 살아가면서 '사랑'이 깊어가는 가정이야말로 행복의 보금자리임을 말해주었다. '사랑'은 상대방에 대한 이해와 존경, 기다림(인내), 희생조차도 마다하지 않는 마음 태도를 요구한다고 설명했다. 물론 세월이 흘러 더 성숙해지면서 느끼고 깨달을 수 있는 내용이기도 하다.

두 번째는 양가 부모에게 효도하라는 부탁이다. 진부하게 들리겠지만 부모에 대한 효도보다 더 큰 인륜적인 도리는 없다고 생각한다. '우리가 태어날 때 머리털 끝에서 발톱 끝까지 부모님으로부터 받지 않은 부분이 없다. 신랑 · 신부가 자신들을 아끼고 서로를 소중하게 다루며 사는 삶의 태도가 효도의 시작이다.'는 점을 강조했다. 또한 부모에 대한 효도는 이타심을 키워주며 매말라가는 이 세상에서 단비가 될 수 있다는 내 믿음을 말해주었다. 우리에게 생명을 주고 키워준 부모님 은혜는 어느 것보다 크고 깊다는 점을 말해주려고 노력했다.

세 번째는 지식인으로서의 바람직한 생활태도에 관한 얘기다. 지금까지는 수혜자로만 자라왔으나 앞으로는 베풀고 갚는 생활이 몸에 배도록 노력하라는 부탁이었다. 신랑, 신부는 가는 곳, 머무르는 곳마다 웃음과 인정이 넘치도록 만들어 이 세상이 두 사람 때문에 조금이라도 더 살기 좋은 곳이 되도록 노력해달라는 부탁의 말을 빼놓지 않았다. 머릿속에 많은 지식이 차 있던들, 인성으로 주위를 감동시킬 수 없다면 그 지식의 참가치를 발휘할 수 없음을 깨달아 달라고 부탁했다.

주례사 끝에 꼭 붙이는 끝말이 있다. '우리는 모두 행복하길 원합니다. 그러나 바란다고 행복이 우리를 찾아오진 않습니다. 하나의 비유를 들어보겠습니다. 예컨대 두 분의 정원에 아름다운 장미가 가득 피어나기를 원한다면, 맨 먼저 장미를 정원에 가득 심어야 합니다. 심어놓고 그냥 둔다고 그 장미들이 모두 아름다운 꽃을 활짝 피우지는 못합니다. 물도 주고 거름도 주며 잘 가꾸어야 합니다. 장미꽃들이 활짝 피어 그윽한 향과 아름다움을 뽐낼 때 그 행복을 이웃과도 나누십시오. 행복은 나눌수록 커집니다. 고통은 나눌 때 작아지지만 행복은 커짐을 꼭 명심하십시오.'

신랑신부가 팔짱을 끼고 인생 행로의 첫 발을 딛고 나와 멀어질 때 나는 그들의 뒷모습을 보며 간절히 기도한다.

'이 한 쌍이 만들 가정에 영원한 사랑과 행복이 깃들기를….'

내가 경험한 가장 짧은 주례사가 나를 당황시켰던 경우를 소개

한다. 우리나라에서 저명한 어느 대학 교수께서 하시는 주례사는 어떨까하고 호기심에 신랑 측 자리에 앉아 기다리고 있었다. 주례는 공학자였다. 결혼식은 통상적인 순서에 따라 진행되었다. 양가 모친들의 점등, 주례 등장, 신랑 입장, 신부 입장, 주례의 결혼선서 확인, 주례의 성혼문 낭독. 곧이어 사회자가 주례사가 있겠다는 안내를 했다.

"에…."

시끌하던 결혼식장이 조용해졌다. 주례사를 경청하고 싶었다고 생각했다.

"신랑, 신부님! 잘 먹고 잘 사십쇼!"

킥킥, 일부 하객의 웃음소리가 끝나기도 전에

"주례사 끝!"

하고는 신랑, 신부가 양가 부모님께 절하는 순서로 들어갔다. 따져보면, '잘 먹고 잘 사는 것'보다 더 중요한 게 무엇이 있을까 하냐만은, 지나쳤다는 생각이 지금도 내 머릿속에 남아 있다.

또 다른 의미로 거북했던 경험담을 말하고 싶다. 주례자들이 대부분 나이가 지긋하신 분들이고, 전 교수들도 꽤 많다. 그러다보니 주례사가 자연히 도덕, 윤리적 내용을 많이 포함하게 된다. 요즈음 세상, 특히 젊은이들의 행동이 거칠고, 비윤리적인 면이 눈에 많이 보인다며 주례는 신랑신부는 그러지 말라는 당부를 주례사에 포함하기 일쑤다. 그런데 일부 주례는 이 대목에 꽤 감정적으로 변해 마치 신랑신부가 평소에 못되게 행동한 장본인들인양 그들을 심하게 꾸지람하는 듯 들릴 때도 있다. 본인들은 물론 부모, 친척과 하객들까지 거북하게 만들어 결혼식장 분위기를 필요 이상으로 가라앉게 만드는 누를 범하고 만다. 나와 비교적 가까운 선배 한 분도 그런 주례의 주인공이기 때문에, 그분이 주례단에 서면 주변 친지들은 모두 긴장하기 마련이다.

요즈음 주례 없는 결혼식이 눈에 띄게 늘고 있다. 신랑신부가 아름다운 글을 낭독하며 결혼서약을 하고 집안의 어른이 성혼을 선포한다. 이어 양가 부모님들이 멋지게 감회를 술회한다. 어느 어머니는 피아노에 다가가 피아노를 치면서 신랑신부에게 축하의 노래를 불러주었다. 이 아름다운 모습에 내 가슴이 뭉클했다. 결혼식장은 결혼을 알리고, 신랑신부에게 축복을 기원해주고 영원한 행복을 비는 아름답고 포근한 자리가 되면 좋겠다.

# 가장 친한 미국 급우, 바비

"정일아, 이 문장을 읽으면서 좀 복잡한 생각을 했어…."

"무슨 얘기야, 밥(Bob)?"

"이 문장에서 문법적으로 잘못된 점은 찾아볼 수 없는데, 왠지 잘 읽히질 않아(It does not read right somehow!)."

"그래? 무슨 내용인지는 알겠니?"

"응."

"다행이다. 그럼 어떻게 문장을 고치는 게 좋을까?"

뉴욕시에서 박사과정을 밟고 마지막으로 박사학위청구논문을 심사받을 때였다. 한 심사위원이 논문 속 표현들을 원어민에게 검토받는 게 어떻겠냐는 제안을 했다. 급우 중에 가장 친하게 지내던 바비(Bobby, Robert Ausubel)에게 내 논문 전체의 영어표현들을 봐달라는 힘든 청을 했다. 다행히 바비는 부탁을 흔쾌히 들어주었다.

평소에 가까이 지내고 있었을 뿐 아니라 바비는 항상 정확한, 좋은 영어를 쓰려고 노력했다. 때때로 내 영어의 오류를 지적해 고쳐 주기도 했다. 정말 고마운 친구였다. 미국인들은 대부분 잘못된 외국인들의 영어에 익숙해 있어, 바르게 고쳐주려고 노력하는 경우가 드물다.

"정일아, 네가 즐겨 쓰는 표현들이 있다는 걸 나도 잘 알아. 나는 그런 너의 특징까지 바꾸고 싶지는 않아. 또 과학적 내용도 건드리지 않으면서 어색한 영어표현 위주로 검토할게!"

"그래, 바비야. 정말 고맙다!"

바비는 대학재학시절 TV의 영어단어 시합에서 우승을 하기도 했으며, 뉴욕 시에서 유명한 브롱스하이(Bronx High School) 출신이었다. 그의 기억력은 정말 뛰어났다. 그는 유기염소화합물들의 광화학 반응을 와이넨(Joseph Wijnen) 지도교수 밑에서 연구하고 있었다. 사실 와이넨 교수가 영어 수정을 권고한 심사위원이었다. 내 지도교수인 와일리 교수는 '외국인 영어가 그 정도면 되지 않나?' 하면서 나를 옹호해주었지만, 나는 와이넨 교수의 의견을 따랐다. 지금 와서 보면 잘 했다고 생각한다. 더구나 바비 같은 우군이 있지 않았던가!

1969년 4월 24일 오후 미국 맨해튼 중심가에 있던 뉴욕시립대 대학원 센터(Graduate Center)의 한 강의실에서 내 박사학위 최종심사가 진행되었다. 나의 발표, 심사위원의 질의, 심사위원들 간의 토의 등 대략 두어 시간 걸린 듯 했다. 심사위원들 간의 토의를 위해 나는 발표장 밖으로 나와 복도에서 최종결과를 기다리고 있었다.

"하하하. 정일 축하해! 내가 자네를 가장 먼저 진 박사라 부르게 되어 정말 기쁘네!"

와이넨 교수가 내 지도교수보다 먼저 나를 축하해주었다. 발표장에 다시 들어가 지도교수를 포함한 모든 교수들에게서 축하를 받았다.

"진 박사, 축하합니다!"

하늘 위를 날아오르는 듯, 아찔한 기쁨을 느꼈다. 바비가 떠올랐다. 마음속으로 '바비야, 정말 고맙다!'를 되뇌었다. 지난 66년 9월 10일부터 박사학위과정을 밟기 시작해 2년 7개월 2주 만에 박사학위를 받다니!

우리 내외는 결혼 전에도 뉴욕 브로드웨이 160번가 바비네 아파트를 가끔 방문해 바비 식구들, 친척인 프레드를 만났고, 유대인들의 명절인 하누카(Hanukkah)와 유월절(Passover)에는 종종 함께 식사를 하기도 했다.

바비는 자신이 태어났을 때부터 살던 아파트에서 지금까지도 살고 있다. 바비 부모님은 타계하고 누이 노마도 따로 살고 있어, 그 큰 아파트에 현재는 바비와 프레드 둘만이 살고 있다. 크고 작은 침실이 4개나 있고 욕실도 2개 있어 나나 우리 내외가 뉴욕시를 방문할 때는 비싼 호텔에서 투숙할 필요가 없다. 더구나 공항에서 아파트까지 택시로 갈 테니 집에서 기다리라고 해도 바비는 꼭 공항까지 차를 몰고 나온다. 바비 아파트에는 으레 내가 머무르는 방이 있다.

"정일아, 네 방이 너무 오랫동안 너를 기다리고 있었지."

하며 바비는 '내 방' 문을 열어준다. 안사람과 함께 방문할 때는 큰방에 머무르도록 배려해준다.

어디 그뿐이겠나. 바비는 뉴욕시 근처에 살고 있는 친구들, 짐과 존, 수잔, 후배 김기수 박사 내외, 제자 변회섭 박사 내외, 조셉, 항생(빌) 등과 와이넨 교수 내외에게 미리 연락해 멋진 파티를 열곤 했다. 우리는 늦은 점심 때 모여 저녁 시간까지 머무르며 지난 추억들을 회상하며 이야기꽃을 피운다.

놀라운 일은 알코올류는 맥주정도만 마시며, 대부분 그조차도 마시지 않는다는 점이다. 때때로 안사람이 바비네 부엌에서 불고기와 매콤하게 요리한 돼지갈비 바비큐를 만들 때면 그야말로 좋아서 난리가 난다. 학생시절과 내가 직장생활을 할 때도 안사람이 몇몇 친구들에게 한국요리를 대접한 적이 있어 친구들 사이에서 한국요리가 꽤 유명해진 상태이다. 요즈음은 한국 김치도 쉽게 구입할 수 있어 요리와 함께 내놓기도 한다.

한번은 매릴랜드의 엘리콧 시에 살고 있는 큰아들 가족과 우리 둘이 함께 맨해튼에 가서 바비와 프레드를 만난 적이 있다. 우리는 차이나타운 옆 이탈리아타운의 포르리니 음식점(Forlini's)에서 점심을 대접했다. 평생 이렇게 맛있게 먹은 이탈리아 요리는 처음이었다.

"이 집은 바비 부모 때부터 단골집이고, 현재 운영하고 있는 주인과 요리사는 모두 예전 분들의 2세들이지."

프레드의 설명이었다.

한국에 귀국한 지 5년 뒤 1979년 연구년을 미국에서 보냈다. 보스턴을 거쳐 매사추세츠 주의 앰허스트로 곧장 가는 바람에 바비네를 들리지 못했다. 지난 5년 동안 만나지 못했으니 빨리 봐야 한다며 바비는 자기 부모와 누이를 데리고 자그마치 4시간을 운전해 뉴욕 시에서 우리가 사는 매사추세츠대 링컨 아파트까지 왔다. 우리들은 서로 포옹을 하며 기쁨의 눈물을 글썽였다. 둘 다 미국에서 낳아 바비네 식구들도 모두 잘 아는 우리 아이들 소식도 자세히 알고 싶어 했다. 몇 장 갖고 있던 사진을 보여주니 어렸을 때 모습을 조금

밖에 찾아볼 수 없단다.

점심 후 바비 부모는 고단하다며 우리 침대에서 잠시 눈을 붙이기도 했다. 앰허스트를 짧게 둘러보고는 다시 먼 길을 돌아가야 한다며 그날 오후에 모두 떠나고 나니 어찌나 허전하던지, 가슴 한 켠이 휑한 듯한 느낌이었다. 단순히 바비와의 우정을 넘어 부모와 누이까지 포함한 가족적 사랑을 다시 한 번 짙게 느꼈다.

지난 2000년경에는 바비와 프레드가 중국을 여행한 후 한국을 들러—그들의 첫 한국 방문이었다.—우리집에서 며칠 머물렀다. 한국 전통식으로 지내보라면서 방바닥에 두툼한 요를 깔아주고 잠을 자도록 했다. 생각보다 허리에도 좋고 편하다고 좋아했다. 중국에 비해 한국이 깨끗하고 여행하기에도 훨씬 편하다며 서울 여러 곳과 수원화성, 용인 민속촌 등을 관광한 후 미국으로 돌아갔다. 내가 살고 있는 나라와 서울이 어떤 곳인지 감이 왔다며 안도하는 눈치였다.

지금도 바비와는 긴 편지를 이메일로 주고받는다. 글쓰기를 좋아하는 바비는 가끔 편지도 보내준다. 평생 결혼을 하지 않고 살고 있는 바비에게 건강에 이상신호가 와서 걱정이 크다.

50년 이상 지켜온 우리의 우정은 나의 삶과 추억에 큰 자리를 차지하고 있으며, 아름다운 우정이 갖는 의미를 되새겨보게 한다. 바비의 병이 속히 완치되길 빈다. 금년에 꼭 다시 미국에서 봐야겠다. 노마와 프레드의 건강도 적신호를 계속 보내고 있다고 하니, 걱정이 많아진다.

# 구두를 벗고 올라오시지요, 두 분

지난 1990년경부터 한국과 러시아 사이에 과학기술인들의 교류가 활성화되었고, 소련이 러시아로 바뀌면서 교류는 한층 더 활발해졌다. 한국과학재단도 이에 발맞추어 한·러 기초과학협력위원회를 구성하고 내가 그 첫 위원장의 책임을 맡게 되었다. 러시아 학술원의 초대로 모스크바에서 러시아 과학기술책임자들과 미래 협력에 관한 회의를 마친 후 러시아 우주개발센터를 비롯한 여러 연구소를 방문했고, 레닌그라드(현 상트페테르부르크)도 방문해 고분자연구소와 상트페테르부르크대학 등도 방문했다. 러시아 경제의 어려움과 러시아인들의 고통스러웠던 생활상을 실감한 방문이었다.

한편 우리나라 기업들도 러시아가 가진 첨단기술에 눈독을 들이고 있어, 여러 대기업들이 러시아 방문을 서두르고 있었다. 그러나 경제성과 시장성을 따지지 않고 개발·사용되고 있는 기술들이라 우리나라 기업들에게는 별로 매력적이지 못했다고 생각한다. 그러던 중 느닷없이 모스크바 대학의 빅토르 카바노프(Victor Kabanov)와 발레리 쉬바에프(Valery Shivaev)교수—둘 다 고분자 화학자이며 내가 연구중이던 액정고분자에 관한 연구를 하고 있었다.—가 한국을 방문했다. 내 기억으로는 SK케미컬(S.K. Chemical)인지 아니면 LG화학(LG Chemicals)의 초청으로 방한했다고 기억한다. 이 회사들이 이 고분자화학자들을 접촉했던 모양이었고, 그 과정에서 그들이 한국 연구실을 방문하게 되었던 듯 싶다. 어쨌든 나는 이 소식이 매우 기뻤다.

카바노프 교수는 70년대부터 접했던 세계적인 고분자과학자였고, 쉬바에프는 IUPAC활동을 함께하고 있었던 터였다. 물론 그들의 첫 방한이었다. 나와 관계없이 방한계획이 성사되었던 그들이었지만 나를 만나고 싶다고 해 반갑게 집으이 방한계획이 성사되었던 그들이었지만 나를 만나고 싶다고 해 반갑게 집으로 초대했다. 기업체에서 연구생활을 하고 있던 한 제자가 둘을 우리집으로 모시고 왔다.

집 대문을 열고 보니 카바노프교수는 인사말도 제대로 나누지 않은 채 커다란 비디오 카메라로 우리집 정원과 건물을 촬영하기 시작했다.

"빅토르, 우리집 방문을 진심으로 환영합니다. 발레리도요!"

두 사람에게 악수를 청하니 그제야 빅토르는 촬영을 멈추었다. 그는 초청을 감사한다며 나와 포옹을 했다. 발레리도.

"한국 방문을 즐기고 계십니까?"

"물론이지요. 집에까지 초청해주어 고마워요!"

"어서 집 안으로 들어오시지요! 우리 안사람입니다."

둘은 현관에 들어섰다. 카바노프 교수는 촬영을 계속했다.

현관을 지나 집마루에 올라섰다. 그러나 둘은 구두를 벗을 생각을 하지 않았다.

"신사 두 분, 구두를 벗으시고 실내화를 신으시지요!"

"아이쿠, 죄송합니다."

둘은 웃으며 집 안으로 들어왔다. 소파에 앉을 생각도 하지 않고 둘은 일층과 이층을 돌며 촬영을 계속했다. 빅토르는 비디오 카메라로, 발레리는 일반 카메라로 말이다. 그러던 중 꽤 당황스러운 일이 벌어졌다.

"이 클로짓(closet)처럼 보이는 게 무엇이지요? 매우 아름답습니다!"

부모님방의 큰 자개장과 우리 침실에 있던 나무조각으로 장식된 장롱을 가리켰다. 내 설명이 끝나기도 전에 빅토르는 장문을 열고 속까지 촬영하고 있지 않은가! 물론 그 속에는 끼어얹은 이불, 걸어놓은 옷가지들이 가득 차 있었다. 안사람은 질겁을 하고 달려왔으나 손님의 촬영을 막지는 못했다. 그들에게 한국은 얼마나 먼 나라였을까. 신비스럽기도 했을 터이다.

당시 쉬바에프 교수는 소위 곁사슬 액정고분자를 이용한 정보저장 및 디스플레이 관련 연구로 잘 알려져 있던 터라 우리나라 기업들이 앞다투어 그의 연구실을 방문하고 초청하기도 했다. 나는 주사슬 액정고분자에 관한 연구를 행하고 있었고, 주로 고강도, 엔지니어링 플라스틱이나 섬유용 고분자에 관한 연구를 하고 있을 때였다. 빅토르는 러시아 학술원 정회원으로 러시아 내 고분자학계를 선도하고 있었으며 전하이동 착물 중합에서 세계적 명성을 갖고 있었다. 빅토르는 몇 년 전에 타계하였으며, 쉬바에프 교수는 현재도 활발히 연구를 진행하고 있다. 둘 다 매우 따뜻하고 정감이 큰 화학자들이었다.

"교수님, 깜짝 놀랐어요."

"무슨 일이 있었는데?"

"얼마 전 모스크바로 출장갔을 때 카바노프와 쉬바에프 교수를 만났습니다. 그때 동영상 한 편을 보여주는데 교수님 집을 찍은 영상이었습니다. '한국의 유명한 교수 집을 방문해 영광이었고, 매우 큰 집에서 살고 있다.'고 부러워하는 눈치였습니다."

쉬바에프는 그 후에도 디스플레이 회사들의 초청으로 한국에 두어번 더 방문했으며, IUPAC 고분자분과회 명명 및 술어위원회에서 함께 일하고 있어 매년 일주일간 함께 지내면서 더욱 가까워졌다. 지난 연말에도 내 관심거리가 될 수 있으리라며 최근에 러시아에서 발표한 긴 논문을 이메일로 보내왔다.

내가 만나고 교류한 러시아 과학자들은 친절하고 협조적이었다. 그러나 80년대만 해도 그들의 해외여행은 늘 감시의 대상이었다. 특히 적성국가로 생각했던 미국은 자유롭게 방문하지 못했고, 미국과의 냉전관계가 악화되었을 때는 감시가 더욱 심했다.

미국 매사추세츠 대학에서 방문과학자로 일하고 있을 때 한 러시아(당시 소비에트) 고분자과학자(Nikolai Plate, 1934~2007)가 렌즈 교수를 방문해 진행되고 있는 연구에 대해 듣고 싶다고 했다. 렌즈 교수가 해외 방문 중이라 대신 나와 대담하는 자리가 마련되었다. 그는 나와 개인적인 친분은 없었고 이전에 국제학술대회에서 몇 번

본 적이 있을 정도였다. 약속된 시간에 그가 연구실로 찾아왔다. 반갑게 인사를 하고 자리에 앉았는데 이상한 일이 생겼다. 또 한사람이 따라 들어왔길래 그 사람에게도 자리를 권하니, 고개를 저으며 우리 둘과 조금 떨어진 곳으로 의자를 옮겨 앉는다. 그가 누구인지, 왜 함께 왔는지 한마디 소개도 없이 간단히 묵례만 보였다. 당시 렌즈교수 연구실에서 진행되고 있던 액정고분자에 관한 연구와 생분해성 고분자연구의 진전사항을 설명해주었다. 소비에트 과학자는 당시 액정고분자 연구를 진행하고 있었다. 렌즈 연구실의 연구에 관한 논의가 끝난 후 자연스레 우리 둘의 대화가 나에 관한 내용으로 옮겨졌다. 이런 대화가 진행되는 동안 멀리 떨어져 앉아 있던 제3의 신사는 아무런 표정 변화도 보이지 않았다. 그가 누군지 몹시 궁금했지만 그의 정체에 관해 어느 정도 짐작이 가던 터였다.

방문객들이 떠난 후 나는 처음 겪은 이 경험을 고분자학과의 다른 동료들과 공유했다. 모두 한결 같은 반응이었다.

"그 사람은 워치 독(watch dog)이고, 틀림없이 KGB에서 왔겠지."

놀랄 일이었다. 방미하는 과학자에게 KGB요원이 함께 다니며 감시를 한다니, 이해하기 힘들었다. 또 어떻게 그런 사람들에게 미국 방문비자를 주는지도 모를 일이었다. 이미 미국에 살고 있는 KGB사람일 수도 있겠다고 짐작했다. 미국과 소비에트 사이에 관계가 나빠질 때는 미국과학자들도 소비에트 방문을 자제했고, 소비에트에서 개최되는 학술회의 참여를 단체로 보이콧했을 정도였다. 냉전의 찬물결이 다시 이 세상을 덮지 말아주길 기도한다.

# UN 본부를 방문하다

미국 노스캐롤라이나주 트라이앵글 리서치파크에 있는 IUPAC 본부로 반기문 UN사무총장이 초청장을 보내왔다는 반가운 소식을 받았다. 초청장의 내용은 진정일 회장의 UN본부 방문을 기다린다는 내용이었다. 당시 나는 2007년 8월에 이탈리아 토리노에서 열렸던 IUPAC 총회에서 차기회장(2008.1~2009.12)으로 당선되어 IUPAC과 UN의 협조방안을 추진하고 있었다. 더구나 2007년 12월에 UN이 IUPAC의 건의를 받아들여 2011년을 국제화학의 해(International Year of Chemistry)로 선포한 바 있었기 때문에 두 기관 사이의 긴밀한 협조가 필요한 시점이었다.

IUPAC의 입장에서는 2011년이 IUPAC 전신이 설립된 지 100주년이 되는 해일뿐만 아니라, 마리 퀴리(Marie Curie)가 노벨화학상을 수상한 지 100주년이 되는 해이기도 해서 큰 의미가 있다고 여기고 있었다. 그렇기 때문에 전 세계적으로 이를 축하하고 화학의 중요성을 세계에 알리는 계기로 2011년을 만들고자 했다. 또한 UN이 지속가능한 발전(Sustainable Development)에 많은 신경을 쓰며 노력을 기울이고 있었고, IUPAC 또한 이 점에 동감하며 협력이 더욱 깊이 진행될 수 있으리라고 믿었다.

다행히 반 총장의 의정 담당관이 한국인(윤여철, 현 이집트 대사)이었고, 방문 일정을 조율하는 등 많은 도움을 주었다. 윤 선생은 후에 외무부로 귀국해 차관보, 대통령 의전책임 등의 중책을 맡아왔다. 뉴욕시에서 박사과정을 밟은 나에게 맨해튼 동남부에 있는 성냥곽 같은 UN본부 건물은 매우 익숙한 풍경이었다. 건물에 들어서 반 총장의 초정장과 함께 여권을 내밀었다. 2009년 2월의 일이었다.

"어디 가십니까?"

"반 총장과 면담 약속이 되어 있습니다."

여권을 회수한 후 금속검출기 문을 통과해 엘리베이터 앞에 섰다. 꽤 삼엄한 분위기였다.

"어디 가십니까?"

제복을 입은 안전담당관이 다가오며 또 묻는다.

"반 사무총장을 만나러 왔습니다."

"OK."

UN본부 맨 위층에서 엘리베이터를 내리니 조그만 리셉션 데스크 뒤에 앉아 있던 가드가 또 나에게 말을 건넨다.

"어디 가시죠? 누구를 만나실 계획입니까?"

"반 사무총장을 뵙기로 되어 있습니다."

내 말이 떨어지기가 무섭게 제복을 입은 건장한 두 흑인이 나의 좌우에 서서 나를 반 총장 사무실 앞으로 인도했다. 이들이 문을 여

나보다 생각할 즈음 반 총장이 활짝 웃는 얼굴로 나를 반겼다.

"진 교수님. 어서 들어오십시오."

"이렇게 뵙게 되어 반갑습니다. 초청해주셔서 감사합니다."

악수를 나누고 보니 주UN 한국대사(박인국)도 와 계셨다.

반 총장은 내가 서류가방을 바닥에 내려놓자마자 나를 UN기 앞쪽으로 인도해 함께 기념촬영을 하도록 했다. 조금 의아했지만 방문객과의 만남에 대한 확실한 기록을 남기기 위한 방법이라고 나는 나대로 해석을 내리며 자리를 잡았다. 이 사진은 나에게 잊지 못할 둘만의 기념사진이 되어 지금도 내 사무실에 걸려 있다.

"진 교수님. 이렇게 큰 국제학술단체 회장이시라니, 매우 자랑스럽습니다."

"고맙습니다, 총장님. 총장님이 세계의 우뚝한 지도자임에 비교하면 저야 아무것도 아니지요. 정말 자랑스럽고 기쁩니다. 총장님께서는 저희 한국인들에게 큰 희망과 자긍심을 주십니다."

인사말을 마친 후 우리 둘은 UN과 IUPAC의 협조방안을 상의했고 IUPAC이 UN의 한 위원회 맴버로 참여하기로 했다. 지속가능한 발전을 다루는 UN조직에 IUPAC이 함께 일할 수 있는 길이 열렸고 이 협력은 지금도 계속되고 있다.

반 총장과의 면담은 보통 15분으로 제한된다. 워낙 많은 사람들을 만나야 하고 또 다루어야 하는 사안이 많기 때문에 불가피하게 시간을 제한하게 되었다고 했다. 그러나 나는 30분이나 함께 하며 다양한 사안과 관련된 이야기를 나누었다. 한국에서 뉴욕을 방문하는 많은 정치인들이 만남을 요청하는 경우는 많지만, 나같이 UN과 협력할 수 있는 국제단체장의 방문은 드물다고 했다.

반기문 총장의 첫 인상은 공손함과 친절, 경청의 달인의 모습이 조화를 이루고 있는 따뜻한 신사였다. 그 분은 서울대 3년 후배로, 내 친한 벗 고 박수문 교수(포항공대, 울산과기대)와도 충주고 선후배로 절친한 사이였다. 박 교수는 나와 반 총장의 만남을 주선해준 고마운 벗이다. 반 총장 접견 후에도 우리는 가끔(특히 연말이나 연초) 안부를 전했다. 이런 교류를 통해 반 총장에 관해 가장 감동한 점은 짧으나마 인사내용을 꼭 자필로 작성한다는 점이었다. 그 바쁜 분이 얼마나 인간관계를 중요시 하길래 이런 정성을 들일까!

내가 고려대 KU-KIST 융합대학원 초대원장에 취임했다는 소식을 전하자 반 총장은 자필로 고대 융합대학원의 시작을 축하하고 융성을 비는 짧은 글을 보내왔다. 이 축하글을 융합대학원 신입생 환영식에서 학생들과 내빈께 자랑삼아 보여준 경우도 있었다. 반 총장이 자신과 함께 일한 모든 사람들과 꼼꼼히 인사의 글을 나눈다는 후문을 듣고는 감탄한 바 있다. 반 총장은 근면과 성실, 청렴결백과 겸손이 몸에 밴 외교관으로 잘 알려져 있었다.

UN 사무총장이라는 소위 세계의 대통령 자리는 그 영광만 즐기는 자리일까? 팔레스타인, 아프리카 등 분쟁의 현장을 누비며 경험한 힘들고 위험한 내용에 대해 우리가 제대로 들어본 적은 없다. 그러나 측근의 설명을 듣고 다시 한 번 놀랐다. 정말 세계 문제는 복잡하고, 그 문제들을 해결하기 위해 현장에 뛰어드는 UN 사무총장은 생명의 위협도 감수하는, 인류를 위한 희생정신 없이는 도저히 아무나 맡을 자리가 아님도 알게 되었다. 남정호의 『세계의 대통령 10년, 반기문의 도전』(김영사, 2017)은 반기문 총장의 뛰어난 지도력과 따뜻한 품성을 잘 그리고 있다.

또 한 가지 의외의 사실은(이 점을 확인해보지는 않았다.) UN 사무총장의 활동비 지원이 UN으로부터 매우 미미하다는 점이었다. 우리나라가 국가적 차원에서 얼마나 지원해 왔는지 궁금하기도 하다. 한국인이 UN 사무총장으로 있음에도 불구하고 우리나라 정부는 UN 분담금을 몇 년씩 체납하고 있다. 몇 해 전, 반 총장이 유럽(독일?)에서 박근혜 대통령을 접견할 때 체납된 UN 분담금 납부를 요청했다는 국내 보도를 보고 얼굴이 화끈해짐을 느꼈다. 나도 비슷한 처지에 놓인 적이 있기 때문이다.

내가 IUPAC 회장으로 있을 때, 총회를 주관하는 보고에 한국의 IUPAC 회원인 대한화학회가 연회비 미납국에 끼어 있지 않았던가! 더구나 후에 IUPAC 사무국 직원에게 들으니 연회비를 삭감해 달라는 편지가 IUPAC 본부로 와 있단다. IUPAC 창립 1세기 만에 한국인이 회장으로 뽑혔음에도 불구하고 그 나라에서 대표적인 학회의 국제적 감각은 거의 유치원 수준이라고 악평하고 싶은 심정이었다. 세계 여러 기관에서 중책을 맡고 있는 일본인들을 위한 일본의 국가적 지원은 부럽기만 하다. 후에 IUPAC 회장이 된 일본인 화학자 다츠미 박사(K. Tatsumi)가 일본학회에서 연 10만 달러 상당의 활동비 지원을 받는다는 자랑의 말을 듣고 어찌나 가슴이 아프던지…. 대한화학회는 내 활동비 지원은 고사하고 IUPAC 회비 납부에도 인색했으니, 그래도 다행히 당시 과학기술부 장관 겸 부총리였던 김우식 박사의 도움으로 한국과학재단에서 상당한 지원을 해주어 내 활동에 크나큰 힘이 되었다. 지금까지 여러 종류의 지원을 받았으나 이때처럼 고마움을 느낀 적이 없었다.

# 음악을 사랑하는 라비니아에게

"정일 님. 저를 도와주실 일이 있어요."

네덜란드의 화학교육전문 교수인 리다 숀(Lida Shon)이 나에게 다가와 말을 건넸다. IUPAC 후원 화학교육대회에 참석차 한국을 방문중이었다. 2008년으로 기억한다.

"무언데, 리다? 무엇이든지 도와드릴게요!"

"고마워, 정일. 한국에서 네덜란드로 입양된 귀여운 하피스트 라비니아(Lavinia Meijer)가 한국에 방문할 수 있는 길을 열어주었으면 해서."

"글쎄. 내가 어떻게 도울 수 있을지…. 더 알아볼게. 그 아가씨 배경을 좀 더 자세히 알려주길 바라. 유명해?"

"네덜란드에서는 뜨고 있는 별(rising star)이지"

사실 화학자인 내 입장에서는 좀 난처한 부탁이었다. 그러나 한국 입양아가 조국 한국을 방문해보고 싶다고 하니 어떻게든 방법을 찾아보겠다고 마음을 먹었다. 나는 음악계와 거리가 먼 사람인지라 여기저기 지인들에게 라비니아 초청을 도와줄 방법을 물어보았다. 아쉽게도 아직 그녀의 이름이 국제적으로 알려져 있지 않아 쉽지 않겠다는 입장이 우세해 고민이 점점 깊어지고 있었다. 지인들의 의견만 듣지 말고 직접 부딪혀 보기로 했다.

"여보세요. 거기 예술의 전당 기획실이지요?"

"네. 그렇습니다."

"저는 고려대 화학과 교수인데, 문의사항이 있어서요."

그러고는 내가 전화를 건 목적을 설명했다. 전화받은 분이 담당자를 바꾸어주겠다고 했다. 나는 다시 같은 설명을 반복했다.

"예. 방법을 찾으면 있을 것 같습니다."

"그렇습니까?"

내 마음이 급해졌다. 담당자의 설명인즉 문화관광부의 지원을 받아 라비니아와 같은 입양아들을 초청가능하다고 했다. 너무나 기쁜 소식이었다. 리다와 라비니아에게 급히 이메일을 보내 이 소식을 전하고, 예술의 전당 담당자와 접촉하도록 주선해주었다. 다행히 예술의 전당 측이 문화관광부로부터 라비니아의 방한을 지원 받게 되었다. 이는 정말 보람된 일이었고, 나는 이런 일도 이루어낼 수 있었음에 어깨가 으쓱했다. 뜻(의지)이 있는 곳에 길(방법)이 있다고 하지 않던가?!,

그후 예술의 전당은 코리안 심포니 오케스트라와 협력하에 2009년 신년음악회에 라비니아를 초청할 수 있게 되었다. 그녀는 한국에서 처음(1월 2일)으로 하프연주를 하였다. 그녀의 아름다운 하프연주는 청중들을 매료시켰다. 그 후 그녀는 서울시립교향악단과의 협연, 평창대관령 국제음악제 참여 등 국내에서도 활발히 활동하고 있어 내 마음을 기쁘게 해주고 있다.

2018년 2월에 우리 내외는 그녀와 인사동 한 한정식집에서 점심을 함께했다. 귀엽게 생긴 그녀는 명랑하고 구김살이 없어 좋다. 다음주에 그녀는 35살이 된다. 몇 년 전에는 우리집에서도 며칠 머무른 적이 있다. 그녀가 두 살 때 오빠와 함께 네덜란드 양부모에게 입양되었다고 한다. 그녀는 양부모로부터 많은 사랑을 독차지하다시피 했다고 들었다. 양아버지가 그녀의 하프 연습을 돕기 위해 소형 트럭을 사 그녀의 하프를 실어 날랐다고 했다. 그사이 네덜란드는 물론 유럽에서도 유명한 연주자가 되었고, 이제는 미국 진출도 준비하고 있단다.

“라비니아야. 많이 먹어라. 막걸리도 한 잔 할래?”

“하하하. 좋지요! 그러나 조금밖에 못할 거예요.”

“물론이지.”

“라비니아 한국 재방문과 다음주에 생일이 있다고 했지? 35회 생일을 축하하기 위해 축배를 들자!”

우리 셋은 투박한 막걸리 잔을 부딪히며 행운을 빌었다.

“라비니아야, 한국 아버지—그녀는 2009년 생부를 찾아 만난 적이 있다.—와 연락은 계속하니?”

“아니요. 제가 몇 번 이메일과 편지를 보냈지만 일체 답이 없어요. 그래서 이제는 거의 연락이 닿지 않아요.”

“그렇구나.”

“참, 이번엔 한국에서 공연을 세 번이나 해?”

“네. 서울과 춘천에서는 이미 했고 이제 강릉에서만 한 번 더 공연을 하면 돼요. 그 후에는 동계올림픽 구경도 조금 하려구요."

"잘됐네. 이번에는 네 공연 볼 기회가 없어 미안하구나!"

"저 7월에 또 올지 모르니까, 그때 오세요."

그녀는 7월에 있을 '평창 대관령 국제음악제'의 초청을 기다리고 있는 모양이다. 2015년 여름에 그 음악제에서 하프-바이올린 협주를 멋있게 해냈다. 유투브에서 그 멋진 음악을 언제든지 감상할 수 있어 좋다. 아직 한국 프로모터(promotor)가 없단다.

"라비니아야. 너 한국인과 접촉할 때는 내가 너 배후에 있음을 알려라. 그리고 교신에도 나를 꼭 CC에 넣길 바라. 내가 어떻게 도와줄 있을지는 두고보아야 하지만…."

"네. 꼭 그렇게 할게요!"

"잘됐다. 꼭 그렇게 하거라. 그리고 다음에는 우리집에서 머물러."

"그럼 우리 오늘 점심식사 후 인사동 거리도 함께 걸을까?"

"아이구, 이를 어쩌지요?"

"왜?"

"친구를 15분 후에 안국역에서 만나기로 했어요. 다음에는 꼭 그럴게요."

다음날 라비니아에게서 이메일이 왔다. 고맙다는 내용과 함께 어제 찍은 사진을 보내왔다. 금년 7월 평창 대관령 국제음악제에 꼭 다시 오기를 바라면서 그녀를 기다려본다.

"여보, 금년 7월에는 평창에 가 라비니아 연주를 다시 감상합시다."

"그러지요…."

무언가 큰 일이라도 한 듯 뿌듯한 느낌이다. 라비니아 마이어에게는 한국인의 피가 흐르고 있다. 요즈음은 가야금과 판소리의 매력에 빠져 있다고 한다. 그녀는 작곡도 잘한다. 최근에는 아리랑 변주(variations)를 작곡해 독창적 하프곡을 세상에 내놓았다. 물론 모든 교육은 네덜란드에서 받았지만 한국의 피는 아니 DNA는 그대로 있지 않은가! 한국음악에 점점 매력을 느껴가고 있는 그녀를 보면서 소위 '피는 못 속인다.'는 옛말을 새삼 되새겨본다. 이런 보배스러운 재능(talent)을 통해 우리나라 음률이 세계에 더 알려질 수 있을 게고, 또 다른 한류의 시작을 꿈꾸어본다.

현재 유럽에는 입양아들의 모임이 있다고 한다. 때때로 자기들끼리 만나 이런저런 얘기들을 나누며 교류한단다. 아마도 뛰어난 재능을 지닌 재원들도 이 안에 많으리라 추측해본다. 정부나 민간, 사회단체들이 이들과의 교류를 얼마나 적극적으로 하고 있는지 피부로 잘 느껴지지 않아 안타깝다. 대학에서도 그들의 국내유학을 유치하려는 특별한 노력이나 프로그램들이 눈에 띄지 않는 실정이다. 국력의 신장이라는 측면에서도 꾸준히 해외입양아들의 사후 관리가 매우 중요하다고 판단된다. 우리나라는 우습게도 인구성장이 거의 중지된 상황인데도 해외입양에는 세계에서 앞선 수준이다. 젊은이들의 결혼과 출산장려도 중요하지만 이미 태어난 우리의 인적자원을 다차원적으로 보호, 관리하는 것도 그에 못지않게 큰 의미를 지닌다.

라비니아가 한복을 곱게 입고 가야금 앞에 앉아 있는 아름다운 모습이 눈앞에 어른거린다. 나의 조그만 노력으로 모국 한국을 접하고 알아가고 있는 그녀의 그 명랑한 웃음소리가 하프소리로 우리나라 전역에, 아니 전 세계에 넓게 퍼지기를 기원한다.

"라비니아야. 내가 너를 위해 해줄 수 있는 일은 별로 없단다. 너도 알다시피 나는 활동을 줄여가는 나이 든 과학자에 지나지 않단다. 그러나 활발히, 적극적으로 너의 생을 헤쳐 가는 모습을 보고 있으면 어떻게 해서라도 너를 돕고 싶단다."

"저에게는 음악이 있어 행복해요."

'양 볼우물을 보이며 웃음 진 얼굴로 말하던 네 귀여운 모습을 나는 평생 잊지 못할 게다. 그러나 아직도 너를 위한 한국 후원자를 찾지 못해 안타까워하고 있단다. 빨리 우리 소원이 이루어지길 바란다.'

# 6부

# 아련히 남아 있는 소소한 기억들

**1** 성동고등학교 3학년 시절 사진. 1959년 늦여름.

**2** 가족과 함께. 1978년 겨울.

3

4

**3** 인도 뱅갈루루 네루고등과학원 찬드라세카 교수와 함께. 1991년 2월.

**4** 여러 학자들과 연변을 방문하여 윤동주 시인 묘 앞에서. 1991년 8월.

**5** 케임브리지대학교 트리니티 칼리지 뉴턴 석상 앞에서. 1997년 4월 20일.

**6** 베트남 하노이 화학연구소 앞에서 Nghia 교수와 함께. 1999년 1월.

**7** 고려대 졸업식장에서. 2004년 2월 25일.

**8** 박준택 교수(좌), 최진호 교수(우)와 평양을 방문한 모습. 2007년 5월.

9 평양 김책공대 도서관을 방문한 모습. 2007년 5월.

10 김시중(전 과기처장관), 유혁(위스콘신대 교수)과 함께. 2007년 여름.

**11** 집 서재에서. 2009년 봄.

# 정일아,
# 왜 네 운동화창이
# 그리 빨리 닳니?

땀을 뻘뻘 흘리며, 집에 들어섰다.

"어머님, 학교 다녀왔습니다. 어휴, 더워라."

"어서 옷 벗고 씻어라. 고생했다. 그런데 왜 또 늦었니?"

중학교 1학년이었던 것으로 기억한다. 1954년이었다. 아버님은 지리산 공비토벌에 참가한 후 해양경찰대로 전보되어 강원도 묵호에서 근무하고 계셨고 일 년에 몇 번 정도 집에 오셨다. 잘 모르고 있었으나 경찰 월급으로 우리가족의 살림을 꾸려가기란 몹시 힘들었다고 믿었다.

"애들도 커 가는데 빨리 경찰복을 벗어야겠어!"

"경찰복 벗고 난 뒤에는 어떻게 하시게요?"

부모님은 나지막한 목소리로 걱정스런 대화를 나누셨다. 집에서 몇십 미터밖에 떨어져 있지 않는 공장은 다시 열릴 기미가 보이지 않았고, 무슨 이유에선지 아버님은 그 공장을 잃어버린 지 오래된 것처럼 외면하셨다. 후에 안 일이지만 전쟁 중에 있었던 회사경영권을 둘러싼 암투에서 아버님은 희생자가 되었고, 회사에 복귀하는 것을 완전히 포기하셨던 모양이다. 경영권 다툼은 결국 아버님과 최 씨 아저씨(훗날 나의 장인)를 용공, 친북자로 몰아갔고 두 분이 억울한 곤욕을 치르셨다. 결국 두 분은 함께 경영에서 손을 떼기로 결심하셨다. 1950년 6 · 25전쟁 시 피난에 실패해 9 · 28 수복까지 석달간 은둔하며 지내셨는데, 이를 상대편에서 용공으로 몰고간 모양이다. 억울한 누명을 벗고 자신들의 애국심을 증명하고자 했던 두 분은 전투경찰학교에 함께 입교하셨다. 입교 후 3개월간 훈련을 받았고, 훈련을 다 받고 나서는 전선에 투입되셨다. 아버님의 경찰생활은 내가 중학교 2학년에 올라갈 때까지 계속되었다. 후에 들은 얘기지만 당시에 아버님 사례와 같이 억울한 누명을 쓰고 희생양이 되었던 사건이 꽤 많았던 모양이다.

성수동1가 집에서 상왕십리동에 있는 성동중학교까지의 거리는 중학교 1학년생에게는 제법 먼 거리였다. 따라서 주로 버스를 타고 통학을 해야 했다. 우리 동네는 내가 태어나기 전에 새로 개발된 동네로 대략 100여 채의 한옥이 나란히 자리잡고 있었다. 첫 번째, 가운데, 세 번째 골목이 남북향으로 뚫려 있고, 첫 골목에는 동서로 세 채씩 들어서 있었다. 집들은 비교적 작았고, 우리집은 가장 큰 집에 속했다. 가장 큰 집이었던 우리집도 대지가 50여 평이 채 안 되었고, 건평은 12평밖에 되지 않았다. 방이 세 개, 부엌과 광, 화장실이 하나 있고 앞마당에는 지하수용 펌프가 있었다. 뒤뜰에는 장독대, 닭장 그리고 조그마한 공터가 있었고, 전쟁중에는 이 공터에 반공호를 파두었다. 어머니는 방공호에 여러 가지 식품을 저장해 두시곤 했다. 철봉도 하나 있었다. 부모님은 내가 운동을 하기 바라셨으나, 나는 운동에 별 관심이 없었으며 조금은 부실한(마른) 소년이었다.

어머니께서는 나에게 통학 교통비를 주셨고, 나는 이 교통비를 어떻게 사용할 것인가에 대해 고민했다. 나는 어머니께서 주신 통학 교통비를 아껴 저금하고 걸어서 통학하기로 결심했다. 중학교 1학년 소년이 45분이나 걸리는 거리를 걷기란 어린 나에게 그리 쉬운 일은 아니었다. 여름의 더위와 겨울의 추위는 걷기를 더욱 힘들게 만들었다. 이 힘든 '걸어서 통학하기'를 조금이라도 즐겁게 만들 비법을 강구했고 그 비법을 찾았다. 그 답은 간단했다.

"맞어. 누깔사탕 한 알씩을 입에 물고 걷는 거다!"

과자 등을 즐겨 먹을 정도의 경제력조차 없었던 사정이라 '누깔사탕'은 나에게 엄청난 선물(?)이었다.

"맞아! 교통비 일부로 누깔사탕 사먹자!"

얼마나 멋진(?) 아이디어였는가?! 물론 어머니께는 비밀로 했다. 이런 사정으로 내 운동화의 수명은 짧을 수밖에 없었다. 그 옛날 운동화 밑창은 지금처럼 내마모성이 좋지 않았고, 창의 접착력도 강하지 못했다. 그러다 보니 두어 달만 신으면 여기저기 터지고 바닥은 닳고 닳아 미끄러워져 새 운동화가 필요했다. 이는 어머니께 경제적인 부담이 되었던 모양이고, 또 운동화의 수명이 그렇게 짧은 것에 의아하셨던 모양이다.

"정일아, 왜 운동화가 그렇게 빨리 상하니? 다음엔 더 좋은 운동화를 사야 할 모양이구나!"

나는 사실대로 설명하는 대신 다른 이유로 둘러댔다.

"글쎄요. 제 걸음걸이가 신발을 빨리 닳게 하는 모양이지요? 아니면 씩씩하게 힘을 주어 걷기 때문인지요."

주전부리를 먹는 사치(?)스러움이 쉽게 허용되지 않던 집안의 형편을 봤을 때, 일주일에 몇 번 입속에 넣은 커다란 알사탕은 행복 그 자체였다. 따라서 추위나 더위는 학교를 걸어서 다니겠다는 내 고집을 꺾지 못했다. 더구나, 교통비를 아껴 저축한 돈으로 내가 읽고 싶은 책들을 사서 읽었으며 이 역시 나에게 큰 행복이었다.

나는 지금도 걷기를 즐긴다. 안사람과 데이트하던 시절에도 상대방의 고통은 개의치 않고 함께 많이도 걸어 다녔다. 외국여행에서도 이러한 진가를 발휘한다. 외국여행은 걸어서 하는 여행이 특히 많기 때문에 잘 걸을 수 있어 행복하다.

가난한 시절의 주전부리와 관련된 얘기를 한 토막 더 하고 싶다. 1953년 초등학교 6학년 시절이었다. 상후원(요즈음은 상원이라 부른다.)에서부터 동대문까지 기동차를 타고, 다시 동대문에서 동대문 운동장 담을 끼고 돌아 홍인학교까지 걸어가는 통학길은 제법 먼 길이었다. 다른 학생들은 중학교 입학시험을 준비하느라 늦게까지 학교에 머물며 공부를 하였으나, 나는 으레 해만 지면 담임선생* 께 양해를 얻어 집으로 향했다. 그 당시 동대문 정거장 주변에는 노점상들이 길가를 점령하고 있었는데, 특히 내 눈을 끄는 노점수레가 하나 있었다. 찹쌀꽈배기 수레였다. 아저씨가 능숙한 솜씨로 찹쌀반죽 두 가닥을 꽈, 끓고 있는 기름에 반죽을 튀긴 후 설탕가루를 설설 뿌려놓은 그 꽈배기들은 배고픈 나를 한없이 유혹했다. 한번에 다섯 개까지도 먹을 자신이 있었다. 그런데 두 가지 문제가 발생

* 김동수 선생님. 후에 성동중학교에서 국어를 가르치셨고, 후에 중학교 3학년 담임도 하셨다.

했다. 첫째는 빨리 용돈을 절약해 꽈배기 다섯 개를 살 수 있어야 한다. 그 목적은 무난하게 달성할 수 있었다. 배는 꾸룩대고 입에서 침은 절로 나오는데 도대체 꽈배기 아저씨에게 다가갈 용기가 나질 않으니, 이를 어찌하랴! 모범생이 길거리에 서서 꽈배기를 사먹는 모습이 영 나를 부끄럽게 만들었다.

그러나 어느날 용기를 냈다.

"아저씨 꽈배기 주세요. 다섯 개요!"

정말 꿀맛이었다. 순식간에 두 개를 먹어치웠다. 그러나 그 이상은 먹을 수가 없었다. 배가 다 차지 않았는데….

"아저씨 나머지 세 개는 싸주세요."

집에 있을 어머니와 여동생이 떠올랐기 때문이다.

"정일아, 이게 뭐니? 꽈배기 아니냐?"

나는 어머니께 자초지종을 설명했다.

"그랬구나. 우리 착한 아들 정일이가. 배고프면 언제라도 사먹고 돈이 모자라면 엄마에게 얘기하지…."

어머니는 내 머리를 쓸어주시며 말씀하셨다. 비교적 차가웠던 초겨울 저녁이었지만 어머니 손길은 한없이 따뜻했다.

지금도 찹쌀꽈배기와 찹쌀도너츠는 가끔 먹는 간식거리다. 먹을 때마다 힘들었던 그때의 기억이 슬며시 떠오른다.

# 절박했던
# 유학 출국준비

"왼쪽 귀 청력이 너무 나쁘군요. 몇 살 때 수술 받았지요?"

"'무'종입니다. 다음에 더 자세히 판정받아 보십시오!"

졸업 후에는 병역의 의무를 마쳐놓고 진로를 더 생각해보자는 생각으로 군입대 신체검사를 받기로 했다. 막연하게나마 미국유학도 마음 한구석을 차지하고 있었고.

"중학교 2학년 때와 대학교 4학년, 이렇게 두 번 수술을 받았습니다!"

"네, 그랬군요. 소리방향을 혼돈하시겠군요!"

"네. 그런 불편함이 있습니다만…."

당시 신체검사에는 '갑', '을', '병', '무'종이 있었고, 갑과 을종은 현역입대, 병종은 병역 면제, 무종은 재검을 받아야 하는 제도였다. '무'종을 받았으니 내 미래설계는 더욱 혼란스러워졌다. 대학을 졸업해 봤자 취업할 곳도 마땅치 않던 차에—1963년 40여 명이 졸업할 때 기업체 취업에 성공한 졸업생은 서너 명에 불과했고—그나마 병역면제나 병역필자에게나 가능한 일이었다. 군복무 중 부모에게 부담되지 않으려고 대학 3학년 시절 통역장교시험에 응시도 해보았으나 장교체격과 체력에 미치지 못한다며 불합격 판정을 받았다.

"몸부터 만든 후에 다시 오게!"

그리고는 신검을 미루다보니 갈 곳도 없게 되었고, 유일한 길은 석사과정 진학이었다. 입학동기 중에서 4년 평균 성적이 꽤 좋아 대학원 진학에는 자신이 있었다. 전공(화학) 이외에도 영어와 제2외국어(독일어) 시험까지 치르고, 전공교수 면접도 통과해야 했다. 많은 생각 끝에 유기화학을 전공하기로 했다. 고등학교 시절부터 화학내용 중 유기화학을 특히 좋아했다. 그러나 석사과정이 끝나가는 데도 진로가 눈에 보이질 않았다.

"아니. 웬 국사에서 떨어지나! 다음에는 붙겠지…."

지도교수인 장세희 선생님의 말씀이시다. 석사과정을 마친 후 미국 뉴욕시립대 화학과 와일리 교수 연구실로 유학을 가기 위해 필요한 절차를 밟아야 했다. 국가에서 주관하는 외국유학시험(한국사)과 미국 ETS(Education Testing Service)에서 주관하는 GRE(Graduate Record Examination, 전공 분야, 영어 및 적성시험), 병역필 또는 면제 등이 그것이었다.

병역 신체검사를 석사과정 2학년 중 다시 받았다. 결국 수도육군병원에서 청력 정밀검사를 받았고 '병'종으로 병역면제 판결을 받아 유학길의 큰 걸림돌이 제거되었다. 그 다음은 국가유학시험이었다. 시험을 마친 후 시험장을 나오며 갑자기 앞이 깜깜해졌다. 나와서 생각해보니 주몽과 왕건을 완전히 혼동해 답안지를 작성했음을 알았다. 결과는 보나마나였다. 국사시험이야 다시 보면 되는데 GRE가 문제였다. 주위에 GRE를 본 사람은 한 명도 없어 어떻게 준비해야 할지 난감했다. 미국 뉴저지 주에 있는 ETS에 접촉해 응시료를 보내니, 서울에 있는 미국인 고교(American High School)에서 시험을 보란다. 물론 모든 진행은 미국인에 의해 영어로 진행되었다. 영어 듣기교육의 기회가 전혀 없었던 나에게 이는 새로운 경험이었다. 그러나 겁내던 GRE시험을 직접 경험해보고 나니 미국에 가서도 해낼 수 있겠구나 하는 자신감을 얻을 수 있었다.

적성검사와 화학부분은 쉬어 보였으나, 영어부분이 매우 어렵다고 느꼈다. 아니나 다를까 영어부분이 2%란다. 지금까지 GRE시험을 본 사람들 중 나보다 못한 사람들이 2%밖에 안 된단다! 큰일났다고 생각하고 대책을 찾았는데, 서울의 한미재단에서 미국유학준비생들을 위해 영어시험을 보게 한다는 것을 알았다. 나는 급하게 영어시험을 보았다.

"진 군. 미국에서 영어를 배우려면 돈이 많이 드니까, 미국 가기 전에 서울에서 영어를 더 배우십시오. 합격입니다."

GRE결과는 ETS에서 직접 미국 대학에 보내고, 한미재단의 영어시험 결과를 추가로 보내 다행히 미국 대학교로부터 공식입학허가를 받았는데 하필이면 쉽게 생각하고 있던 국사시험에 떨어지다니…. 대학입학시험에서도 국사과목은 한 문제도 틀리지 않았는데….

미국대학의 신입생 등록마감은 9월 10일로, 그전에 여권을 신청하고 미국비자도 받아야 했다. 미국유학여권을 발급 받기위해서는 해외유학시험 합격증이 필요했으니 정말 난감했다. 빨리 유학시험을 다시 봐야 할 텐데 일 년에 두 번밖에 기회가 없으니 기다리는 수밖에 없었다. 계산해보니 다음에 합격을 하면 빠듯하게 시간을 맞출 수 있을 것 같았다.

이 과정을 모두 끝내고 난 후, 미국행 비행기를 예약해야 했다. 당시는 서울-미국 간 정규 항공노선이 없어 여행사를 통해 전세기 자리를 사야 했다. 결국 고생 끝에 9월 7일 BOAC 전세기에 올라탈 수 있었다. 비행기에 자리를 잡고 하늘 높이 비행기가 오르기 전까지 불안에 떨어야 했다.

'병역 면제자 전면 신검 재실시!'

병역 신체검사에 부정이 심하다는 사회적 고발이 빗발치자 정부는 신체검사 재검이라는 칼을 빼들었다. 내 경우에는 재검을 받아도 그 결과가 달라질 게 없었으나, 문제는 미국 대학교 개학일 전에 한국을 떠날 수 있을지가 걱정이었다. 같이 도미 수속을 밟고 있던 선배 한 분이 재검에 걸려 걱정이라는 말을 듣고 더욱 고민을 하던 참이었다.

비행기에 올랐는데도 환청이 들리는 듯했다.

"진정일 씨, 비행기에서 내리십시오. 당신은 신체검사 재검 대상자입니다!"라고 기내방송이 나와 나를 다시 끌어내릴 것만 같은 강박관념에 긴장하고 있었다. 곧 비행기는 구름 위로 높이 떠 올랐고 나는 비행기 의자에 몸을 깊숙이 던지고는 '휴' 하며 안도의 한숨을 쉬었다. 후에 안 사실이지만 한 선배는 재검을 받아야 했고 이로 인해 미국유학이 한 학기 지연되었다고 한다.

당시에는 김포공항이 국내 유일한 공항이었고, 환송객들은 위층 환송대에서 비행기를 향해 걸어가고 있는 출국자들에게 손을 흔들며 환송했다. 우리 식구와 친척들도 소형버스 한 대를 대절해 공항에 환송을 왔다. 부모님은 물론이고 약혼녀도 보였다. 출국수속을 마친 출국자들은 공항건물을 벗어나 공항 내를 걸어 들어갔다. 비행기가 있는 곳까지 걸어가면서 환송대에서 손을 흔들고 있던 가족들을 찾아보면서 마지막 작별인사를 했다.

2남 2녀 중 장남으로 나를 떠나보내는 부모님의 심정은 얼마나 힘드셨을까? 언제 다시 돌아올지도 모른 채 떠나가는 장남을 환송하던 그들의 눈에는 눈물이 가득했겠지…. 당시 부모님께서는 미국이라는 멀기만 하고 어떤 나라인지 상상도 못하던 곳으로 큰아들을 떠나보내고 있었다.

탑승한 비행기는 홍콩에서 왔다고 했다. 이제부터는 어쩔 수 없이 영어만 듣고, 영어로 소통해야 하는, 경험해보지 못한 새로운 세계로 빨려들었다. 주머니에 달랑 50달러를 가지고…. 하늘을 나는 비행기 속에서 나는 지난날의 추억을 한없이 더듬고 있었다.

하와이에서 미국입국수속을 했다. 대학원시절 폐결핵에 걸린 적이 있어 여러 장의 X-선 필름을 입국심사원에게 내밀었다. 가슴이 마구 떨렸다. '여기까지 와서 불합격이 된다면 나는 어떻게 해야 할까?'와 같은 걱정이 꼬리를 물었다. 다행히 입국허락이 떨어졌고 꿈에도 그리던 미국 땅을 밟게 되었다.

"아, 이제 정말 미국에 도착했구나. 뉴욕까지는 아직 멀었지만…."

입국수속을 끝내고 다시 탑승하기까지는 두어 시간의 여유가 있었다. 하와이 공항은 열린 구조를 하고 있어 새벽공기를 맛볼 수 있었다. 하와이 공항에서 맛본 공기내음은 서울과는 사뭇 달랐다. 낯선 이국의 향이 내 뺨을 스쳤다.

마침 필라델피아로 가고 있던 약혼녀 친구 두어 명과 샌프란시스코까지 동행할 수 있었고, 그들과 미지의, 미래 미국 생활에 대해 대화를 나누었다. 혼자가 아니라는 생각에 조금씩 안정감을 되찾았다. 육체적으로 힘들고 마음 졸이던 시간들이 이제는 멀리 사라지고 있었다. 피곤이 엄습함을 느끼며 미국 본토로 향하는 비행기 속에서 사르르 눈을 감았다.

샌프란시스코 공항은 매우 크다고 느꼈다. 짐을 찾은 후 약혼녀 친구들과 작별인사를 하고, 로스엔젤레스행 비행기를 타기 위해 환승 게이트로 향했다. 그런데 샌프란시스코 공항에서 문제가 발생했다. 원래 타기로 했던 LA행 비행기가 이미 출발해버린 것이다. 짧은 영어실력으로 이리저리 뛰어다니며 알아보았고, 다행히 다음 항공편으로 LA에 갈 수 있게 되었다.

비행기에서 또 다른 고민이 생겼다. 한국을 떠날 때부터 패서디나의 칼텍(CalTech)에서 공부하고 있던 친구 이조웅을 만나기로 약속되어 있었다. 그러나 비행기편 차질로 LA 도착이 예정보다 늦어져 마중나온 친구와 만나리라는 보장이 없었다.(친구에게 일정이 꼬여 LA 도착시간이 늦어지리라는 사실을 알릴 방법도 없었다.) 그렇게 되면 로스엔젤레스 공항에서 패서디나까지 혼자서 가야하는데, 어떻게 가야 할지 아무것도 모르는 나로서는 앞이 막막했다. 이런 세상에서 내가 어떻게 살아나갈 수 있을지 앞이 캄캄해졌다.

'에라, 모르겠다! LA 공항에 도착한 후 방법을 찾아보자!'

답이 없을 때는 절로 만용이 생기는 모양이다.

# 어린 시절의
# 별난 먹거리들

요즈음 심심치 않게 곤충과 유충의 식용 얘기를 듣고 있다. 유충을 사용하는 프랑스 요리, 곤충들을 잡아먹는 아프리카 원주민들의 식습관은 오래전부터 들어왔고 TV로도 접해왔다. 우리나라에서도 유충을 식용으로 키우는 농가들의 얘기가 가끔 전파를 탄다. 갈색거저리 유충과 흰점박이꽃무지의 유충이 그 대표적인 예다. 그러나 이런 뉴스가 나에게는 전혀 새롭게 느껴지지 않는다. 오히려 우리들의 옛이야기를 재방송하는 것 같다고나 할까?

국민학교 시절, 여름방학만 되면 동네친구들과 어울려 놀기에 바빴다. 특히 가까이 있는 둑과 둑 넘어 평지, 또 그 밑을 흐르는 개천인 중랑천이 신나는 놀이장소였다. 특히 개천에서 물놀이를 즐겨했는데, 이상하게도 금방 허기가 졌다. 특히 6·25전쟁 이후 군것질이 어려웠을 시절인지라 현지 조달에 의지해야 했다. 물론 모두 자연식이었다.

가장 쉽게 구할 수 있던 먹거리는 깜부기였다. 이름 모를 풀이 우리 허벅지보다 더 크게 자라고 있었고 그 끝에 새까만 깜부기들이 뻗어 있었다. 비교적 구수했고 우리들 입 주위는 모두 새까맣게 되어 우스꽝스러워졌다. 그러나 깜부기로 배를 채우기는 힘들었다.

"얘들아, 개구리 다리와 물방개 구워 먹자!"

"누가 성냥 갖고 왔니?"

"아니! 아주머니가 저기 개울가에서 빨래를 삶고 있으니까 불씨를 빌리면 되지!"

"내가 마른 풀과 나뭇가지들을 모아올게!"

"그러면 나머지들은 개구리와 물방개 잡아오면 좋겠네!"

풀밭에서 개구리를 잡는 것은 비교적 쉬웠고, 물가에서 헤엄치고 있는 물방개도 곧잘 잡았다. 정말 기분좋은 파티였다. 구운 개구리 다리는 그 맛이 어느 육류보다 좋았다. 가는 다리에 붙어 있는 살이 많지 않다는게 흠이었다. 그래서 더 맛있다고 느꼈는지도 모르겠다. 구운 물방개는 껍질을 벗기고 먹었는데 그 내용물이 개구리 뒷다리처럼 산뜻하지는 않았다. 그러나 구운 메뚜기 맛과 비슷해 그런대로 좋아들했다. 늦여름에는 메뚜기들도 우리의 허기를 달래 주었다. 커다란 방아깨비, 특히 수놈보다 큰 암컷 중에는 알배기도 있었다. 이것들 외에도 우리들은 지금도 가끔 번데기와 땅강아지도 먹었다. 모두 훌륭한 단백질 공급원들이다. 탄수화물, 지방, 무기질도 풍부하다고 한다.

요즈음 미래식량 자원으로 곤충과 애벌레를 주목한다. 프랑스, 독일, 벨기에는 식용곤충을 이용한 다양한 식품들이 팔리고 있고 관련 음식점도 성업 중이다. 메뚜기, 개미, 나방, 애벌레, 누에 등은 물론이고 여러 가지 곤충들도 식용으로 개발되고 있다. 일본에서도 곤충식품의 인기가 확산되고 있으며, 나방 애벌레와 귀뚜라미 튀김 등이 인기 메뉴에 들어 있다.

UN은 2050년 세계인구가 100억 명에 가까울 것을 전망하면서, 이렇게 많은 지구촌 인류를 먹여 살리려면 번식력이 왕성하고 또한 영양소가 풍부한 곤충이 중요한 먹거리가 되리라 예상한다. 현재 우리나라에서는 갈색거저리 유충, 흰점박이꽃무지 유충, 장수풍뎅이 유충과 쌍별귀뚜라미 등 네 가지가 식품의약품안전처로부터 식품원료로 사용허가를 받았다. 일부 농가에서는 애벌레를 키우고 있으며, 이들을 사용한 음식을 제공하는 음식점도 개점했다.

개천에서 쉽게 잡을 수 있던 물고기들도 훌륭한 단백질 공급원이었다. 물가 풀 속에 있는 물고기를 맨손으로 움켜잡기도 했고, 작은 어망이라도 있으면 많은 물고기를 잡고 환희에 젖기도 했다.

우리가 흔히 뚝섬이라 부르는 지역과 화양동 쪽은 논과 밭이 대부분이었고—둑으로 둘러싸여 있는 섬과 같다고 하여 뚝섬이라 불렀다.—장마철에는 강물이 수문을 통하거나 낮은 뚝을 넘어 논밭을 채우기 일쑤였다. 어른들은 우산을 들거나 비옷을 입고 뚝 넘어 개천—한강으로 흘러내린다.—의 수위가 얼마나 높아지는지 걱정을 하며 지켜보곤 했다. 장마가 심할 때는 상류로부터 떠내려오는 초가의 지붕까지도 볼 수 있었다. 가금류도 많이 떠내려왔고 드물게나마 헤엄치고 있는 소와 돼지도 볼 수 있었다.

장마물이 빠지고 나면 우리들은 다시 신나게 물고기를 잡으러 나갔다. 오히려 물고기 줍기에 가까웠다. 흔히 일본식 발음을 빌려 빠게쓰라 불렀던 양동이를 들고 물빠진 논이나 밭두렁을 훑다 보면, 미처 빠져나가지 못한 큰 물고기들이 등을 보이며 꿈틀대고 있었다. 이들을 움켜잡아 양동이에 잔뜩 채우고 집에 오는 날은 물고기로 포식하는 날이 되었다. 이때쯤되면 이집 저집 애들이 이렇게 물고기를 잡아와 동네가 온통 물고기 끓이는 냄새로 가득 찼다. 한편에서는 연기를 내며 구워먹기에 바쁘기도 했고…. 강물 오염은 아예 걱정거리도 되지 않았던 시절의 얘기다.

6·25전쟁이 우리들에게 갖다준 새로운 먹거리는 경이의 대상이었다.

"애들아, 너희들 쓴 가루 먹어봤니? 신 가루는?"

"쓴 가루라니?"

"아, 그 까만 가루. 신 가루는 약간 노랗지?"

문간방에 군인 김 상사 아저씨가 서울에서 대학에 다니는 여동생과 함께 세 들어 살고 있었다. 셋돈은 받지 않았던 걸로 기억한다. 김 상사 아저씨는 나와 내동생을 자기네 방으로 가끔 불렀다. 그리고는 옅은 갈색의 두꺼운 마분지로 만든 레이션 박스(군용 휴대양식)를 열었다. 이 요술박스에는 여러 가지 식품이 들어 있었다. 소고기 통조림은 무슨 약냄새가 나는 듯했다. 빵은 비교적 말라 있었고 그 역시 익숙지 못한 냄새를 풍겨 맛있다고 느끼지 못했다. 그러나 초콜릿과 비스켓은 여지껏 먹어보지 못한 황홀한(?) 맛이었다. 끝으로 조그만 진공팩이 두 개 들어 있었는데 그들이 바로 쓴 가루와 신 가루였다. 쓴 가루는 커피였고, 신 가루는 비타민C(레몬) 가루였음을 후에 알게 되었다. 초등학교 6학년 시절 이미 공부를 많이 하려면 잠을 줄여야 한다며 커피를 타먹는 반친구들이 있음을 발견하고 놀란 적이 있다. 레몬가루는 군인들의 비타민C 결핍증을 막기 위해 휴대식량으로 포함시켰던 모양이다. 건빵 또한 전쟁시를 통해 배운 신형 식량이며, 물에 잔뜩 불려먹던 추억이 생각난다. 설탕이 귀했던 시절이라 옥수수와 수수대를 씹어 단물을 먹던 궁핍한 전쟁 시절의 먹거리들이 아픈 과거를 불러들인다.

계절에 따라 달라지는 농산물과 수산물을 군것질 거리—때로는 주식이라고 부름이 더 옳았다고 생각한다.—로 즐겼던 토속적 식생활이 요즈음은 건강한 식생활이라는 이름으로 관심을 끌고 있다. 삶은 감자, 고구마, 옥수수, 완두콩, 단호박, 밤 등은 단골로 등장했다. 오이, 가지 등은 그대로 간식거리가 되었고 참외와 수박은 딸기, 포도와 함께 고급 과일로 여겼다. 엿과 쌀, 보리, 옥수수 여러 가지 곡물 튀김은 각종 떡과 함께 곁에 두고 먹던 먹거리였다. 콩볶음은 훌륭한 단백질 공급원이었고 오징어, 소라, 우렁이도 요즈음보다 친숙한 먹거리였다. 들에서 따먹는 까마중과 산딸기도 빼놓을 수 없는 군것질 거리였다. 외가는 농가였고 외조부모님의 안방 다락은 내가 즐겨 먹던 약과, 강정, 대추 등의 은닉처(?)였다. 할머니와 할아버지께서 그 다락문을 발돋움하며 여실 때면 나는 호식을 즐길 수 있었다.

'그렇게 먹을 게 없으면 왜 라면을 안 잡수셨어요?'라고 하는 우스갯소리를 요즈음 가끔 듣는데 라면이 우리나라에서 처음 시판된 것은 1963년이었다. 정부가 혼분식 권장정책을 시행하기 전에는 크게 인기를 얻지 못했다. 정부입장에서 원조물자로 많이 들어오던 밀가루의 소비를 권장하고 있었다. 대학원 학생시절 비커에 끓여먹던 라면의 맛이 지금도 짙게 느껴진다. 다양한 먹거리를 즐길 수도 있는 지금이야말로 별 세상이 아닌가!

# 아주 나쁜 짓에 동참한 나

전국이 황폐해졌다. 전쟁의 참상은 말로 표현하기 힘들 정도였다. 전쟁 후 학교는 문을 닫았고, 채 피난을 가지 못했던 우리들은 무엇을 하며 지낼지 막막했다. 북에서 내려온 북한군(인민군)들도 매우 초췌해 보였다. 우마차를 군용자동차 대신 몰고 온 모습은 우스꽝스럽기까지 했다. 혹시 우리들에게 먹을거리라도 하나 줄까 싶어 기웃거렸으나 그네들도 굶주리는 모양이었고 기껏해야 9·9절 노래나 가르치려 들었다. 그렇게 여유로웠던 우리들의 하루하루는 비참해져갔다.

"정일아, 너는 좋겠다. 네 밥상에는 달걀도 있던데…."

우리집에서 닭 몇 마리를 키우고 있던 덕에 하루에 달걀 하나는 먹을 수 있었으나, 내 친구들은 거의 잡곡밥과 형편없는 찬거리로 허기를 채우고 있었다. 과자나 과일 등은 구경도 할 수 없었고, 단 군것질은 우리들의 꿈이 되어 있었다.

얼마 지나 인민군이 물러나고 아군이 다시 들어왔으나 사정은 조금도 나아지지 않았다. 그런데 신기하게도 엿장사 가위 쨍그렁대는 소리는 가끔 들렸다. 헌 신발 등으로 엿을 바꾸어 먹기에도 한계가 있었다.

"얘들아, 우리 엿장사 털자!"

원래 우리 동네에 살지 않던, 전쟁 중 어디에선가 우리 동네로 피난 온 친구(나보다 두세 살 위였던 걸로 기억한다.)가 우리들을 불러 모았다. 모두 대여섯은 되었다.

"우리 두 팀으로 나누어 한 팀은 엿장사에게 고물이 있다며 둑 너머로 꼬셔가고, 한 팀은 엿 목판의 엿을 털어 도망가자!"

계획대로 일이 잘 진행되었다. 나는 엿 목판을 털어 엿을 가지고 도망가는 팀에 속했다. 이 미션 내내 가슴이 얼마나 뛰고 겁이 났던지, 지금 다시 생각해도 맥박수가 오른다.

사실 나는 겁이 많았던지라 엿 목판에서 조금 거리를 두고 팔을 뻗기는 했으나 다른 친구들이 잽싸게 엿들을 털어 주머니에 넣고 튀는 바람에 엿 한가락도 챙기지 못했다.

"아이 바보 같아라. 야, 여기 엿 한가락 줄게. 먹어라!"

엿가락을 잘라 입에 넣었으나 쿵닥거리는 가슴에 엿맛을 제대로 느낄 수가 없었다.

"야, 맛있다!"

다른 친구들의 소리가 내 귓속에는 잘 들어오지 않았다.

'엿장수가 우리집에 찾아오면 어쩌지….'

그날 밤 자려고 억지로 눈을 감을수록 우리집 대문을 두드리는 엿장사의 모습이 눈에 아른거려 밤새도록 나를 괴롭혔다.

맛은 있었지만 그 엿들이 어떻게 목구멍으로 넘어갔는지도 몰랐다. 그날부터 나는 그 둑 근처에 얼씬도 할 수 없었다. 그 엿장사 아저씨가 후에 우리 동네를 지나갔다.

“아무래도 이 동네 애들이었습니다. 이 놈들이 내 엿 목판을 싸그리 도둑질해 갔습니다.”

“그럴 리가요. 우리 동네 애들은 모두 착해 그런 짓을 할 애들이 아닌데요.”

이런 대화 내용이 퍼져 우리들 귀에까지 들어오게 되었다. 우리는 모두 강력하게 부정하도록 합의를 보았다.

“너희들 알지? 어른들이 물으면 우리들 모두 둑 너머에서 헤엄치고 놀고 있었다고 거짓말을 하자!”

우리들은 모두 끄덕였고, 그렇게 해서 이 사건은 조용히 마무리되었다. 그러나 우리들을 내려다보고 있던 그 둑은 이 모든 것을 알고 있지 않은가!

그날부터 나는 그 둑이 멀게만 느껴졌고, 되도록 둑 가까이에는 가려고도 하지 않았다. 물론 내 입속에 단맛을 남긴 그 엿맛은 가난했던 우리들의 당시 상황을 회상케 한다. 그런 짓이 무엇을 뜻하는지 당시에는 제대로 알지 못했음에 대한 부끄러움과 죄책감이 지금도 그 둑을 지날 때마다 내 머리를 누른다.

그 벗들이 지금은 어디 있는지, 연락이 닿는 친구가 단 한 명도 없다. 초등학교 교사, 어느 출판사 직원, 어느 대학교 사무직원 등이 되었다는 소식을 다른 친구들에게서 먼 소식으로 들었으나 한 번도 부딪히지 않은 채 지금까지 살았다.

“정일아, 너는 제일 먼저 토껴야 한다. 너는 잘 못 뛰니까….”

친구들은 늘 나를 걱정하곤 했다.

전쟁을 경험하고, 고난을 겪어본 사람들은 전쟁을 가장 싫어한다. 동시에 그런 전쟁을 일으킨 집단이 이 세상에서 사라지길 원한다. 내 어린 시절의 끔찍한 장면들은 영원히 지워지지 않고 있다.

석 달 동안 서울이 공산치하에 있다가 수복이 다가오던 중, 인민군들이 어느 날 그 둑 중앙에 호를 파기 시작했다. 아마도 그 호 속에 숨어 죽을 때까지 싸우려나 보다라고 생각했다. 아군의 비행폭격과 대포소리가 서울을 뒤흔들고 있었다. 수복이 정말 가까웠던 모양이다. 그런데 이상한 광경이 눈에 띄었다. 손과 발이 끈에 묶인 젊은이들이 그 둑 호 옆에 일렬로 정렬하고 있었다. 무엇일까하는 호기심도 있었지만 나는 하늘을 위 폭격기들의 폭격광경에 넋을 잃고 있었다.

"엥…. 꽝. 꽝!"

천지가 진동하는 듯했다.

9 · 28 수복이 되었고, 당시 중앙청에 태극기가 다시 휘날렸다. 그러나 이상한 소문이 들렸다. 그 둑에 묶여 있던 젊은이들이 남쪽 젊은이들(일부는 군인, 일부는 일반인)이었고, 인민군들이 북으로 도망가기 전에 이들을 모두 사살해 그 호에 묻었다는 얘기였다. 정말 그 많은 남쪽 젊은이들이 이 끔찍한 전쟁 때문에 믿지 못할 잔인함의 희생양이 되었다면 이보다 더 슬픈 일이 어디 있을까? 헛소문이었기를 믿고 싶다.

요즈음에도 가끔 이 둑 밑으로 자동차를 몰고 지나간다. 지나고 싶은 생각이 적은 길이다. 어렸을 때의 아름다운 추억도 깃들어 있지만, 그 둑이 나에게는 '부끄러움'과 '잔인함'의 상징이 되어 나를 내려다보고 있는 것 같은 느낌이 더 강하게 들기 때문이다.

'그런 일이 없어야 했지! 가난은 죄악이라 했던가…. 회개하면서 그 바보 같은 짓을 지워버리자. 전쟁은 어떤 이유에서든 인간 세상에서 몰아내야 한다. 하늘의 선물인 생명보다 더 가치 있는 것을 어디서 찾을 수 있을 것인가?'

6·25전쟁을 경험하고 그 후 계속 되어온 남북 대치상황 속에서 살아가야 했던 우리들의 생활은 전쟁의 위협으로 인해 늘 불안했다.

'남북이 평화로운 이웃사촌이 되기 위해서는 북한의 변화가 필요하다. 이러한 변화를 위해 북한에 어떻게 해야 할까? 어떻게 하면 북한을 깨우칠 수 있을까.'

2007년 평양과 묘향산, 남포댐 등을 보고 온 적이 있다. 당시 북녘의 황폐한 모습이 내 머리를 스친다.

요즈음 형성되고 있는 남북화해 분위기와 북미 간 대화 움직임이 진정한 평화의 길로 이어지길 바란다. 세계 및 우리나라의 역사를 공부하면서 종종 던져보게 되는 질문들이 있다.

'인간은 원래 잔인한 동물인가?'

'한국의 통일은 정말 전쟁과 살육을 통해서만 성취될 수 있는가?'

'한반도의 미래는 강대국의 손아귀에 달려 있는가?'

'왜 우리는 독일식 통일을 이루지 못할까?'

나라와 민족의 미래를 걱정하다보면 금세 밤이 깊어진다.

# 비자상태가
# 어떻게 되어 있지요?

"정일아, 학과 사무실로 너 오래. 너에게 전하실 메시지가 있대."

"무슨 메시진데?"

"난 몰라. 그런데 좋은 소식 같아."

"응. 고마워, 바비!"

나는 부지런히 학과 사무실로 갔다.

"안녕하십니까, 킹케이드 교수님."

"안녕, 정일."

학과장 교수님이 나를 반겨주었다. 미국으로 유학 온 지 1년 정도 지난 후(1967년)였다. 뉴욕시 로타리클럽에서 가난한(?) 나라 유학생들을 오찬에 초청한다는 내용이었다. 평생에 그렇게 으리으리한 호텔은 처음이었다. 대리석으로 된 바닥과 계단, 그리고 그 위에는 멋진 카펫이 깔려 있었다. 천장에는 매우 큰 샹들리에도 매달려 있었다. 어리벙벙할 정도였다. 호텔이름은 월도프 아스토리아(Waldorf

Astoria) 호텔로 기억하고 있다.

겨우 찾은 오찬장은 어마어마하게 큰 연회장이었다. 내려다 볼 수 있는 발코니도 연회장 둘레에 있었다. 수백 명이 들어찬 오찬장 정면에는 무대까지 마련되어 있었다. 주최 측에서 준비한 명찰을 달고 테이블로 다가가니 이미 여러 명의 호스트들이 자리를 잡고 있었다. 고개를 숙여 가볍게 인사를 하고 지정된 자리에 앉았다. 건너편 자리에는 먼저 온 유학생이 앉아 있었다. 그는 인도에서 온 유학생이었다. 로타리클럽에 참여하고 있는 맴버들은 머리가 희끗희끗한 나이가 든 신사들이 대부분이었다. 후에 들었지만 이들 대부분은 경제적으로 여유가 있는 유대계 미국인들로, 이런 자리를 일년에 한 번씩 마련하다고 했다.

사회자가 참여 외국인 유학생을 일일이 이름, 나라, 대학 및 전공을 소개했다.

"영일인, 남한, 뉴욕시립대학, 박사과정, 고분자화학전공"이라고 나를 호명했다. '정일진'이 아닌 '영일인'이라고 불린 경험은 전에도 있었다. 내 이름은 영어로 Jung-Il Jin이라 쓰는데 유럽 특히 독일계에서는 'J'를 'y'로 발음한다. 이에 익숙해 있었기에 나는 슬며시 웃으며 의자에서 일어났다. 박수소리가 크게 들렸다. 아시아, 아프리카, 중·남미, 유럽 등지의 여러 나라 유학생들이 초청되었다. 때때로 외국학생 이름을 어떻게 발음해야 할지 사회자가 혼란스러워해 웃음이 터지기도 했다.

내 양 옆에는 나이가 지긋한 두 신사가 앉아 있었다. 이들은 나에게 이런저런 질문을 했다. 그러더니 한 분이 지금까지도 잊히지 않는 질문을 나에게 했다.

"VISA 상태가 어떻게 되어 있지요?"

"무슨 말씀이시지요?"

"아…. 학생 비자를 갖고 있는지 아니면 그린 카드(green card, 영주권)나 시민권을 갖고 있는지…."

"저는 현재 학생 비자로 미국에서 공부하고 있습니다."

"에이. 저런…."

옆 신사는 혀를 차시며 못마땅하다는 표정을 지었다. 나는 당황해하며 되물었다.

"왜 그러시지요?"

"학생이 고분자화학을 전공하고 있다고 했지요?"

"네. 그렇습니다만…."

"바로 그 점이지요. 고분자화학처럼 중요한 분야를 공부하고 있는 학생들에게는 속히 영주권을 주어 가능하면 미국에 정착해 살도록 정부 차원에서 노력해야 되거든요."

나는 이 소리를 듣고 깜짝 놀랐다. 자기나라를 위해 필요한 인재라면 외국인이라도 속히 잡아놓아야 한다는 논리가 나에게 큰 충격으로, 아니 오히려 감동적으로 들렸다. 미국이 이민자의 나라라고는 하지만 이렇게까지 개방적인 사고방식을 가지고 있을까하고 잠깐 의문을 가져보기도 했다. 어쨌든 고분자화학을 그렇게까지 중요시하는 언급은 나를 으쓱하게 만들었다. 전공 분야를 잘 택했다는 안도감도 들었다.

"선생님은 고분자화학에 관심이 많으신가 보네요!"

"그럼요. 저는 화학회사에서 평생 근무했기 때문에 잘 압니다."

"아, 그러시군요."

정신없이 학업에 시달리느라 미국에서 오랫동안 머무를지, 어떻게 하면 미국에 장기체류할 수 있을지에 대해서는 큰 관심을 두고 있지 않았다. 미국 유학 2년이 끝나갈 무렵 하루는 지도교수가 불렀다.

“정일아. 너 미국에 온 지 벌써 2년이 되어가지?”

“네. 그렇습니다.”

“네가 연구도 많이 했고 자격시험도 모두 통과했으니 이제 박사학위 논문을 쓰기 시작해보는 건 어떻겠니? 더구나 너는 한국에서 석사학위까지 받고 오지 않았니.”

“….”

“왜?”

“음…. 제가 현재 진행하고 있는 연구를 끝내고 박사학위 논문에 이를 포함시키고 싶습니다. 괜찮으시다면 조금 더 학교에 머무르고 싶습니다.”

“속히 한국으로 돌아가고 싶지 않니, 정일아?”

“그러고 싶습니다만, 미국에서 연구경험을 더 쌓고 싶습니다.”

“그렇구나. 그러면 그린카드를 신청해야겠구나.”

지도교수와의 대화 후 나는 미국에 얼마나 머무를지에 대한 고민을 하기 시작했다. 특히 결혼을 한 나에게 영주권 문제는 매우 중요한 사안이었다. 만약 미국에 더 머무르고자 한다면 직장을 얻어야 했고, 그러기 위해서는 영주권이 더욱 필요했다. 물론 일부 회사에서는 이런 수속을 도와주기도 했지만 영주권 소유자의 취업이 훨씬 쉬웠기 때문이다.

박사학위 논문을 준비하면서 동시에 여러 회사와 접촉하기 시작했다. 미국에서 회사에 취업해 연구실에서 실용연구 경험을 쌓고 싶었다. 학교에서 배운 고분자화학 지식과 경험만으로는 내 미래를 설계하기에 부족하다고 판단했기 때문이다. 당시 미국(1968~1969)의 경제사정이 매우 나빠 생각보다 직장을 구하기란 쉽지 않았다. 당시 《라이프(Life)》지 사진 페이지에 어느 대학에서 화학박사 학위를 받을 학생이 받은 거절편지가 100개가 넘는다며, 그 편지들을 연구실 벽과 천장에 붙여놓은 광경을 사진으로 보여줄 정도였다.

'안되겠구나. 박사학위 받을 때까지 기다리지 말고 영주권 신청 방법을 알아보자!'

나는 뉴욕시 이민국을 찾았다. 담당자에게 내 사정을 설명했더니, 그녀는 매우 친절하게 답변해주었다.

"미스터 진. 당신 분야는 우리나라에서 필요한 분야이니 Third Preference로 영주권을 신청해보시지요. 미국에서 박사학위를 곧 받으신다고 했던가요? 미국에서 석사학위라도 받으셨다면 더 좋을 텐데요. 무언가 끝마치셨다면 더 유리하거든요."

나에게는 황금 같은 정보였다. 화학과 학과장에게 이 사정을 설명하며 도움을 청했다.

"걱정마, 정일아. 내가 학적과장에게 전화해 너에게 내년 2월에 석사학위를 주라고 할게. 너 6월에 박사학위 받을 테니 문제없어."

"그런데 제가 석사학위 과정에 등록하지 않은 걸요."

"걱정 말라니까."

실제로 나는 커다란 석사학위장을 1968년 2월에 받았고 이를 갖고 뉴욕 이민국에 가서 영주권을 신청했다. 미국이 추천의 사회임을 새삼 느낄 수 있었다.

로타리클럽의 신사, 이민국 여직원, 화학과장, 학적과장 등의 친절과 도움 덕분에 나는 스타우퍼 화학회사 동부 연구소에 연구원으로 취업할 수 있었다. 도움이 필요한 사람에게 물심양면으로 도와주는 사람들, 긍정적인 마인드를 지닌 사람들. 이런 도움 덕분에 나는 2월에는 석사학위를, 6월에는 박사학위를 받은 믿지 못할 학력을 갖게 되었다. 즉 석사학위 취득 후 4개월 후 박사학위를 받는 기록(?)을 세웠다!

탈북자들과 다문화 가족 구성원들의 인권 및 사회적 인식, 이민 지망자들과 난민들의 증가에 대한 대처 등이 점점 중요해지고 있다. 내가 미국에서 겪은 경험이 무엇을 뜻하는지 다시 곱씹어본다.

# 얘들, 또 내
# 도시락 먹었나?

"얘들아, 빨리 수업 준비해!"

급우들이 책을 펴고 수업 준비를 한다.

"수업 준비 끝!"

나는 일어서서 교단 위의 선생님께 거수경례를 했다. 급우들은 자리에 꼿꼿이 앉은 자세로 머리 숙여 인사를 했다.

1959년 고등학교 3학년 때 부반장이었던 나는 반장에게 일이 생기자 그 대신 여러 가지 일을 맡아 했다.

수업 준비 완료를 선생님께 고한 나는 커다란 걱정에 휩싸였다. 급우 몇 명은 벌써 킥킥대기 시작했다. 칠판 위에 우그러뜨린 도시락이 얹혀 있는 것이 아닌가! 언제라도 그게 떨어질 수도 있고, 선생님의 눈에 띌 수도 있으니 이를 어쩐단 말인가? 나는 일단 마음을 가다듬고 수업을 시작하려는 선생님을 중단시켰다.

"선생님, 잠깐만요! 칠판 위에 있는 찌그러진 도시락을 치워야겠습니다. 용서하십시오, 선생님! 제가 미처 그걸 확인하지 못했습니다!"

나는 교단으로 올라가 발돋움을 해 우그러뜨리고 반으로 접힌 도시락을 제거했다. 반 전체는 긴장 속에 선생님을 주시했다.

"이거 누구 도시락이야? 어떤 놈이 또 이 짓을 했니?"

"도시락은 제 도시락 같은데, 누가 그랬는지는 모르겠습니다."

누런색의 양은도시락은 분명 내 것같이 보였고, 실제로 내 가방 속에 있어야 할 도시락이 사라지고 없었다. 이제 4교시가 시작되므로 점심시간에 먹으려고 건드리지 않고 있었던 참이었다.

'얘들. 또 내 도시락 먹었나?'

"어떤 놈인지 이리 나와!"

선생님은 점점 격해지셨고, 누그러질 틈이 안보였다.

"이 놈 찾지 못하면 너희들 모두 운동장 열 바퀴다!"

교실 분위기가 웅성대기 시작했다. 나는 마음이 매우 무거웠다. 후에 들은 얘기지만 한 친구만의 짓은 아니었고, 공동의 작품(?)으로 도시락을 우그러뜨린 후 복도에서 차기놀이를 했다는 얘기다*. 교실이 짙은 어둠이 깔린 양 조용해졌다. 침묵이 흘렀다. 얼마나 시간이 흘렀을까. 한 친구가 선생님 앞으로 걸어 나갔다.

"선생님, 잘못했습니다! 제가 그랬습니다."

교실 앞쪽에 앉아 있던 급우 한 명이 자리에서 일어나 선생님 앞으로 걸어 나섰다.

* 지금으로 얘기하면 우유팩 차기 놀이라 말할 수 있다. 당시에는 우유팩 대신 양은도시락을 구부려 공처럼 차고 놀았다. 예나 지금이나 남학생들이 하는 놀이는 비슷한가 보다.

'아니, 제가 그중 한 명이었단 말인가?'

나와 매우 친할 뿐 아니라 공부도 곧 잘하는 학생으로 후에 H공대에 진학했으며, 모범생이었기 때문에 더욱 나를 놀라게 했다. 선생님도 믿지 못하는 기색이 역력했다.

"그래, 여기 서거라!"

선생님은 회초리를 내리갈기기 시작했다. 10여 차례 때리시더니 다른 벌을 명하셨다.

"너, 나가 운동장 10바퀴 뛰어!"

물론 수업은 계속되었고, 나는 그날 점심은 건너뛸 수밖에 없었다. 도시락은 최대한으로 펴 다음날부터 계속 사용했다. 고등학교 남학생들의 장난기는 종종 도가 지나치기도 했다.

졸업이 점점 다가오니 교실 분위기가 눈에 띄게 흐트러지고 있었다. 머리를 기르기 시작하는가 하면, 교모는 가방에 넣고 쓰지 않은 채 다니기 일쑤였다.

해가 지나고 1960년 고교 졸업일자가 성큼 다가오고 있었다. 대학진학 준비로 바빠졌고, 다른 한편으로는 마음이 들떠 있었다. 대학에 입학한 후에는 자유를 만끽하고, 고교생들에게는 금지된 여러 가지 일들도 하고 싶었다.

"아이 화나네!"

나는 버럭 소리를 질렀다.

"왜 그러니? 정일아."

책상 속에 넣어두었던 모자의 윗부분이 X자 모양으로 잘려 있었다. 이미 반에서 여러 친구들이 나와 같은 일을 겪었고, 설마 내 모자에게까지 그런 짓을 할까 하는 생각을 했다. 그러나 내 기대는 여지없이 무너지고 말았다. 모자를 찢긴 학생들은 대부분 찢겨진 곳을 재봉으로 꿰매어 다시 쓰고 다녔다. 그걸 멋으로 생각하는 듯했으며, 꿰맨 자국이 있는 모자는 졸업이 얼마 남지 않은 고3이라는 표시도 되었다. 나는 이런 행동들이 모두 못마땅했다. 아니 오히려 그런 행동이 이해되지 않았고, 어떤 방법으로든 나의 저항심을 똑똑히 보여주고 싶었다.

"어머니, 저 모자 새로 살래요!"

"얼마 쓰지도 않을 텐데…."

"그래도 졸업 때까지 써야 하잖아요!"

"…."

나는 졸업식 날까지 새 모자를 쓰고 다녔다. 다시 찢기지 않은 걸 보면 그 장난기 많던 반친구들도 차마 새모자까지 다시 찢어놓을 용기는 없었던 모양이다.

모자 찢어놓기는 다른 방향으로 진화하고 있었다. 수업이 모두 끝나 집으로 가려고 가방을 들고 자리에서 일어나려는데 뒷자리 친구가 짜증내며 소릴 지른다.

"어떤 새끼가 이 짓을 했지? 가방 밑을 찢어놓았네! 이 책들을 어떻게 들고 집에 가지?"

주위의 몇 친구들이 모여들었다. 이 어처구니없는 현장을 보며 이런저런 미봉책들을 제안했다.

"야, 교문 앞에 있는 옷 고치는 집에 가 재봉으로 꿰매달래렴!"

"아냐, 애들에게서 핀을 모아 우선 핀을 꽂아 집까지 갖고 가 고치려무나."

지금도 이해가 가지 않는 것은 이런 일이 벌어질 때 아무도 담임 선생님께 알리려 들지 않았고, 오히려 대다수의 반친구들은 그저 깔깔거리고 웃으며 재미있다는 듯 행동했다는 점이다. 이는 당시 특유의 분위기였다. 또 한 가지 흥미로웠던 기억은 소위 주먹깨나 쓰던 친구들은 이런 조잡스러운 행동에는 일체 관여하지 않았다는 점이다. 그저 교내 파워게임에만 신경을 썼기에 하교중에 패싸움을 통해 라이벌 팀을 제압하려는 전략에만 전심하는 듯싶었다.

세월이 지나 지금에 와서 보면 모두들 너무나 달라졌다. 누가 지금의 우리를 보고 그렇게 장난 심했던, 못된(?) 학생이었다고 믿을까? 의젓한 사장님이 되어 재산깨나 모은 친구도 있고, 대학교수도 되었고, 중 · 고교 선생과 교장 노릇을 하기도 했으며, 의사도 되고, 대기업 사장자리에도 올랐고, 정부 고위직에도 올랐으니 말이다. 놀이거리도 별로 없었고, 놀이문화가 전무했던, 살기 힘들었던 시절이라 남의 도시락을 먹고 찌그러뜨리며 놀거나 모자와 가방을 찢어 놓는 유희가 놀이었던 모양인가?! 가방 속에 달랑 숟가락과 젓가락 두 개 넣고 학교에 오던 그 친구들과 오늘도 어울려 막걸리 잔을 나눈다. 그 못되게 굴던 친구들이 언제 그랬냐는 듯 의젓한 노년의 신사가 되어 체면 차리는 모습을 보면 웃음이 절로 터져 나온다.

"야 친구들아, 나에게 좋은 일이 생겨 오늘 쏠게. 생맥주집으로 이차 가자!"

나는 성큼성큼 앞으로 나섰다. 벗들이여 우리들의 우정을 끝까지 즐기자.

# 당신은 아마 장수할 거예요

어린 마음에도 이건 아니다 싶었으나, 어머니는 막무가내로 동네 우물가 하수구 옆에 나를 세워놓고 바가지로 물세례를 퍼부었다. 처음에는 겉옷을 입은 채로 물세례를 주시더니 급기야 옷을 홀랑 벗기고 물을 퍼부으셨다. 초등학교에 입학하기 전이었으니 4~5살 무렵으로 추정한다. 어린 마음에도 부끄러웠으나 어머니는 개의치 않으셨다.

"웬일이셔요, 정일이 엄마?"

"아 글쎄, 얘가 저 길가 오물구덩이에 빠졌지 뭐예요!"

"아이구, 큰일 날 뻔했군요!"

현재 성동교 남단의 성동교 사거리에서 광나루로를 따라 100여 미터를 가다보면 오른쪽에 상원길이 나타난다. 성수동1가와 2가를 잇는 길이다. 상원길 왼쪽에는 큰 철공장(6·25전쟁 중 폐허로 변해 철거되었다.)이 있었고 오른쪽으로는 밭이 펼쳐 있었다. 상원길은 내가 어렸을 때 주로 이용하던 길이었다. 당시에는 비포장도로였다. 상원길을 따라 뚝섬쪽으로 더 가면 주로 밭이었다. 우리가족은 상원길 오른쪽 첫 번째 동네에서 살았다.

정리되지 않은 길가에 오물구덩이가 하나 있었다. 밭에 사용할 인분을 저장하던 구덩이었다. 당시 뚝섬 밭에는 거름으로 인분을 주로 사용하였고, 이런 인분 구덩이가 밭 가장자리 여기저기 있었다. 변거름을 똥지게로 날라 밭에 끼얹어주어 작물을 튼튼하게 키워냈다. 그 까닭에 국민의 기생충 감염률이 세계에서 손에 꼽힐 정도로 높았다.

아마도 둑에서 놀다가 집에 오던 길이 아니었나 싶다. 가끔 지나가는 우마차를 피하기 위해 길 오른쪽으로 걸었다. 인분 구덩이와 밭은 길보다 낮았다. 그러나 길과 밭 사이에는 아무런 막음장치가 없었고, 비스듬한 경사는 왕모래 흙이라 미끄러지기 쉬운 상태였다. 어린 나는 우마차를 피하기 위해 길가로 아슬아슬하게 걸어갔고, 그러다 경사진 왕모래흙에 미끌려 그대로 인분 구덩이에 빠지고 말았다. 내 가슴 위까지 인분이 차 있었다. 나는 힘껏 허우적거렸으나 미끄러운 구덩이에서 쉽게 빠져 나오지 못하고 있었다. 그 심한 악취는 심지어 숨 쉬는 것까지 어렵게 만들었다.

"허우적대지 말고 발이 밑바닥에 닿으면 느리게라도 한 발씩 걸어 올라가야지!"

지나가던 사람이 있었지만 똥을 뒤집어쓴 나를 도와줄 리는 없었다. 그저 말 한마디만 던지고 지나갔다. 끈적이는 오물을 헤치고 나왔을 때 내 모습은 비참하게 보였겠지만, 그보다 더 견디기 어려운 것은 지독히도 역겨운 냄새였다!

이 모습이 어머니께 어떻게 전달되었는지는 지금도 기억이 잘 나지 않지만, 어머니는 바가지를 들고 나를 우물가 하수구 쪽으로 내몰다시피 하셨다. 그런데 다행히도 이 이야기가 동네에 널리 퍼지지는 않았던 모양이다. 동네 친구들에게 놀림을 받은 기억이 없기 때문이다.

"여보! 당신은 나보다 하루라도 더 살아야 돼요!"

"왜요?"

"왜라니요. 첫째는 당신이 너무 그리울 게고, 둘째는 당신 없이는 나는 아무 일도 못하는 사람이란 걸 잘 알지 않소!"

"그럼 나도 장수해야겠네요."

"왜, 내가 장수할 것 같소?"

"물론이지요. 당신은 지금도 매우 건강하시잖아요. 뿐만 아니라 어려서 똥통에도 빠졌다고도 하셨고요!"

"똥통에 빠졌으면 장수한대요?"

"그럼요! 얼마나 면역력이 강하길래 똥통에 빠지고도 피부병도 없었고 후유증도 전혀 없었다면서요?"

"글쎄…. 오물목욕이 나에게 오히려 병균과 싸워 이길 능력을 준 모양이지요."

"옛부터 이런 말이 있대요. 똥통에 빠진 사람들은 장수한다고요."

"허허, 나에게 듣기 좋은 소리군요."

나만의 경험은 아니었다. 초등학교 시절 어느날 밤에 아버님께서 만취가 되어 귀가하셨다.

"아이쿠, 나 이제 죽었다. 정말로 죽었어…."

깜짝 놀라신 어머니께서 마루로 뛰어 나가셨다. 아버지께서는 하반신을 마루 밖으로 내려뜨린 채 누워 계셨다.

"아니, 이게 웬일이셔요. 이 악취는…."

집에서 가까운 주막에서 친구분들과 저녁시간을 보내시고는 화장실에 갔더니 발판이 무너져 내려 빠지셨다고 설명하셨다. 그 음식점에는 화장실이 두 개 있었는데 하나는 오래되고 불편한 위치에 있어 영구폐쇄하거나 새로 고치기로 해 사용하지 않았는데 아버님은 바로 그 화장실을 사용하셨던 모양이다. 취기 때문에 화장실 문의 '사용불가-위험!'이라는 경고문을 보시지 못했던 모양이었다.

"아버님, 몇 살 때부터 담배를 태우셨나요?"

"대략 15살 때부터로 기억하지!"

"그럼 딱 60년 되셨네요."

"그런 셈이지!"

"이제라도 담배를 끊으셔야지요."

아니나 다를까. 폐가 많이 손상되어 이제라도 금연을 하셔야 한다는 의사의 권고가 떨어졌다. 이날 이후, 아버님께서는 본인의 60년 흡연사에 종지부를 찍으셨다.

그러나, 끝내 여든일곱에 폐암으로 타계하셨다.

탄생과 성장환경이 녹록지 못하였던 아버님이셨다. 그러나 따뜻하고 성실한 성품과 뛰어난 지력으로 우리 사남매를 남부럽지 않게 잘 키우시고, 행복한 노년을 즐기셨는데 더 장수하지 못함에 대한 아쉬움이 아직까지도 가슴 한쪽에 남아 있다.

엊그제 식구들과 성묘를 다녀왔다. 성묘를 하며 아버님, 어머님의 극락영생을 빌었다.

“진 교수님은 왕십리와 인연이 많으시다면서요?”

KIST 안 박사가 왕십리 내 사무실을 찾아왔다.

“그런 편이지. 한양대로 이어진 다리(성동교) 건너 동네에서 태어나, 성동중 · 고등학교를 다녔고, 황학동에서 대학 졸업 때까지 살았으니 인연이 길다고 할 수 있지.”

“오늘 점심 먹은 왕십리 역사도 그렇고, 왕십리가 예전에 비해 천지개벽했지요?”

“그렇고말고. 예전에는 ‘왕십리 똥파리’라고 놀림의 대상이었던 지역이었지.”

“아, 참. 왜 그렇게 불리게 되었는지도 아시나요?

“조선시대 때 이곳은 가난한 사람들이 많이 살았다고 해. 대부분 농지였으니까 어쩔 수 없었지. 비료를 사용하지 않고 거름으로는 인분을 사용해 농사를 지었으니 파리가 꽤나 꼬였겠지. 사실 서울 파리는 거의 모두 이 지역에서 공급했다고나 할까! 하하하….”

“그렇군요.”

“그게 다가 아니야. 지금 서울숲 속 둑 곁에 일제시대에 어마어마하게 큰 콘크리트 구조물을 지하에 만들어 서울시에서 나오는 오물을 전부 모아 썩히는 시설이 있었지. 똥파리 생산공장을 앉힌 셈이었지….”

장수가 보장된 왕십리에서 태어나 장수가 확실한 경험까지 했으니 건강하게 장수할 방편만 지키면 될 일이 아니겠는가! 이야기의 시작과 끝이 잘 어우러지지 않는 듯하지만 그대로 두기로 했다. 신체적 장수로 끝나지 말고 의미와 가치로 꽉차 있는 장수를 즐기고 싶다.

# 토박이 주민의 용기

등굣길의 초등학생들이 좋아라 하며 길거리에 뿌려진 딱지를 주워 모으고 있다.

"얘들아. 무슨 딱지들을 그렇게 줍고 있니?"

"미녀들 딱지요."

"미녀들?"

"예…."

인도에 흩뜨려져 있는 트럼프카드 크기의 딱지를 내려다보고 나는 소스라치게 놀랐다. 모두 호객하는 여성들의 사진과 연락처, 선정적인 선전문구들로 꽉 차 있는 딱지였다.

"얘들아. 그 딱지들 나에게 줄래? 학생들이 가지고 놀면 안 되는 나쁜 딱지들이란다!"

이상하다는 듯 나를 쳐다보는 어린이들에게 이 광고딱지 내용을 어떻게 설명할지 난감했다. 딱지들을 겨우 회수하고 아직 길바닥에 있는 나머지도 주워서 근처 쓰레기통에 버렸다. 주위를 둘러보니 주로 모텔 앞길에 그 광고딱지들이 깔려 있었다.

다음날도 똑같은 일이 벌어졌다. 매우 불쾌했다. 어린 초·중등 학생들이 등교하는 이 길에 이런 광고물이 뿌려져 있다니 참으로 어이가 없었다. 이런 광경이 꽤 오랫동안 계속되었고 나는 참을성을 잃어갔다.

드디어 근처에 있는 동사무소를 찾아가 이 상황에 대해 설명했다.

"죄송합니다. 그런 일은 구청이 담당합니다."

"구청에 연락해주실 수 없으신가요?!"

"글쎄요…."

동사무소 직원이 주저한다.

"동사무소 근처에 있는 ◯◯모텔 앞 좀 가보시지요. 어린이들에게 해가 될 호객광고 딱지가 길가에 잔뜩 뿌려져 있고, 등굣길에 애들이 딱지라고 줍고 있는데 이렇게 무관심해도 되겠습니까?"

근처에 살고 있는 어느 주민 한 사람도 앞장서서 이런 광고딱지가 뿌려지지 않도록 노력하려는 의지가 보이지 않았다. 영 못마땅하다는 표정을 지으며 나는 동사무소를 나섰다.

"광진구청이지요?"

내가 요구할 민원내용을 설명하니 담당자를 연결해주었다.

"여보세요. 안녕하십니까? 구의동에 살고 있는 주민입니다."

인사말을 마친 후 전화한 이유를 설명했다.

"실례지만 어느 분이라 하셨죠?"

"구의동에 살고 있는 고려대 진정일 교수입니다."

"함자 좀 다시 말씀해주시겠습니까?"

"진자, 정자, 일자. 진정일입니다."

"감사합니다. 조사해 적절히 대처하겠습니다."

"우리 구의 교육환경을 고려해서라도 꼭 해결해주시기 바랍니다."

"네. 노력하겠습니다. 고맙습니다."

담당자의 이런 답을 듣고 정말 사정이 개선될지를 기다려 보았다. 꽤 한참 동안 딱지사정이 개선될 기미가 보이지 않았다.

'안 되겠네. 행동으로 풀어야 하겠군!'

나는 유해광고딱지가 뿌려지고 있는 길가의 모텔을 하나씩 방문하기 시작했다. 그리고 이 광고딱지 살포를 금지시켜 달라고 협조를 요청했다. 그러나 답은 한결같았다.

"글쎄요, 선생님. 우리와는 무관한 일이라, 우리가 이를 어떻게 해결해야 할지 모르겠군요."

이때다 싶었다. 나는 숨겨둔 칼자루를 뽑았다.

"여보시오. 이 종이들이 사라지지 않고 계속해서 길에 뿌려져 있게 된다면 우리 동네 주민들을 동원해서 당신네 모텔 추방운동을 할거요. 알아서 하시오!"

소리 지르면서 나는 모텔을 나섰다. 이 작전이 성공해 이후 유해광고딱지는 길가에서 볼 수가 없었다.

주민들의 무관심이 내 마음을 건드리는 또 다른 일이 벌어졌다.

"여보. 왜 우리 골목길이 이렇게 어둡지요?"

"외등이 며칠째 불이 안 들어오고 있어요."

"아. 그렇군요. 반장은 뭘하고 있을까? 이런 일 생기면 구청에 신고해 바로 고치도록 하지 않고…."

외등이 꺼진 골목길은 며칠째 칠흑처럼 어두웠다. 외등이 달려 있는 전주 뒷집 주민들도 아무런 대책을 마련하지 않는 듯했다. 또다시 내 마음이 불편해졌다. 대책을 강구하지 않고서는 도저히 못 견디겠다 싶었다.

"여보세요. 수고하십니다. 구청 민원실이지요?"

"네. 무슨 일이십니까?"

"가로등이 여러 날째 불이 안 들어오고 있는데, 담당자 좀 연결해 주시면 고맙겠습니다. 구의2동 주민입니다."

바로 담당자와 연결이 되었고, 친절히 내 민원사항을 귀담아 듣는 듯했다.

"잘 부탁합니다." 하며 전화를 끊었다.

"여보. 벌써 가로등 고치러 왔어요!"

"정말요. 엄청 빨리 고쳐주네요."

민원전화를 끊은 지 두 시간도 채 안 되어 외등은 고쳐졌고 그 날 밤부터 다시 가로등이 동네 골목길을 밝게 밝혀주었다.

요즈음은 집 앞에 버려져 있는 담배꽁초가 나의 심기를 거슬리게 한다. 주택에 살고 있어 대문 앞은 물론이고 대문 양옆으로 길게 있는 담 밑에 버려진 담배꽁초를 매일 치우려니 짜증이 난다. 지나가는 사람들뿐만 아니라 이웃 다세대 주민들 일부도 우리집 대문 앞 넓은 공간에서 담배를 피우고 그 꽁초를 대문 앞이나 옆 전봇대 밑에 아무렇게나 버리고 간다.

'나에게 발각만 돼봐라! 붙들고 야단을 칠게다.'

젊은이가 우리집 대문 앞에서 두어 번 담배를 피우고 있는 현장에 내가 나타나 항의조로 주의를 주었다.

“여기, 젊은 아저씨. 담배 피우시는 것까지 내가 왈가왈부하지는 않겠으나, 제발 꽁초는 정해진 쓰레기통에 버려주시오. 이 늙은이가 매일 빗자루를 들고 청소를 해도 끝이 없으니 말이오!”

안사람은 동네사람들에게 인심을 잃는다며 그러지 말라고 당부한다.

‘평생 가르치는 일을 하던 사람이 동네에선들 달라지겠소!’

사람들은 보통 깨끗한 곳을 어지럽히기는 겁내하지만, 지저분한 곳을 더럽히는 데는 서슴지 않는다. 오늘도 아침저녁으로 열심히 빗질을 하며 길가에 버려지는 담배꽁초와 휴지조각들이 줄어들기를 바라고 있다.

# 문학과 과학의 만남
## — 융합형 인재들이 필요하다

"진 교수, 언제 이렇게 문학 책들을 많이 읽었지?"

한 선배의 칭찬(?)이었다. 『진정일 교수, 詩에게 과학을 묻다(2012)』와 『진정일 교수, 소설에게 과학을 묻다(2018)』 두 권을 훑어보고 하시는 말씀이었다.

"잠깐 보았는데도 보통이 아닌데?"

"첫 책은 몇 년 전에 출간된 후 5쇄나 더 찍었다고 하더군요. 두 번째 소설 관련 책은 금년 2월 초에 발간되었는데, 석 달도 되지 않았는데 천여 권이 나갔어요."

"이런 내용의 책을 읽어내는 독자도 꽤 많은가 보네."

"글쎄요…. 저는 문학과 과학을 어떻게 하면 가까이 놓을 수 있을까 고민 좀 해보았습니다. 21세기는 소위 융합시대라 그러지 않습니까?!"

"그렇지. 그런 의미에서 보면 훌륭한 시도네. 책 쓰느라 시간 많이 들었겠네?"

"예. 작품 선택, 과학적 내용 점검 등에 꽤 시간을 많이 투자했습니다."

화학이 내 생활을 점령하기 전에는 내 손에는 주로 시집과 소설책들이 들려 있었다. 그림도 좋아해 소위 국전을 매해 찾아갔고, 음악도 즐겼다. 안사람과 데이트할 때도 지금의 플라자 호텔 뒤편 구 차이나타운에 있던 가화(嘉禾: 열매가 많이 붙은 벼라는 뜻) 다방에 자주 들러 클래식 음악을 감상하곤 했다. 미술과 음악에는 별 소질이 없었고, 글(잡문) 쓰기에는 더러 시간을 투자했다. 그러나 모두 일종의 취미였을 뿐, 그쪽 방향으로 발을 들여놓을 생각은 전혀 없었다.

자연과학계 교수들은 한결같이 한탄하고 있다. 그 까닭은 대략 세 가지로 요약된다.

1. 자연계열에 진학하는 학생들의 질이 떨어지고 있다.
2. 초, 중, 고교의 과학교육에는 문제가 많다.
3. 요즈음 청소년들은 끈기가 부족하다.

이 세 가지 이유의 근원을 찾아보면, 답은 놀랍게도 가까이에 있다. '과학은 재미가 없고 어렵기만 하다!'

어떻게 하면 과학을 쉽고 재미있게 가르칠 수 있을까. 스스로 자문해본다. 재미있게 가르칠 수는 있을 것 같다. 그러나 '쉽게' 가르치기란 쉽지 않을 듯 싶다. 과학은 어느 하나라도 쉬운 게 없기 때문이다. 더구나 과학적 지식 체계는 종종 수학적 표현에 의존하기도 한다. 다시 말해, 사람들이 어렵다고 하는 수학이 함께한다. 이런 난제를 어떻게 극복할까? 과학의 세밀한 사항만 보는 것이 아니라 자연(우주)의 현상을 전체적으로 보는 능력을 키우면 이런 어려움에서 벗어날 수 있지 않을까?

“제가 미리 이 긴 수식을 풀어보고 제 이론을 설명하진 않습니다. 오히려 그 반대지요. 직관적으로 전체의 그림이나 답을 느낀 후 세부사항을 채워 나갑니다.” 아인슈타인도 이렇게 말했다.

전체를 보는 눈. 바로 이런 능력의 함양이 융합시대 교육의 핵심이 되어야 한다. 그러기 위해서는 소위 우뇌와 좌뇌의 균형 잡힌 발달이 중요하다. 이 균형을 이룰 때 두 뇌 사이를 잇는 뇌량이 더 발달한다는 보고를 읽은 적이 있다. 미술작품과 영화 속에 숨어 있는 과학 얘기는 이미 여러 권의 책으로 발간되었다. 그러나 시나 소설 속 과학을 찾아 풀어내는 책은 거의 보지 못했다. 일부 발간된 책들은 주로 서양작품에 치중되어 있었다. 장래에 과학자가 되길 원하는 청소년에게 어떻게 하면 문학작품에 가까이 가게 할 수 있을까? 동시에 과학의 새로운 내용을 전달한다면 더욱 좋겠고….

『詩에게 과학을 묻다』를 집필하게 된 동기는 이미 다른 글에서도 설명한 바 있다. 시와 과학의 연관은 비교적 쉽사리 마련되었다. 아마도 ‘시어’와 ‘과학술어’가 각기 깊은 의미와 뜻을 지니고 있는 공통점이 있기 때문이 아니었나 하는 생각이 든다.

『소설에게 과학을 묻다』는 집필과정에서 보다 많은 시간과 노력을 요구했다. 비록 단편소설을 대상으로 했지만, 수많은 소설을 정독한 후 작품 선별까지 꽤 많은 생각과 시간이 필요했다. 체계는 앞의 『詩에게 과학을 묻다』와 유사하게 했다. 내 의도가 책 속에 얼마나 잘 녹아 있는지는 독자들이 평가하리라 믿는다. 독자들이 읽기엔 부족한 부분도 있으리라 생각된다.

융합적 사고방식 혹은 인문학적 소양을 충분히 지닌 과학도나 충분한 과학적 지식을 지닌 인문학도의 양성은 나의 오래된 꿈이었다. 꽤 오래전인 1994년, 고려대에 과학기술학협동과정(석 · 박사과정)을 신설하고 1995년부터 일종의 융합교육을 시작했다. 현재에도 이 과정이 유지되고 있으며, 세부전공으로는 과학사 및 과학철학, 과학기술사회학, 과학기술관리학, 과학언론학이 있다. 과학기술학협동과정 설립 때부터 조금씩 관여하다가 몇 년 후부터는 나도 석 · 박사 과정생을 받게 되었다. 과학기술과 우리 사회가 갖는 관계 및 상호영향에 관해 관심이 커지던 시절이었다. 그야말로 학생을 가르치면서 배우는 과정의 연속이었다. 나에게 성숙한 과학자는 어떻게 해야 하는지 잘 가르쳐준 과정이었다. 이 과정의 중요성을 여러 번 총장들에게 강조해 더 큰 활성화를 요구했으나 별로 달라진 점이 보이지는 않아 안타깝다. 시작은 앞섰는데 육성이 제 속도를 내지 못해 아쉽기만 하다.

영국의 물리화학자이며 소설가인 찰스 스노를 '두 문화의 존재'를 지적한 철학자로 꼽는다. 그는 1959년 5월 영국 케임브리지대에서 행한 대중연설에서 '과학문화'와 '인문문화'의 존재와 이들 사이의 대화단절을 비판했다. 사실 현대는 세 문화의 시대이다. 두 문화(과학문화, 인문문화)와 더불어 '디지털문화' 또는 'ICT문화'가 또 생겼다.

소통의 불가능과 소통의 부재가 전 세계에 만연되어 있다. 왜 이런 일이 생겼을까? 여러 가지 원인을 찾을 수 있겠으나, 20세기 후반에 경험한 급속한 과학기술의 발전 및 발전양상에서 그 이유를 들겠다. 전문지식의 세분화가 급속도로 진전되면서, 전문 분야 사이의 벽은 점점 두꺼워지고 높아만 갔다. 또 한편에서는 전문화가 강조되었고, 전문가의 양성만이 경쟁에서 이길 수 있다는 풍토가 세계를 지배하게 되었다.

인문학과 과학 사이의 대화가 불가능하게 되었다고 불평한다면 그건 오히려 다행이라 위안하겠다. 자연과학도들 사이에서는 물론 동일 학문 분야 과학자들 간의 대화도 어렵게 되었기 때문에다. 예컨대 고분자화학도인 나더러 순수이론화학자와 학문적 대화를 나누라고 한다면 10여 분을 넘기기 어려우리라. 그러니 화학도와 물리학도, 물리학도와 생물학도 사이의 의사소통은 더욱 어렵다는 점을 추측할 수 있다.

인류가 당면한 가장 중요한 문제는 오늘날 갑자기 생긴 문제들이 아니다. 식량, 농업, 환경(물, 공기, 토양), 인구 등이 여전히 인류가 풀어야 할 가장 중요한 문제들로 남아 있다. 우리는 이 모든 문제의 해답을 속히 찾아야 한다. 화성을 탐사하는 기술이 발달됐을 정도로 과학기술의 발전은 눈부시지만 여전히 이들 문제는 해결하지 못하고 있다. 20세기 말에 들어서서야 이 문제들을 해결하기 위해서는 복합적이고 융합적인 방법을 사용해야 함을 깨닫게 되었다. 따라서 융합적 관점, 전체를 보는 안목에서 답을 찾아야 한다는 생각이 세계를 지배하게 되었다. 융합적 사고력을 지닌 인재들을 이 세계는 필요로 하고, 기다리고 있다.

융합교육을 향한 내 집념은 2012년 후반에 고려대에 융합대학원의 설립과 초대원장 취임, 후에 석좌교수직을 맡으면서 아직도 진행형에 있다. 그러나 이제 내가 그 한가운데에 있을 수는 없다. 내 집념을 조금이라도 진행시키기 위해서 고려대 융합대학원에 '진정일 학술상'을 제정하여 2018년 5월부터 격년으로 수상을 하고 있다. 후배교수들이 꼭 내 꿈을 이루어주길 바랄 뿐이다. 인류의 문제들은 융합적 방법으로밖에는 해결할 수 없으며 융합적 접근이야말로 인간의 능력을 극대화할 수 있는 유일한 방법이다.

# 진정일 교수가 걸어온 길

## 연구분야

1. 새로운 액정중합체의 합성 및 특성
2. 공액고분자의 전기전도성, 비선형광학성질, 광 및 전기 발광성
3. 새로운 액정화합물의 합성 및 특성
4. 하이퍼브랜치 폴리머 및 덴드리머의 합성 및 특성연구
5. 나노 고분자재료
6. 신 기능성 고분자재료

## 학력

| | |
|---|---|
| 1957~1960 | 성동고등학교 |
| 1960~1964 | 서울대학교 화학과, 이학사 |
| 1964~1966 | 서울대학교 화학과, 이학석사(유기화학 전공) |
| 1966~1969 | 미국 뉴욕시립대학교(City University of New York) 화학과, 대학원, 이학박사(고분자화학 전공) |
| 1970~1972 | 라셀통신대학, 미국 시카고, 기업 경영(La Salle Extension University, Chicago Business Management) 과정 수료 |
| 2006. 11 | 러시아 카잔국립공업대학교(Kazan State Technological |

University), 명예 이학 박사

## 주요 활동

| | |
|---|---|
| 1969~1974 | 미국 스타우퍼 화학회사, 동부연구소(미국 뉴욕주 답스페리시, Stauffer Chemical Company, Estern Research Center)연구원, 선임연구원 |
| 1974~2007 | 고려대학교 화학과 부교수, 교수 |
| 1979~1980 | 미국 매사추세츠대학교(University of Massachusetts) 방문과학자 |
| 1983~1987 | 고려대학교, 대학원, 교학부장 |
| 1987. 2~1987. 6 | 미국 매사추세츠대학교 방문교수 |
| 1988. 3~1989. 2 | 고려대학교, 화학과, 과장 |
| 1989. 4~1989. 8 | 고려대학교, 교무처장 |
| 1993. 3~1994. 2 | 고려대학교, 화학물성장려연구센터 소장 |
| 1995. 2~1998. 12 | 고려대학교, 첨단재료화학연구센터 소장 |
| 1996. 10~1999. 10 | 한국기초과학지원연구소(고려대, 이공대 캠퍼스 내), 서울분소장 |
| 1997. 4~1997. 6 | 영국 케임브리지대학교, 방문학자(Cambridge University, Visiting Scholar) |
| 1997. 7~1997. 8 | 미국 매사추세츠대학교 MRSEC 방문교수(University of Massachusetts, MRSEC Visiting Professor) |
| 1998. 6~2007. 2 | 과학기술부 · 한국과학재단지정 'SRC전자 · 광 감응 분자 연구센터' 소장 |
| 2002. 8~2004. 7 | 고려대학교 대학원 원장 |
| 2002. 11~2003. 2 | 고려대학교 부총장(직무대행) |

| | |
|---|---|
| 2006. 9~현재 | 중국 길림대학교(Jilin University) 명예교수 |
| 2008. 1~2009. 12 | 고려대학교 화학과 석좌교수 |
| 2009. 12~현재 | 중국 북경화공대학교 명예교수(Beijing University of Chemical Technology, China) |
| 2012. 11~2017. 10 | 고려대학교 KU-KIST융합대학원장, 석좌교수 |
| 2017. 4~현재 | 고려대학교 평의원회 위원 |
| 2017. 11~현재 | 고려대학교, 명예교수 |

## 학회활동

① 한국과학기술한림원

- 정회원(1994. 11~1995. 8), 종신회원(1995. 7~현재), 화학분과장(1995. 1-1998. 3), 학술위원(1996~1998), 이학부장(2001. 3~2002. 2), 이사(2007. 3-2010. 2)

② 대한화학회

- 이사(1990. 8~1995. 8), 고분자화학분과회장
- (1993. 4~1994. 4), 국제협력위원장(1996. 1~1999. 12), 총무(수석)부회장(1998. 1~1998. 12), President-Elect(1999. 1~1999. 12), 회장(2000. 1~2000. 12)

③ 한국고분자학회

- 편집위원장(1981. 1~1982. 12, 1985. 1~1986. 12), 분자전자분과회장(1994. 1~1996. 2), 수석부회장(1996. 1~1996. 12), 회장(1997. 1~1997. 12), 《Korea Polymer Journal》 영문편집위원장(1998. 1~1999. 12)

④ 한국과학기술학회

- 부회장(2001. 1~2002. 12)
- 회장(2003. 1~2004. 12)

⑤ 국제순수응용화학협회(IUPAC)

- 고분자분과 부회장(2002. 1~2005. 12),
- 고분자분과회장(2006. 1~2007. 12), 21세기를 위한 화학단행본 출판위원(1996. 1~2000.12), IUPAC 회장(2008. 1~2009. 12), IUPAC

⑥ 영국왕립화학회

- 펠로(1996. 1~현재), 《Polymer Chemistry》 편집자문위원(2009. 12~2013. 12)

⑦ 미국뉴욕과학아카데미 : 정회원(1994. 11~2000. 10)

⑧ 미국화학회

- 회원(현재), 《Macromolecules》 편집자문위원(1997. 1~1999 .12), PMSE 펠로(2016. 4~현재)

⑨ 일본고분자학회

- 회원(현재), 《Polymer Journal》 국제편집자문위원(1996. 8~2000. 7)

⑩ 《Wiley InterScience Polymer International》 편집자문위원(2004. 10~현재)

⑪ 아시아 화학연합회 : 펠로(2009. 9~현재)

⑫ 아시아고분자학회연합회: 회장(2007~2008), 석좌 펠로(2017~현재)

## 기타활동

① 한국 기초기술연구회 기획 · 평가위원장(1999.9~2002. 8)

② 한국과학재단 :연구개발심의위원회위원(1989~1993, 기초과학분과위원장(1991~1993)),

- 위원장(1997)
- 이사 · 부이사장(1993. 3~1999. 3)

③ 한국학술진흥재단 : 학술연구운영위원회위원(1991. 11~1993. 3)

④ 한국과학기술단체총연합회 :

• 남북과학기술자교류민간협의회위원(1997~1998)

• 학술진흥위원장(2002. 3~2005. 2)

• 부회장(2002. 3~1905. 2)

⑤ 우수연구센터장 협의회장(2003.1~2003.12)

⑥ 한국 방사광 이용자 협회장(2004.1~2005.12)

⑦ 호암재단 호암상 기초과학분과 위원장(2004. 1~2005. 12), 운영위원 (2007. 1~2009. 12)

⑧ 한국과학문화진흥회장(2008. 1~2010. 3)

⑨ 한국과학문화교육단체연합회장, 이사장(2010. 4~현재)

⑩ 한국과학학술지 편집인협의회 회장(2011. 9~2013. 8)

⑪ 수당재단 이사(2015. 10~현재), 수당상 위원회 위원장(2018. 1~현재)

⑫ 매헌윤봉길의사기념사업회 고문(2017. 6~현재)

⑬ 공익재단 성동고장학재단 이사장(2018. 1~현재)

## 수상

• 1986. 6. 25 고려대학교 제1회 학술상(고려대학교 총장)

• 1988. 4. 15 한국고분자학회 학술상(한국고분자학회 회장)

• 1991. 11. 20 한국과학상(대한민국 대통령)

• 1998. 10. 9 세종문화상(대한민국 대통령)

• 2003. 10. 20 서울사랑시민상(서울시장)

• 2004. 5. 26 SPSJ 국제상(일본고분자학회장)

• 2005. 7. 8 폴 플로리 상(P.J.F. Prize Committee)

• 2006. 5. 10 수당상(수당재단)

• 2007. 8. 29 옥조근정훈장(대한민국 대통령)

• 2007. 11. 15 러시아 카잔 국립공업대학교 명예박사(카잔대 총장)

- 2008. 11. 21 한국과학기술한림원 상(한국과학기술한림원 원장)
- 2009. 12. 16 북경화공대학(BUCT) 명예교수(BUCT 총장)
- 2010. 9. 29 중국 우의장(중국 정부)
- 2012. 10. 11 한국고분자학 공로상(한국고분자학회장)
- 2013. 4. 18 대한화학회 공로상(대한화학회장)
- 2013. 4. 19 과학기술훈장 창조장(1등급, 대한민국 대통령)
- 2016. 10. 11 유네스코 나노과학 기술메달(유네스코 총재, 프랑스 파리)

학술논문 및 저서

- 액정고분자, 전도성고분자, 액정화합물, 나노고분자재료 등에 관한 연구논문 약 425편을 국내외 저명학술지에 발표하고 19건의 특허가 있음
- 유기화학(역서 : 고려학력연구사), 신유기화학(편저 : 창원사, 1989)
- 액정중합체(저서 : 민음사, 1985), 일반화학(역서 : 일신사, 1987)
- 프로야구 왜 나무방망이 쓰나(저서 : 동아일보사, 1998)
- 액정고분자(공저서 : 문운당, 2001)
- 진정일의 교실밖 화학이야기(저서 : 양문, 2006)
- 멘델레예프와 주기율표(공역서 : 대한화학회, 2006)
- 고분자화학연구실에서 무슨 일이 일어나고 있을까?(엮음 : 양문, 2007)
- Materials Science of DNA(엮음, CRC Press, U.S.A., 2012)
- 진정일 교수, 詩에게 과학을 묻다(저서 : 궁리, 2012)
- 진정일 교수, 교실 밖 화학이야기(저서 : 궁리, 『고분자화학연구실에서 무슨 일이 일어나고 있을까?』 개정판, 2013)
- 과학자는 이렇게 태어난다(엮음 : 궁리, 2017)
- 진정일 교수, 소설에게 과학을 묻다(저서 : 궁리, 2018)

## 대표 논문

1. 주사슬에 유연격자를 지닌 액정고분자
   - Liquid Crystal Polymers with Flexible Spacers in the Main Chain, Advance in Polymer Science, 1984년 59권, pp. 104~146)
2. 전자전송 PBD 잔기를 지니는 유기가용성 폴리(p-페닐렌비닐렌) 유도체로 만든 고효율 LED
   - Highly Efficient Light-Emitting Diodes Based on an Organic Soluble Poly(p-phenylenevinylene) Derivative Carrying Electron-Transporting PBD Moiety, Advanced materials, 1998년 10권 14호, pp. 1112~1115)
3. PPV 나노튜브와 나노막대의 합성과 그들의 탄화생성물
   - Preparation of PPV Nanotubes and Nanorods and Carbonized Products Derived Therefrom, Nano Letters, 미국화학회, 2001년 1권 11호, pp. 631~635)
4. 직접 결합된 카르바졸 펜단트를 지닌 PPV 유도체의 합성과 발광성
   - Synthesis and Luminescence Properties of PPV Derivatives Carrying Directly Attached Carbazole Pendants. Journal of Materials Chemistry(영국왕립화학회), 2001년 11권 12호, pp. 3023~3029
5. DNA의 재료과학
   - Materials Science of DNA, Journal of Materials Chemistry(영국왕립화학회), 2009년 19권, pp. 1353~1380)
   - Materials Science of DNA(엮음, CRC Press, U.S.A., 2012, Ed. Jung-Il Jin and James Grote)

**진정일** |

서울대학교 화학과 학사 및 석사 과정을 마치고 미국 뉴욕시립대학교에서 고분자화학 박사학위를 받았다. 지난 40여 년간 고려대학교 화학과 및 융합대학원에서 후학들을 가르쳐왔으며, 동 대학원과 KU-KIST 융합대학원 원장을 역임한 바 있다.

액정 고분자의 세계적 개척자로 전도성 고분자, 전계발광고분자 및 DNA의 재료과학 등의 연구에서 420여 편의 논문을 세계적 학술지에 발표하는 등 학문적 성과를 국제적으로 인정받았다. 국제순수 · 응용화학연합회(IUPAC) 회장, 아시아고분자연합회장, 대한화학회장, 한국고분자학회장, 한국과학기술학회장, 한국과학문화진흥회 회장, 한국과학학술지편집인협의회 회장 등을 역임했다.

2016년 미국화학회(ACS) PMSE 석학회원으로 추대되었으며, 나노과학과 나노기술 발전에 대한 공로로 한국인으로는 처음으로 UNESCO 나노과학 기술메달을 수상하였다. 현재 한국과학문화교육단체연합 이사장과 한국과학기술한림원 원로 펠로, 영국왕립화학회 및 아시아화학연합회의 펠로, 중국 길림대 및 북경화공대 명예교수, 고려대학교 명예교수로 활동하고 있다.

지은 책으로 『진정일 교수, 詩에게 과학을 묻다』 『진정일 교수, 소설에게 과학을 묻다』 『진정일 교수의 교실 밖 화학 이야기』 『진정일 교수가 풀어놓는 과학쌈지』가 있으며, 엮은 책으로 『과학자는 이렇게 태어난다』가 있다.

오늘도 나는 과학을 꿈꾼다

1판 1쇄 찍음 2019년 1월 21일
1판 1쇄 펴냄 2019년 1월 30일

**지은이** 진정일

**주간** 김현숙 | **편집** 변효현, 김주희
**디자인** 이현정, 전미혜
**영업** 백국현, 정강석 | **관리** 김옥연

**펴낸곳** 궁리출판 | **펴낸이** 이갑수

**등록** 1999년 3월 29일 제300-2004-162호
**주소** 10881 경기도 파주시 회동길 325-12
**전화** 031-955-9818 | **팩스** 031-955-9848
**홈페이지** www.kungree.com | **전자우편** kungree@kungree.com
**페이스북** /kungreepress | **트위터** @kungreepress



ISBN 978-89-5820-572-2 03400

값 20,000원